国外建筑设计方法与实践丛书

司法建筑

[美] 托德·S·菲利普斯
迈克尔·A·格里贝尔 著
杨光宇 王正武 译

中国建筑工业出版社

著作权合同登记图字：01－2005－1992号

图书在版编目（CIP）数据

司法建筑/(美) 菲利普斯，格里贝尔著；杨光宇，王正武译．—北京：中国建筑工业出版社，2008
(国外建筑设计方法与实践丛书)
ISBN 978-7-112-10062-0

I.司… II.①菲…②格…③杨…④王… III.①监狱－建筑设计－美国 ②司法机关－建筑设计－美国 IV.TU243.4

中国版本图书馆CIP数据核字（2008）第059238号

Building Type Basics for Justice Facilities/ Stephen Kliment, Series Founder and Editor; Todd S. Phillips, Michael A. Griebel, author, -Z1/471-00844-3

责任编辑：董苏华　杜　洁
责任设计：赵明霞
责任校对：兰曼利　关　健

国外建筑设计方法与实践丛书
司法建筑
[美] 托德·S·菲利普斯　迈克尔·A·格里贝尔 著
杨光宇　王正武 译
*
中国建筑工业出版社出版、发行（北京西郊百万庄）
各地新华书店、建筑书店经销
北京嘉泰利德公司制版
北京建筑工业印刷厂印刷
*
开本：787×1092毫米　1/16　印张：21　插页：8　字数：535千字
2009年4月第一版　2009年4月第一次印刷
定价：72.00元
ISBN 978-7-112-10062-0
(16865)

目　录

前 言

斯蒂芬·A·克利门特　英文版丛书策划及编辑

就规划设计的复杂性而言，没有什么建筑物能够比得上国家司法机构的建筑物了。近几年来，人口统计学、对犯罪行为的界定以及社会舆论更是给设计规划增加了难度。这个问题的解决不是一个简单的事情；相反，它需要一个专业团队的配合，需要专家们采用合情合理、切合实际的方法来应对。这个领域中的两位专家托德·S·菲利普斯（Todd S. Phillips）以及迈克尔·A·格里贝尔（Michael A. Griebel）合著了本书。他们在书中阐述了当今司法机构建筑物的主要形态并指明了未来发展的方向。其中包括：

- **统计数据**。近几年来，司法案件急剧猛增。每年，各州及地方法院受理的案件超过3000万起，相当于每8.5个公民就有一起案件。被监禁的犯人占美国总人口的0.65%，并且相对于以往而言，妇女、青少年以及特殊公民的犯罪率也有所上升。
- **信息技术**。不论是法庭、指挥部还是紧急事故处理中心，在所有的司法机构中，信息技术都占有越来越重要的地位。传统的建构方式重新被应用到新的工程中来，不过，对无线技术的广泛采用为那些古老建筑物的修葺提供了便利。
- **用途多样及网络系统支持**。很多司法机构中包含了执法部门、监禁部门以及法院，这种司法机构并不罕见。现在，很多新建的机构面积更大，有的设计了公共走廊，有时还设有与司法有关及无关的个人办公区域。
- **合理的设计**。当前，人们越来越关注合理的设计在公共设施中所起的关键性作用。尤其对于司法机构来讲，设计是否合理就显得更加重要了。因为好的设计有助于改进和提高周边社区的生活。

为了应对这些挑战，创造更多机会，本书共划分为11章[1]（包括一个前言），从不同方面进行了阐述。其中前6章讲解了组成司法机构的主要成分：执法机构、成人罪犯监禁机构、法院、劳改机构、处理青少年犯罪及家庭犯罪机构和多用途机构。

其余的5章主要就建筑物的各种专业性问题进行了阐述。主要包括光学与声学；建筑构造、机械及电力系统；司法机构所需的特殊系统（如防止越狱等）；建筑物的安全保障系统；经济因素等（诸如开销和财政）。

本书所遵循的原则已成为威利出版社出版的《国外建筑设计方法与实践丛书》的参

---

1 原文如此，实际为12章。——译者注

考标准。最本质的问题就是围绕着如何方便使用这个中心思想。本丛书的精髓在于对20个问题的解答，这20个问题都是设计师、房屋产权人就某种房屋类型经常提出的问题。这20个问题涵盖了初期设计（规划）；工程交付程序和管理工作；位置选择问题；设计某种建筑物所特有的注意事项；准则、ADA及安全问题；4个主要的工程系统；环境的适应问题；特殊的系统及装备；声学设计；光学设计；内部设计；建筑材料；发展趋势（wayfinding）；房屋保护问题；运作及维修问题；经济财政问题等。

另外，编者根据这20个问题编写了快速索引，作为附录附于本书的后面，便于读者迅捷地查找。

最后，值得一提的是，本书及本丛书并非茶余饭后的消遣用书，里面虽没有引人注目的照片，但却不乏方便实用的引导。实际上，本书是一本对建筑师、顾问和委托人都十分有帮助的书籍，可以帮助他们在项目初期节省时间，达到更好的效果。另外，对于建筑学的学生来讲，本书也可以帮助他们解决一些实际应用中遇到的困难。

因此，我相信本书能够充当读者的指导用书、参考用书，对您有所启发并提供一定的帮助。

致　谢

诚挚感谢司法建筑规划小组的全体成员以及诸位专家，他们很多都是本书作者的同事和朋友。在本书的准备及编制过程中，他们提出了很多宝贵的意见，提供了很多相关参考资料，并且进行了多次重要的审查。

其中有两位同事——伊丽莎白·海德（Elizabeth Heider）和爱德华多·卡斯特罗（Eduardo Castro）——是本书部分章节的始作者。伊丽莎白·海德用她的专业知识编写了第 12 章，讨论了有关财政开销以及项目交付的问题。爱德华多·卡斯特罗则在第 9 章中讨论了有关建筑结构系统的问题，并且还就建筑物抗爆炸能力和防止强行进入问题进行了阐述。

在本书的编撰过程中，有很多位建筑师、工程师、建筑设计及司法体系方面的专家都给予了真诚的帮助，尤其要感谢：弗雷德·盖格，戴维·戈登堡，唐·哈登伯格，亨特·赫斯特，Dennis Kimme，Peter Krasnow，艾伦·拉塔，霍华德·利奇，克里斯蒂娜·费勒，罗布·菲什，杰弗里·福斯特，迈克尔·麦克米伦，托尼·努奇福罗，Peter Obarowski，詹姆斯·罗伯逊，康拉德·拉欣，罗伯特·施瓦茨，John Sporidis，帕特里克·沙利文，斯科特·沙利文，威廉斯·怀特和克利夫·威尔逊。

还要特别感谢本书中图片的绘画者史蒂夫·拉胡德，他专门为本书采用了新的画法。另外，在美国和加拿大还有很多朋友利用自己的时间为本书拍摄了很多有价值的照片，如果没有他们的友善帮助，本书不会如此顺利完成。

此外，很多位朋友在这个编写过程中给予了不断的鼓励和帮助，他们是：Devertt Bickston，布赖恩·康韦，汉斯·埃利希，亨利·皮特纳，查尔斯·肖特，帕特里克·温特斯。

最后，感谢我的家人一直以来默默地支持和配合。

第一部分

类型

第 1 章

导言

美国的司法系统是建立在不同级别的政府机构（联邦级、州级以及地方级）之基础上的。建立这些机构的目的就是要促使司法系统能够本着对全体公民公平公正的原则，来制定法规、依法行事。

它包括两个行政管理分支，即执法机构和司法机构。这两个机构共同运作，以确保个体利益与共同利益之间的平衡。司法系统是美国人生活的核心，是社会结构的中枢。它能够顺利工作完全得益于它的法律体系以及产生于过去却至今尚行的共同价值观。

由于当今的社会需要用新的方式及时地为民众主持正义，所以美国司法体系的一个特点是其发展性。而它的另一个特点是其公开性，美国司法机构的宗旨就是要对全体民众公开，正如在很多法庭上都有听审的观众，他们就是这个宗旨的体现。

美国的司法系统涉及了许多不同的职业。例如：警官、律师、法官、监狱工作人员、行政长官，以及公共或私营部门相关岗位的工作人员，例如：教育工作者、保健工作者、辩论研究者、记录管理专家等等。另外，这个体系还涉及到一些选举产生或任命产生的官员、公众检查团体，以及一些社区志愿者和不以盈利为目的的组织。

司法系统的主要组成因素

司法系统的主要组成因素包括执法、拘留、法院、改造、青少年及家庭。每个因素都有其各不相同的形式，其形式随着行政级别的变化而变化。同样，他们的运作方式及建筑结构也随之作相应的变化。

司法设施的显著特点

由于司法设施的种类不同，其建筑物的建筑重点也不尽相同，它们的设计规划要适应其繁琐的功能，通常采用坚固的建筑材料，对设计技术也有严格的要求，而且还要与其他早期建筑物完美融合。

建筑的显著特点

一些司法设施是相当引人瞩目的，它们通常是一些位于中心地段的重点市政工程。而另外一些相对而言就略显逊色了，它们一般坐落在较偏远的地方。比如说，法院就常常是一个社区的标志性建筑，它的设计主旨就是要给所有人——无论是走进其中，还是仅仅路旁经过——传达一种公正严明的意象。与之相反，监狱设施就不必设计的那么引人注目，它的设计重点则体现在“收敛”和“冷漠”上。另外，一些青少年和家庭机构的建筑规模较小，更适于居住，它们看起来不像公共机构，因此更易于融入周围的环境。

这一整套的司法设施为我们呈现了各种各样不同规模、不同种类的建筑物。其中一些是人们欢庆自由的地方；而另外一些，对于那些触犯了法律的罪犯，是剥夺其自由的地方。

复杂的使命规划

这些司法设施在设计上要体现出其使命感，在规划上也较为复杂。对于司法系统中的任一个因素（执法、拘留、法院、改造、青少年和家庭）的功能设计方面都有严格的要求。为了实现其各自的用途，对规划和设计的要求也相当苛刻。那些设计拙劣的建筑不仅不能满足使用要求，甚至会是不安全的。

恰当合理的设计标准，就是利用现有的设备和人员，使设施满足当前的需求，而在未来的某个时候，当设备和人员的情况发生了变化，也要适应那时的需求。挑战就在于要以适合实际操作的形式，既考虑到长期的可变性，又要兼顾其经久耐用性。

选用适当的建筑材料与建筑方法

相对于一般的建筑物来说，大多数司法设施需要有更加完善的功能，和更长久的使用寿命。一座标准的商用写字楼也许不会使用太长的时间，而一座法院建筑则至少要使用 80 ～ 100 年之久。所以，我们通常会采用那些经久耐用的高质量材料，它们既能达到使用上的要求，又能满足审美方面的需求。

现如今，司法设施越来越多地受到信息技术的影响。某一司法设施是否能支持新兴技术的使用，它是否能适应新兴技术不断变化的空间要求，这些都要求我们在规划、设计和建造时具有长远的预见能力。这种情况在建筑业是很普遍的。

现有设施的影响

司法设施的一切新设计和新构造都会直接或间接的受到已有建筑物的影响。数十年来，美国的司法设施一直都秉承着先前的传统。新的建筑物不可避免地延续着那些更具影响力的建筑物风格。由于新建筑物通常修建在一些历史悠久的老建筑物附近，所以在外观形态上，新建筑物就常常模仿老建筑物。而这些老建筑物中的一些，在建筑学上或是在历史意义上，都是享有盛名的。即使是在某个偏远的地方开展的一个孤立的工程，也要考虑把它融入司法设施的整体建筑风格中。

信息来源和设计指导

如果你想要规划设计一个司法设施，这里有很多的信息来源可以供你利用。每个司法机构都有它们自己的专业组织（例如：美国律师协会、国家警长协会、国家州长协会、美国监狱协会等等），这些机构还都有它们自己的出版物，所以任何一个想要开展建筑工程的人都可以参考这些书籍。

美国改造协会（ACA）出版了一套准则丛书，分别是有关拘留所、改造所和少管所的准则。另外，对于法院设施的建设，联邦政府也为其制定了设计方针，而且国家州级法院中心，以及个别州也都有它们自己的设计方针。这些方针对法院设施的建设起到了积极的促进作用。对于一些特殊情况，比如美国联邦司法区执政官安全标准，也有专门的资料可以参考。

大多数资料主要介绍了如何兼顾建筑物外观上的美观性与使用上的便利性。例如 ACA 准则，它主要强调了对某个设施如下几个方面的要求：对职工的安置能力，必需的服务以及预先指定的工作程序。设计单位对以上准则的遵守状况将有可能委任各州县或其他有司法权的许可部门负责。还有一些资料主要是关于建筑设计和建筑工程方面问题的，有些资料能够在这样一个瞬息万变的社会里不落伍，这是很令人惊喜的。在这方面，美国将军服务管理部门（GSA）的工作是很突出的。

现有资料具有不完备性，这既是其优势也是其弱势。每个出版物都致力于介绍某一个司法设施，甚至仅仅是其中的一部分。对于这个司法设施的深入研究能够帮助我们更深刻地理解问题，这是它的优势。其弱势在于对司法系统没有一个综合的整体认识，没有一本书能够清楚明了地回答这个常见问题："如果一个工程涉及了多个司法设施，那该怎么办？"

另外，不是所有的出版物都能紧跟时代，适用于当前的实际情况。人们经常这么说："你可以达到标准，却不能满足需要。"因此，设计方案的决策者就应该多作一些深入调查，比如说去看看那些在这方面做得比较好的建筑物，去实地考察一下什么样的工作是最重要的。

本书的结构组织：章节安排和重点问题

本书的目的是为读者提供有关如何规划和设计一种司法设施的广泛信息。每一种司法设施都有专门的章节作介绍。这些章节的前后顺序是按照典型的刑事案件的处理顺序安排的。比如说，首先是执法部门将罪犯逮捕，在审判前要对其施行拘留，然后要在法庭上对其进行审判，之后如果有必要的话，还要将其送往改造机构。执法—拘留—法庭审判—改造，这一系列举措是每个违法犯罪人员必须经历的过程。

关于复杂的青少年犯罪和家庭犯罪问题，本书有专门的章节介绍。对于这种违法犯罪人员，有特殊的法庭、拘留所和教养所。还有一个相对较短的章节介绍了当今一种普遍的现象，就是设施的多功能性，即在同一个设施里，有多个司法机构或非司法机构一起工作，或者作为同一个设施的一部分而同时存在。其余的章节主要介绍了技术上的问题。

本书的每章都介绍了某个司法设施的规划，其功能、运作、运行观念、组织观念、占地面积以及建筑设计。所列举的信息目的是让读者了解这些设施重视规划的特性，了解一些重要的设计规划理念和可能使用的方法。这些内容并不是最后的定论，对于每一种司法设施都需要再作深入的研究。

本书特点

这本书能够帮助读者了解一些不同机构、相关设施之间的联系和差异。最显著的特点之一就是它的司法独立性。法院是整个体系的核心，同时，它们作为政府机构的第三部门而存在，其独立性是不容侵犯的。

另外一个显著特点就是成年人与未成年人之间的区别。司法系统须顾及到每一个人，任何一个可能出现的情况都要考虑到。有的也许只需走一个就像填表一样普通的程序，有的则受到没收财产或剥夺自由的处罚。那些解决幼儿和青少年犯罪的司法机构，以及处理难以捉摸的家庭关系案件（如涉及到孩子的问题）的机构，在设计和规划上都有周全的考虑，来使它们与其他司法机构有所差别。

设计决策：团队和进程

司法建筑的规划与设计是多种学科相互交叉的过程。对于一种单独的知识技能而言，司法建筑的设计都是一项非常复杂的工作。在职业设计团队里，工程及特殊技术的专家扮演重要的角色。与此同时，包括空间与形式控制的建筑知识毫无疑问的比以往任何时候都重要。

除了建筑师与工程师外，建筑设计决策队伍必须包括重要的，有代表性的权利或财产的使用或享有者群体。在职业设计与职业司法系统之间，经常有并不恰当的合作。司法设施的使用者和它的所有者倾向并不一样。在规划与设计阶段，使用者的意见并没有被充分的重视。或者仅具有代表性的主要使用者的意见得到重视，而其他使用者的利益被忽略了。

在设计过程中最常见被忽略的是公民个人。他或她通常没有在设计过程中被委托为参与者。如果在司法建筑中缺乏有吸引力与有效的公共空间是不幸的。在公民的经验里，大厅、走廊、等候区与前台等是重要的组成部分。当公民作为参与者讨论其他优先权的过程中，这些部分是容易受到虚假的经济状况和短浅的目光者攻击。关于公民的利益与需要的考虑是非常重要的。

规划与设计所需的充足的时间是另外一个重要部分。如果研究问题的能力与探究可选择的解决方法被时间压力所阻碍，进程和它的结果将是有缺陷的。

趋向

司法系统的巨大领域意味着容易受到不同种类的趋向影响。例如，美国执法机构（包括政府各个层级）具有 18000 个办事处同时办公，从小社区里县治安到大城市的巡警，到联邦调查局（FBI）的首脑都属于执法机构。20 世纪 90 年代，呈现一种

在项目决策过程中的参与者

◀ 众多参与者和专家的各种意见包括了司法建筑中典型的项目规划与设计

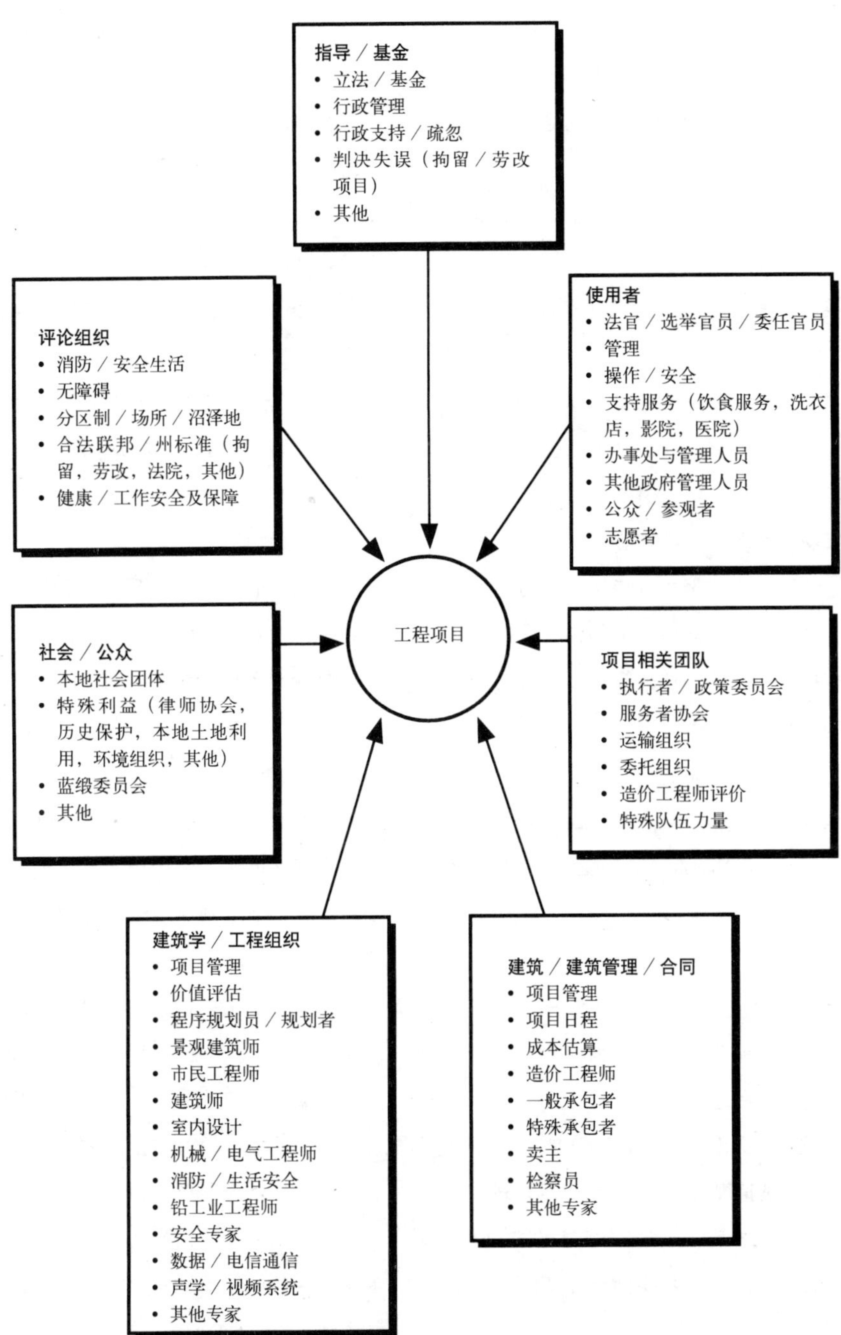

"综合司法"运作的趋势，这种趋势使得执法部门办事处利用先进的信息技术彼此更紧密地工作。一些州，比较显著的如宾夕法尼亚州与科罗拉多州，已经开始实施它们自己的综合司法程序。

更多的国际代理处信息共享被反恐怖主义的部门所鼓励，包括新的本国安全部。某新闻报道，"在联邦法律实行部门，所有的障碍都被清除了"。在FBI中，为了建立一个"系统中的系统"，中央战略信息运作中心已经开展工作。这个系统包括国家政府部门，国防部、财政部、国家教育部国家安全办事处与"结盟国家"。综合司法关于建筑规模的努力加速了在州与本地层面上更紧密地信息联结的趋向。支持非常高端技术结合体司法建筑设计的含义是非常深远的。

20世纪60年代与70年代，在劳改所里更多的先进的监督方法与康复程序有了很大发展。从那时起，新的变化已经出现，包括在街上的新药品，更多的妇女长时间的在监狱服务，青少年暴力倾向的增加，比较僵化的处罚与对于"三种打击"(three strike)宣判，和出于人道主义而缺乏改善周围环境的能力（在这种环境里，罪犯被鼓励为了重新进入社会而重新建立他们的生活）。这个变化是普遍现象，虽然表现不尽相同。

法院也反映出许多倾向。在20世纪90年代早期启动的联邦法院建设项目已经有复兴迹象，即在公众领域倾向于高品质的建筑。由美国大众服务管理部门（GSA）发起的优秀的建筑设计已经提高了建筑师的意识，以及改进了建筑品质。

在州政府与当地级别的法院的规划与设计也受到不同的法院角色观念所影响，如"医疗司法"和"康复司法"，也受到新出现的法院类型影响，如药物法院。具有可选择性的有争论的决议进程，和在一些案例中更多的预先审理与法院判决之后的过程，都要求有计划的空间。例如，有调解趋向的案例，导致需要为更多机密会议与小型会议提供空间，也需要在传统区域中具有更大的空间弹性，尤其是法庭。

就整体而言，司法系统正受到日益增长的社会发展和美国人生活的复杂性的挑战。随着美国人口增加而变得更多样化，在都市里，大量集中着的人们说着许多不同的语言，这正成为普遍现象。传统意义上的"家庭"与"家族"所指的范畴与以前它们曾经的定义不再相同。许多人只是临时过客，他们利益与财产可能跨越巨大的地理与权限边界。

由司法系统来执行的大量工作比以前的时期没有变化，但是它的范围已经扩大。同时，产生了10年前并不存在的新种类的系统工作。例如，知识产权的保护今天就比互联网出现之前包括更复杂的起诉案例。

新的竞争与合作模式国际化的发展也影响了司法系统。移民法、谈判、贸易协议、跨国经营的商业交易、药品交易和其他跨国犯罪，这些都增加了对美国司法系统的挑战。当执法机构或法院处理案例时，包括面对缺乏本国稳定的法律与司法系统的其他国家，有些问题是很复杂的。

特殊议题

有四种主要的议题值得引起特殊的思考：技术，安全，可达性、持续性。前两个议题，技术与安全有潜力压倒其他同样也有优点的议题。其他议题，可达性、持续性容易被低估。

技术

信息技术的影响已经变得日益深入。比如，对司法运作与安置职工模式的影响，对支持它们的物理空间的影响，对使用传统方法建造的司法建筑方面的主要变化的影响，这些影响可能延续到下一代的进程。

关于技术如何影响司法进程在许多方面还是未知的。只依据某种单纯的技术影响机械的改造司法建筑可能是不明智的。例如，并不是所有的面对面的彼此交谈都能被视频所代替。关于技术的应用，职业司法与政策决策者仍需要决定最适宜的方法。

安全性

安全性将检测某个司法建筑中每个人的技能与可靠性。对人员、建筑以及其他重要资产的威胁的范围是有变化的，这个变化的范围包括从有计划的和出于政治动机的行动到失去自我控制的个人的偶然，自然发生的爆发。这些威胁包括爆炸装置、生化武器、计算机病毒、手枪、随身小折刀，或者有伤于地板的一件家具。安全威胁的可能在司法建筑的室内或室外发生。对于每个建筑威胁评价过程是必须确定与对可能发生的威胁分级。

有关安全性，特殊技术基础安全系统的规划与设计的原则将在以下章节（尤其是第11章）详细论述。在相关案例中，安全系统中有细微的，社会心里的因素，而且理想的安全系统不具有以下功能，包括防翻越的身体障碍物，防火墙和单独的检查系统。如果司法建筑设计为具有监控摄像和统一的权力机构，并不一定能达到安全要求。创造一个能鼓励人们有良好行为的环境，这需要并不单纯局限于功能有经验的设计，这是一个很常见的难题。

可达性

五个美国人中就有一个人是身体伤残的，自从美国残疾人协会（ADA）开始强调在建筑中的无障碍问题，司法建筑的规划与设计者已经发展创新技术用来改进通道设施。而且，无障碍本身的概念已经有所扩大，并不限于身体伤残人群，包括贫困人群、老年人、有英语障碍的人群，实际上包含每个公民。

无障碍问题不再仅局限于身体障碍。自我表达及诉讼人数量也有所增加，许多诉讼人要求翻译员的帮助，而且他们需要能使得他们自己尽可能地容易通过建筑的关卡与走廊。好的建筑设计可以预见到公众的方向需要，这些需要包括普通人走近并进入某个建筑来发现他们能够理解的公众信息部门与指导。

司法系统里也必须开放它的某些档案，它也必须对公众开放。市民有资格查看司法建筑里的记录。系统的能力使利用记录成为可能，并公开许多事情，包括政策管理信息，这种信息使得私人活动与信息自由之间的关系处于尴尬的境地。随着信息集中的速度超过政策决策者能力范围保持的速度，这对于许多法院而言都是严重的问题。

同时，司法系统本身必须能支持州里的技术记录管理系统与办公自动化系统，也包括有效与安全的与公众的相互作用。

可持续性

“可持续性”这个词汇经常伴随着“绿色设计”出现，即强调了环境的重要性。不过现如今，随着建筑物的整体性能的提高，这个词的含义也有所扩展。不论是结构、外表还是基础服务设施，整个建筑物的综合性能更加完善，运作、维修更加方便，能量消耗减少，使用面积也有所提高。衡量个体系统及整体系统的标准（以 LEED 系统为例）不断得到完善。

对于“可持续性”的重视程度正在与日俱增，数不胜数的公共项目正在开展实施中。在设计的过程中很重要的一点就是协调各个原则之间的关系。在一个项目的实施过程中，设计师和工程师需要在项目最初就通力协作。在处理设计预算问题上，不应固守旧的预算方式，而应该使用新的计算方式。

“可持续性”的设计标准可能会影响到司法机构的形象问题。另外，由于位置的不同，可持续性设计方案也会根据其独特的地域特点有所变化。“可持续性”设计标准将驱动建筑设计向着新的多元化方向发展，并且将促使我们对传统意义上司法建筑象征作一番思考。

第 2 章

执法机构

设立执法机构的目的是为了维护国家宪法，执行国家及政府各部门的法律。

在美国，执法职责是由重叠管辖区和有效区所组成。主要的执法团体有地方级（特殊化单位、社区 / 城市、郡县——尤指郡县治安长官部门）、州级（州警察局等），以及联邦级（联邦调查局、毒品稽查部门等）。

为了支持以上机构，使他们能够正常运作，所需要的设施是不尽相同的。小到那些仅仅用于日间工作的地方级机构，大到 24 小时全日制的运行中心，它们是国内和国际调查工作的神经中枢，是世界范围执法工作的协作与交流之地。

警察局通常是和其他服务部门相结合的，像社区服务部门、地方及自治区政府等。警察局所处的地点是非常重要的，因为这些身着制服的工作人员对那些违法犯罪行为会起到一定的震慑作用。正是由于社区保安这一举措的广泛应用，以及全美国警察数量增长的事实，大多数州县的统计数字表明全美国有报道的犯罪行为正在逐渐减少。

标准

在那些不受理性控制的险境中，有关监查、逮捕和审讯程序的标准就要与安全的宗旨相一致。能够在多种多样的情况下控制住局面，在紧急事件中掌握主导权，在各种典型及非典型的事件中作出迅速而正确的反应，这些都是制定有效执法工作标准的依据和目的。

这样，国家及各州所制定的法律实施标准主要是为了界定在执法过程中的合法与实用的行为。与拘留、改造设施标准不同的是，法律实施标准仅仅宽松的定义了与执法活动有关的对空间的物理需要。除了那些用于短期拘留犯人的地方。适用于短期拘留的标准包括美国改造协会（ACA）短期拘留标准，地方与警方监狱的州级标准，以及国家执法标准。

主要的准则包括《执法机构准则》，执法机构鉴定委员会出版。鉴定委员会成立于 1979 年，目的是制订准则以及发展委派程序。这本准则手册涵盖了 400 多条准则和 40 多个理想的职业要求、实施措施。另外，国际警察局长协会（IACP）最近出版了《警察局设备计划方针：执法人员参考书（2002)》。

计划要求

在美国，地方级执法机构的组织与运作是有很多不同之处的。广义上来讲，大多数机构的职责包括以下几点：

- 管理职责（管理方面、法律方面、计划 / 研究方面、培训 / 人事方面、财政 / 扶持方面，以及社区关系方面）；

▶ 埃尔金市执行法院，埃尔金市，伊利诺伊州。建筑师：OWP/P。摄影：霍华德·卡普兰，HNK建筑摄影公司

- 运营职责（巡逻工作、调查工作、交通运输、青少年工作，以及专业团队方面）；
- 辅助服务（记录工作、交流工作、资产、取证，以及监禁工作等）。

地方执法机构的工作量以及工作人员的多少受以下几个因素的影响：当地人口数目、法院和诉讼行为、地方政策及当地对犯罪和执法行为的看法态度、社区经济及环境等诸多因素。另外，国家及各州许可的计划也要顾及到一些特殊的计划和事情。具有代表性的是，在发展建设执法设施的时候，我们就必须考虑到在未来20年甚至更长的时间里，日益增长的人口将会带来增加员工数量、工作量的问题。

今天，很多大型城市的工作人员数量最多是14000人（比如说芝加哥警察局）；小型城市可能仅仅有很少数目的工作人员。一个拥有150000人口的城市中所有的执法人员可能是250到300人左右，其中还包括200余位宣誓尽职人员。在规模较小的机构里，功能和职责有时是重叠的，也就是说，一位工作人员有时需要负责几种工作。在规模较大的机构里，各项工作就由专门的人员或部门完成，并且有专门的执行准则和要求。

预备工作人员可以在日常的执法工作或紧急事件中辅助那些全职的宣誓尽职人员。如果经由法律许可，预备工作人员可以拥有和全职工作人员同样的执法权，在某些职权和裁决上也同样受制约和限制。

重要的工作程序概念及机构组织概念

24/7/365 工作

一年 365 天，警察局都会对执法机构的工作提供支持和帮助。警察局主要是作为一个汇报中心及工作人员工作的场所，即开展很多工作的“大本营”——控制中心、交通通信中心及培训中心。

一年 365 天，执法机构每天都要开展工作。尽管不同的机构会有不同的工作表，但是无论在哪个机构，巡逻、通信等部门的工作都是 24 小时全日制的。另外，在一些较大的机构里，巡逻部门、调查部门、青少年工作部门、记录部门、通信部门、资产 / 取证部门及监禁等部门也都保持 24 小时全日制。24 小时全日制的每一轮班的工作人员都要使用这个办公地点、办公用品和装备，他们对设施造成的影响不可低估，尤其要考虑到能源、磨损和耐久性的问题。

多种工作模式

有一点是很重要的，就是大多数执法机构设施的设计方案都要考虑到它们能够支持以下三种工作模式：

1. 日常工作中采用的标准工作模式。
2. 高峰期工作模式。例如交接班时刻、高峰情况，以及一些有规律出现的可预见的高峰期。
3. 紧急情况及特殊事件时期工作模式。在发生自然灾害、重大事件及灾难性事件时，执法机构设施将成为整个社区的神经中枢，并且通常还要与本国或本州其他处理紧急事件的工作中心共同合作，起到一个网络中心的作用。

在设计与规划执法机构的设施时要注意到，一定要让该设施既能够满足日常工作需要，又适用于突发紧急事件的工作期。有许多紧急事件是可以预期的，所以在设计与规划、制定系统，选择材料时就应该把这些因素考虑进去。设计的过程中，应该先总结一下各种紧急事件，然后仔细考虑未来的设施将如何对这些紧急事件作出反应，如何在一次次一系列的紧急事件中为该机构提供安全可靠并且持续不断的援助。

关于执法机构及其工作人员如何应对特殊情况与紧急事件，已有成文的政策和程序对其作出了规定。紧急事件可能是由自然灾害或人为灾难引起的，具体包括洪水、飓风、地震、爆炸、龙卷风等等。特殊事件及市民骚动包括暴动、混乱，以及由政治集会、游行、争论和会议等引起的暴力冲突。

在设计规划司法设施时，还应该考虑到某些潜在的可能对该设施造成威胁的攻击行为，比如对执法机构、劳改拘留机构、法院和其他政府建筑的袭击（例如爆炸袭击），这些都应该予以考虑。在设计规划时，应该考虑到诸如交通、撤离、医疗援助、装备支持，以及与其他机构或援助组织之间的合作问题。

安全地带

在执法设施的安全规划中应该广泛地涉及各种各样可能出现的险情和威胁：

- 威胁执法设施的安全——对执法设施的攻击；
- 侵害执法人员的人身安全——对乘坐各种交通工具去工作地点的执法人员的攻击；
- 有计划的逃跑行为；
- 对公众人身安全的威胁——对那些前来执法机构请求保护的公民，要做到能够及时阻止事件恶化，调查并对该事件作出合理反应（诸如人民内部争端、侵害公民个人人身安全等行为）；
- 自然灾害；
- 火灾或其他紧急事件。

重大的安全问题包括以下几个方面：

- 在设计这些设施的时候，应该尽可能地减少对电子监视设备的依赖，尤其是对闭路电视（CCVE）系统的依赖；
- 在许多方面上，对执法设施安全问题的苛刻的要求，就涉及对那些非法途径获取的各种特殊信息、物资和设备的严格控制，这一问题反应在拘留和劳改机构上，则是要严格控制罪犯之间的交流；
- 另外，尽管执法机构的建筑物在物理、操作、电子安全等方面有其特殊性，但在外观上，它们也要有正常的形态。

在执法机构的建筑物里，公共区域和工作区域的严格划分是其一个重要的设计要求。在过去，警察局是这样设计的，它们分为机密工作区和普通工作区，另外还有占地不大的招待区来接待来这里的民众。在很多机构里，被逮捕的罪犯通过未经安全防范的工作区——通常是公共入口或大厅——被带进审候室。

今天，警察局为公众、工作人员（机密个人）、受监禁人员（机密受监禁人员）等都设立了单独的工作区域和流动区。设计服刑人员活动区时都注意到了严格控制、隔离以便能对他们进行正常的接触。任何人员在公共区域与工作区域之间的流动都要受到约束，并且还要严格确认其身份。任何打破界限，从内部进入外部或从外部进入内部的行为，都必须是绝对安全的。

公众通常是经由一个惟一的入口进入建筑物的大厅里，人员的流动仅限于大厅、公共服务台、社区办公室或其他公用区域。有时，也可能设立公用培训区，这些公用培训区同时可以起到其他的作用或充当部门培训地，目的是在方便市民来访的同时尽量减少对工作区域的影响。解决社区问题、邻里关系、药品误用抵抗力教育（DARE）等相关问题的工作人员通常在公共大厅和入口处工作。解决人民内部纠纷的工作区通常设立在该建筑物的某个从内从外都容易走到的位置。

在工作人员办公的所有工作区，包括巡视区、调查区、援助区等，只允许警察局的工作人员（宣誓就职的工作人员以及公务员）进入机密工作人员的工作区。进入工作人员的工作区是要受到严格控制的，在大多数警

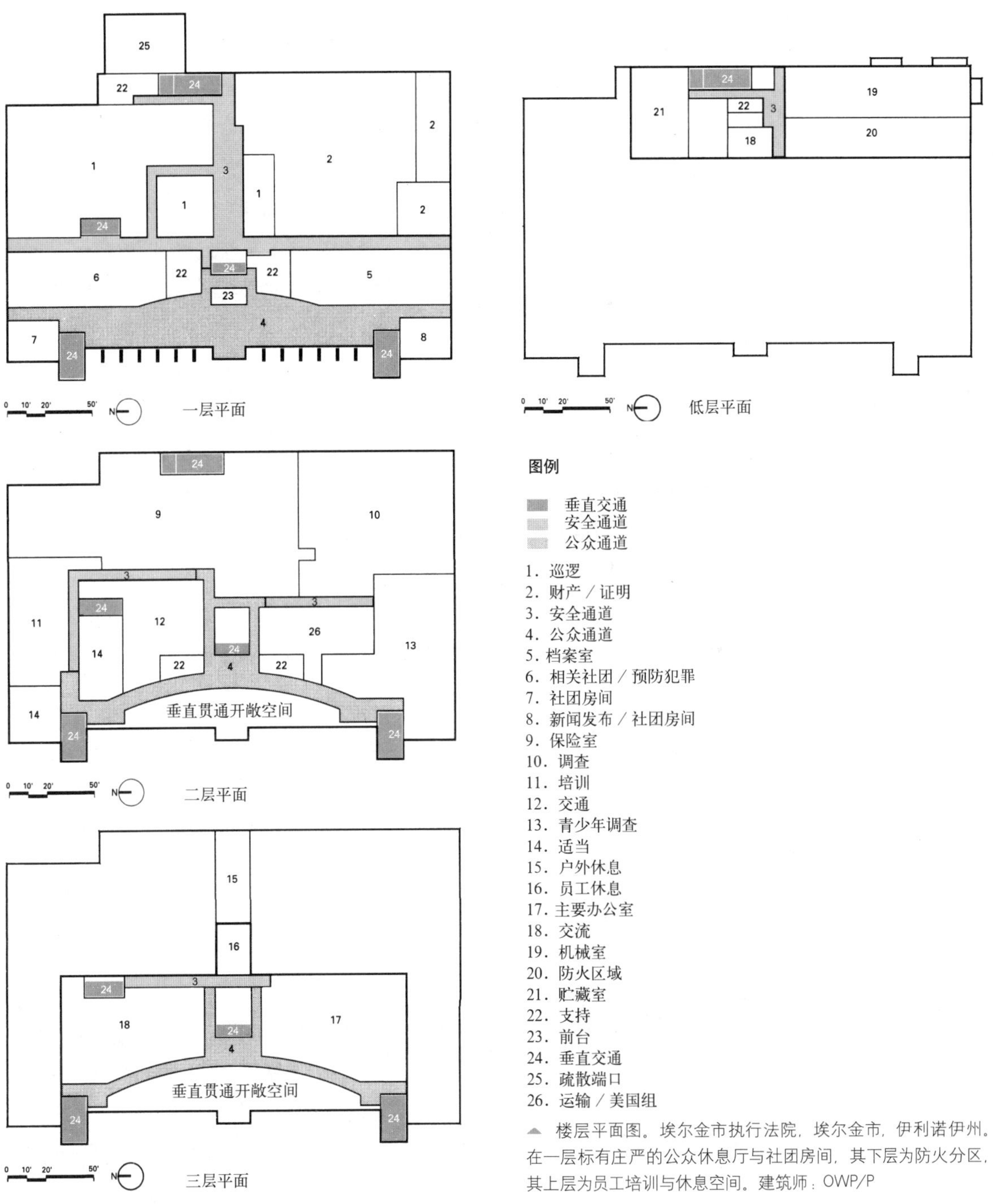

图例

垂直交通
安全通道
公众通道

1. 巡逻
2. 财产／证明
3. 安全通道
4. 公众通道
5. 档案室
6. 相关社团／预防犯罪
7. 社团房间
8. 新闻发布／社团房间
9. 保险室
10. 调查
11. 培训
12. 交通
13. 青少年调查
14. 适当
15. 户外休息
16. 员工休息
17. 主要办公室
18. 交流
19. 机械室
20. 防火区域
21. 贮藏室
22. 支持
23. 前台
24. 垂直交通
25. 疏散端口
26. 运输／美国组

▲ 楼层平面图。埃尔金市执行法院，埃尔金市，伊利诺伊州。在一层标有庄严的公众休息厅与社团房间，其下层为防火分区，其上层为员工培训与休息空间。建筑师：OWP/P

察局里，都有负责记录的部门、监视部门，或是通信部门对进入人员进行紧密地监控。

具有代表性的是，主要的工作区入口处应该有监视器对其进行监视，或者需安装读卡门禁，带不带小键盘均可。普通人员从公共大厅进入工作区的入口处也应该受到严格监控，或者可以让工作员工通过按键让外来人员进入，或者在其进入机密工作区之前先与其见面。另外，还需划分出一个单独的区域，为那些身份保密的人员，如目击证人、受害者以及身份不能公开的人员提供单独的入口。

无障碍通道的设计

在设计警察局的所有设施时，都要考虑到那些在身体、智力或精神方面有缺陷的残疾人，使他们也能方便的活动。所有的区域，包括卫生间、电话亭、办公室、审讯室、工作站、公共区等，以及所有的设备，都应该设计得方便残疾人使用。

罪犯拘留处也要做到方便残疾人，在搜查室和审讯室里的工作人员不仅要能搜查人，还要能搜查物（比如说轮椅），当被逮捕的罪犯是一个残疾人的时候。

区域和空间

地方警察局一般都具有以下几个基本成分：

- 行政管理区；
- 运作区；
- 支援区。

行政管理区

公共入口一般是开放的，无论是在前台还是在门外的停车场，都可以清楚地看见这个入口。户外临近入口处的空地上应该设有可靠的照明系统［最少 5fc（英尺烛光）］，而且还要有合理的设计，防止藏匿及携带违禁品或武器。从外面进入建筑物之后，公共前厅入口处的大门在工作后应该是可以锁闭的。那里安装有由记录部门、监控部门、或者通信中心操控的电话对讲装置以及摄像机，在这些装备的监控下，市民可以在非正常工作时间进入建筑物，进入这个不受天气影响的地方来寻求帮助，但不可以走到屋内的其他地方。

公共大厅

公共大厅应该设计成一个开放并且从前台清晰可见的区域，在那里要为等候的来访者准备几处座椅。大厅的功用就是人员流动中心，这里可以接待市民的访问，外来的办公人员也要从这里进入培训社区中心、记录室或是管理人员办公室。公共卫生间应该设计在从大厅可以方便走到的地方。

记录室或是通信中心应该能从视觉上控制并监督公共大厅、公共卫生间和公用电话，接近培训 / 社区中心、公共入口以及公共服务中心（紧急避难所、取暖 / 制冷中心等等）。这些办公地点需设立在离公共大厅和等候区不远的地方，并且要在入口处安装报警器、遥控电子按钮和闭路电视监控装备。前台应对任何企图进入机密办公地点的人员进行检查。审查、记录、候审室则应安排在离大厅很近的地方。

社区警备组

在较大的警察局里，可能会为社区警备组提供地点，用来召开特别会议、培训和教育会议等等。这些地方一般会安装声频—视频会议系统和一些为重要发言准备的装备。

罪行分析组／罪行分析工作人员

罪行分析工作人员的工作是负责收集、分析并且分布那些普通的或者根据犯罪形式不同而有所改变的犯罪信息。分析罪行的过程是一个科学的过程，这个过程首先要收集、分析那些已有的有关犯罪的数据，对其进行处理，使其能够为案件负责人和调查员所使用。普通工作人员的工作地点有办公室、工作站，在这里需要能够便利的使用电脑，能够方便的对打印出的报告进行分析。作为写报告、作协调工作的地点，这些办公区应该备有能做版面设计的写字台和电脑，并且要有隔声设施，目的是尽量减少对办公人员的打扰，有利于他们集中注意力。

新闻和公共信息的发布场所

公共信息的协助、传播和协调工作，包括在新闻发布会上发布消息的准备工作，构

◀ 公共入口大厅，埃尔金市执行法院，埃尔金市，伊利诺伊州。建筑师：OWP/P。摄影：Paul Schlismann

▲ 二层室内。埃尔金市执行法院，埃尔金市，伊利诺伊州。建筑师：OWP/P。摄影：霍华德·卡普兰，HNK建筑摄影公司

成了重要的行政职能。在大厅和/或记录中心附近，还要为新闻界和媒体设立专门的工作地点。在设计时，要保证能从大厅直接进入这些地方，而不必通过其他警方工作人员（机密工作）的办公地点。

行政办公室

在大多数警察局里，首席或最高行政长官的办公室是一个既能进行行政管理工作的办公地点，又能开展实际运作工作的办公地点。尽管协调和管理工作(既有该机构内部的，也有与其他城市或政府部门之间的）是行政管理部门的首要职责，但是在大多数警察局里，行政管理部门与其他日常运作部门之间的关系也是相当密切的。为了使两项工作都能顺利进行，行政管理办公室及其工作区一般都既创造个人工作环境又创造出团队工作环境。由于这些工作区域里的某些工作的需要，应该把它们设计成隔声、封闭的场所。

例如，处理日常事务的会议室和工作区应该配有开放的办公桌、小隔间，以及封闭的办公室（有的带玻璃窗，有的不带玻璃窗），以便既能处理普通团队工作，又能保证互不干扰，还能方便进行一些机密的工作（电话交谈或者面谈均可）。在行政管理区，还要备有安全、机密人员的档案。行政管理官员和工作人员均可使用的支援区包括图书馆和会议室等。

一般上来讲，在行政管理区可共用的支持工作区包括电脑支持工作区：打印机、复印机、资源共享的电脑站、特别研究工作站等。

犯罪防治组/社区关系组

邻里、社区关系工作组/犯罪防治工作组主要负责社区的戒备和警报工作。犯罪防治工作主要包括邻里监督方案、儿童安全工作程序、工作人员巡逻程序、儿童身份确认程序，强暴行为防治程序、住宅安全调查程序等。

处理邻里、社区关系工作组的办公室

及其办公区应该设立在公共入口附近的某个容易找到的地方。支持区一般包括市民接待处、电脑工作站、录像监视器以及用来储藏公众信息手册、工作程序传单的储存室等。培训区和社区团体服务区也应设立在公共区域附近。

其他部门

在一些警察局里，还设有特别工作部门，比如精神健康部门（备有接受过特殊培训的工作人员，能够对付、转运精神病患者，或处理该社区的精神病患者）。当然，在很多地方，警察局已把这项任务让渡给其他组织或机构完成。

运作区

巡视

巡视组的主要任务是维持公共秩序，维护州或自治区的法律，通过预防、侦查、制止和调停来为公众服务。巡视组工作人员的主要任务是负责解决来访市民的不满问题。

巡视组，或称其为实地服务工作组，通常是实行 24 小时工作制的，他们一般被分为三轮班次（白班、中班、夜班，或按照其他方法划分）。班次可以按照 8 小时、10 小时或者 12 小时，4 天或 5 天的工作模式来划分。需特别指出的是，巡视组的每班工作人员都有他们各自的监督人（中士或中尉），有效巡视区通常按照防御地段、巡逻区、地带或行政区来划分。

巡视人员的大部分工作地点是与其他部门共用的工作区、储藏间、会议室等等，这些办公地点可以为那些每年 365 天、每天 24 小时执行实地工作的工作人员提供服务。共用的办公区和设备包括以下几个方面：

点名 / 集合地点

写报告地点

会议 / 工作室

储藏间（储藏穿过或未穿的制服、储藏装备、分发装备、储藏无线电、储藏军械等）

工作人员休息室和存物箱

练习和培训地点

点名 / 简令下达室

实行点名的目的是为了完成以下几个任务：向工作人员简要说明当日的巡视任务并协调调查工作和某些特殊的情况；将当日工作表的变动情况或新指示通知工作人员；评估巡视工作准备情况等。并且，应该根据现有工作人员数目或者预期的工作人员数目，把简令下达 / 点名集合室设计为足够容纳顶峰数目人员的空间。

另外，这里还需要备有一些日常作报告、日常讨论所使用的设备，包括记录板、每个工作人员的信箱、公告牌等。录像显示系统要求能够播放数字化的录像（讲座演讲、数字照片、互联网信息等）和投影，显示系统应该包括监视器，供主要简令下达室或远距离学习与工作（偏远的信息教学）之用。

▲ 简令下达室。埃尔金市执行法院，埃尔金市，伊利诺伊州。建筑师：OWP/P。摄影：Paul Schlismann

▼ 会议室，埃尔金市执行法院，埃尔金市，伊利诺伊州。建筑师：OWP/P。摄影：Paul Schlismann

其他支持区域

在点名/集合室附近的其他巡视支持工作区应该备有工作人员储物柜、休息室和训练地点。有时还需要放置无线电、充电器的空间和存储多余制服、外衣等物的储藏室。此外，有时还需要根据有关制服管理的政策与程序，预备出存放引进和流出的制服的空间。

监督人员办公室

在监视长官和巡视监督员的办公地点，应该为他们提供便于提取的安全储备，共用的战术武器。对于行政管理者和轮班倒替的工作人员，应该为他们提供带有某些办公设备的办公地点，诸如复印机房、录像设备、培训处、作报告处、搁架、分发邮件处和公告牌等。

培训

培训是执法部门的一个重要组成部分，它包括学校培训、在职培训、点名培训、高级培训、特种培训和文官培训（预备官员培训）程序等等。

进行培训工作的地点有培训室、视听室、图书馆、培训资料室和档案室以及培训电脑记录室等。在中型和大型的机构里，一般会设立培训室/多功能室。另外，在工作人员的班前或班后，也可能对他们进行在职的计算机培训，地点通常在巡视集合室或是点名处里的某一个空间。

设立培训部门是在执法机构准则中给予特别要求的一项："33.2.2 如果该机构中设立了培训部门，那么该培训部门至少要有以下设施：a）要有教室，保证课程能够顺利完成；b）要为讲师、管理者和秘书等配备办公室；c）要有体能训练；d）要有图书馆。"[1]

无论是团体还是个人，培训部门都要接纳。事实上，所有的执法机构和已公布的准则也有要求，要求所有参与实际工作的工作人员都要接受培训和预备训练，接受恰当的培训是一项重要的要求。

特别调查组和执法组

对于特别执法队，还应该为他们提供一些特别的设施，比如：小组工作室、特别会议室、简报室和储藏室等。在会议室和简报室里，要备有特别装备、供应品、交通工具 / 停车场等设施。某些机密工作人员进入该机构时还需要使用秘密通道，这是由他们的工作性质决定的。另外，由于在机构与机构之间还有着大量的协调与合作，所以也要为那些来自其他机构的办公人员（境外机构、州或联邦政府机构的办公人员等等）提供专用的通道。

当发生重大刑事犯罪、高层人员犯罪、牵扯警局内部人员犯罪等等犯罪行为时，一般由特别调查执法组负责。其工作内容主要包括收集情报以及随之而来的调查工作。对空间设备的要求有：特别审问工作室（既有处理调查中的 / 重大案件的工作地点，也有处理长期的多重司法案件的工作地点）；记录存放室、办公室、办公设备室、特殊装备与供应品储藏室，以及操作室等等。在某些地方的警察局里，紧急事件处理中心（EOC）紧挨着办公室，这样 EOC 就可以作为一个临时的处理调查中 / 重大案件的办公室。

这些不同的工作组，它们对人员、政策、操作、组织、存储和供应的要求是不尽相同的。在较大的司法管辖区里，有的还需要有专门的空间来作为办公室和集会室，作为一般性或机密性电子装备、交通工具的储藏室（有时还有特种攻击性交通工具）。

特种武器策略（SWAT）工作组通常是战术反应工作队，它的成员是来自各个工作组的工作人员。它所必需的设备支持是办公区域和装备室，同时还需要能够方便的进入点名 / 集合处。有时还需要使用特殊交通工具储藏室，这些储藏室要根据当时的天气状况，或者封闭，或者采用加热设施。

青少年犯罪工作组

在中型以上的机构里，青少年犯罪工作组主要负责处理青少年罪犯的逮捕工作、开展有关青少年罪犯的调查工作、书写并整理法庭案件资料、执行防治等工作程序。

1 Law Enforcement Agency Accreditation Program, *Standards for Law Enforcement Agencies*（Alexandria, Va.: Commission on Accreditation for Law Enforcement Agencies, 1994）P.33-1.

青少年犯罪记录、指纹和相片要和其他犯罪记录分开存放，并且根据许多州的法令方针，这些资料都必须保证其机密性。由此，办理青少年犯罪的工作组就需要和其他工作组分开工作。有时为了确保青少年的法定权益不受破坏，还可以为其提供一些特殊的设施设备等。

交通执法

交通执法工作组的工作是通过计划和执法来履行维护交通和停车秩序的职责。除了日常工作之外，当发生重大交通事故的时候，他们还要开展特殊的调查（反应和重建）。除此以外，其他的工作包括为受伤人员提供急救、保护事故现场、处理特殊事件、开展事故现场及追踪调查。

交通执法工作组的办公设备要有市民接待处、办公室、审问室，以及特殊用品的储藏室（例如交通管理和路口警卫用品）等等。

其他执法工作组

当某个机构使用一些特殊交通工具、马或者警犬时，就应该遵循特殊政策和程序，正确使用、批准、持有和照顾这些动物和装备，正确给他们委派任务，合理对待使用它们的工作人员。既然有了这些特殊工具，就要为它们准备一些特殊的装备，比如说狗舍、马厩或其他安置照料动物的设备、溜狗跑马和训练场地、储藏室、供应室和工作人员办公室以及其他工作场所。

储存特殊交通工具的仓库、码头、支架、维修场所、燃料站等等也是必需的设施，这些设施通常被安置在离警察局和总部有一定距离的地方。

支援区

拘留所

在某些情况下，警官会把被捕嫌犯带到警察局来接受审问，有时还要对他们进行短期的拘留。审问之后，警方要决定如何处置嫌犯，或者释放，或者拘留。在法院正式开庭审理前，被拘留者可能暂时被拘留在警察局，也可能被转移到当地的（州县或地方的）监狱，在那里登记、拘留。

拘留所里为被拘留人员的登记、处理和拘留提供了必要的场所。在拘留机密嫌疑犯的场所里需要设置一个车辆入口（可允许一辆或几辆警车进出）；某个资产 / 证据急剧减少；转移罪犯时使用的机密武器存储柜；通向“预审中心”的人行通道；指纹提取室；数字照片或传统照片室；短期拘留室（根据罪犯的表现，由警察局决定的犯罪团伙或个人的座席数目）；罪犯财产放置处；审问室等等。

有关拘留和短期监禁地点的具体问题、要求以及对相关工作人员的要求等，在本书的第 3 章“成年罪犯拘留所”中有详细说明。在中型及以上规模的警察机构中，监狱或拘留工作是严格依照该机构行政长官的命令执行的。监狱的工作人员一般是按照轮班制来工作的，他们在每班的 8、10

或 12 个小时的班次中，要负责其所管被监禁人员并保证工作顺利完成。这里的工作人员主要负责对这里的被监禁罪犯进行直接的监督，对监狱进行常规的安全保密检查，保持准确的人员数目，并保证药物能够正确地分发给所需人员。

列队接受检查或身份鉴定部门

列队或身份鉴定部门应该设立在拘留所里面或附近，进入这个地方需要从清晰可见的地方进入——从公共大厅走进，从罪犯拘留所可直接走到不远处的狱房。

支援区的工作人员

支援区的工作人员有可能被安排在登记部门工作，负责接收、加工和处理犯罪人员的释放和转移等工作，同时还要负责该地区一切罪犯的安全和监督工作。在拘留或监禁所里，有时会有法律职员来做一些协助工作。这些官员负责接收和加工那些邮寄到拘留所和监狱的合同文件，还负责给所有业务的做完全且准确的会计处理工作。拘留所的合同付款、接收 / 释放功能是其相当重要的功能，像这样的机构中，任何时候对罪犯的惩罚和释放都应该是可行的，应该是不影响其他工作正常进行的。

根据该机构的规模以及罪犯服刑时间的长短，办公人员一般会被安排去监督罪犯的住宿情况、控制中心运作、并且处理其他一些工作（电话、房门监控、食物、供给品、药物的准备和分发，娱乐休闲活动等等）。医疗人员（注册护士和签了工作合同的医生或者心理医生 / 精神病医生）一般是按照规定时间来上班，或者在有病情时来工作，治疗那些普通病人或是急症病人。

根据各个机构规模大小的不同和主要办理事物性质的不同，有的监禁区需要容纳男性和女性成年犯罪人员（如果既接收男性罪犯也接收女性罪犯，那么两个监禁区应该在视觉上和听觉上绝对隔离开），团伙和个人犯罪人员。有时，还需要有特殊设施（比如关禁闭的房间和那种在墙的四周设置软垫的房间）。在大多数州县，关押青少年犯罪分子的房间必须要做到在视觉和听觉上与外界完全的隔离。

如果不只是暂时性的使用某个拘留设施（只要超过 24 小时就不再归为暂时性使用），那么就应该严格遵循国家和州县所制定的短期监禁准则。其中包括要使罪犯能够接触到阳光，要有适宜的地理位置，要有符合要求的监禁空间，比如休息娱乐室等等。

除此以外，拘留所的支持区还可以包括储藏室、控制间、洗衣房、雇员 / 工作人员工作室、休息室，以及普通的多功能厅等等。直到罪犯被正式带往法庭之前，他们一直在拘留所里度过，所以拘留所可以设置一个功能齐全的“传讯法庭”，或者一个可让被拘留者通过录像传讯“出席”法庭的地方。在“传讯法庭”里，罪犯可获许聘请私人辩护律师或者公共辩护律师来为其辩护，这就要视当地以及该州的司法政策和要求而定了。

出庭前的一些预备工作包括最初的观察、准备报告，有时还需使用禁闭室或其他一些测试设备。在较大型的机构里，有时拘留嫌犯可能会达 8 小时以上，所以就要求在登记处和入口两个地点设立可接触和 / 或不可接触的探视亭和审问室（要求从公共地带进入这里需有直接并且单独的入口）。

记录部门

记录部门负责处理和保存警方记录文件、逮捕许可文件、指纹档案系统、交通记录、雇主姓名索引、武器注册档案及其记录等等。在大型机构中，这些部门通常要延长工作时间。记录部门和档案室应该设立在离公共大厅、巡视点名处和报告厅不远的地方，在大厅里还应设有专门的办公柜台。

在记录部门通常有以下设施：

档案和记录的保管室（开架或闭架、档案橱柜、地下室等）

工作人员的办公室和工作站

公共办公柜台 / 接待处

复印室 / 复印设备

共用的 / 专用的计算机工作站

缩微摄影读取设备和打印设备

档案保存室

处理进入和流出记录的工作台或对其进行加工处理的地方

普通存储间

由于大部分都是机密的文件档案，所以记录部门的每个办公单元都备有商用碎纸机，对于那些将要流出的档案也有专门的存储地点。

射击场

训练工作人员熟练使用武器是警察局培训工作的一项重要组成部分。这项训练工作要涉及很多种不同的设备以及工作程序，由为小团体和个人设计的电脑辅助射击训练，一直到真正的射击场所，应有尽有。为了能够方便不同工作时间的执法人员来训练，训练场地则必须在每周正常工作时间之外也开放，尤其要在周末开放。如果有外机构人员来练习，那么在早期的计划中应该对这些事情提早安排。

在设计射击场所和处理危险品时，有关房屋构造设计、声学、照明、保密、通风系统、有毒废物处理（比如使用过的军火）等方面的要求在一些国家统一的标准中都有说明（例如，国家安全卫生协会准则，NIOSH）。一般上来讲，射击训练场要包括一个射击场、控制室、供应室、军械维修室以及交互式视频训练场。交互式视频训练场必须安装能够声频—视频设备，目的是帮助训练者清楚地知道训练成绩并作出相应的决定。在这种训练室里，还应该装有模拟装置系统。

通信中心

长年来，通信中心（911 中心，紧急情况控制中心）每天 24 小时不间断地负责接收和处理那些向警察局、消防队、医疗救护中心发出的紧急请求。通信中心的工作人员要为实地工作的警察或消防队员提供通信支持。从功能上讲，通信中心相当于整个工作系统的神经中枢，所以在设计这个部门时，应该充分考虑到要时时刻刻提高该机构工作人员的警惕性，培养他们的责任感。

在较小型的机构里，通信部门通常处理无线电急件和公共接待等有关事宜。在较大型的机构里，通信中心不仅不是坐落在公共入口附近，相反，它几乎被深深“埋没”在整幢大楼深处，这正是因为该部门的职责对于整个机构的工作来讲都是相当重要的。如果通信中心被设计在一个机密的地方，那就需要让该中心能够接触到自然光线。在通信中心内部，工作人员负责接听那些请求服务的电话，然后把这些电话分配到相应的工作部门；他们还负责保持与其他执法机构之间的联系工作；负责所有无线电传播和寻求帮助的电话记录；负责与联邦及州县的犯罪信息网络（国家犯罪信息中心——NCIC 等）保持联系。

工作人员可能按照每周 4 或 5 天，每天 8、10 或者 12 小时的班次来工作，具体就要依据该机构的政策及实际情况。任务的多少和控制台的数目要根据当天的工作人员情况而定。

具有代表性的是，通信中心通常备有多种控制台，可以为轮班的发报员和接线员所使用，另外，在附近还会设立一个单独的监

▲ 通信中心，埃尔金市执行法院，埃尔金市，伊利诺伊州。建筑师：OWP/P。摄影：Paul Schlismann

▼ 通信中心，罗伯特·A·克里斯滕森，法院中心，罗克堡市，科罗拉多州。建筑师：Hellmuth Obata Kassabaum。摄影：Timothy Hursley

督室（在监督室里可以直接看到通信中心），休息室、储物柜、洗手间、档案柜、记录柜、装备室（用来储备计算机和某些通信设备）等。部门联网的计算机系统和一些文件服务器，通常也会设置在通信中心里。

由于通信部门经常要与其他部门相互协作，并且还要能方便获取信息，所以通信中心应该被安排在记录部门附近。但同时应该注意，要保证通信中心受到严格的控制，并保护其所需的机密的工作环境。由于警察局经常会受到一些公众或学生团体的参观访问，而通信中心又是禁止外来人员进入的，所以就应该为外来人员专门设计一个可以从外面看到内部工作的地方。

财产、证物处理处

处理财产和证物的工作人员主要负责有关赃物、被扣押财产以及证物的接收、处理和安全保管工作。该部门是 24 小时无间断工作的部门，在较小型的机构里，这些部门的工作人员可以在没有具体工作的时候按照“待命”形式工作。

该部门的接收、处理和保管室必须要做到保护好“证物链”，这样一来实情和政策都能证明工作人员合理地处理了证物。一般情况是，证物、赃物以及被扣押物品被送往接待处，然后实地工作人员把这些物品储存在一个可以上锁的储物柜里。当锁好储物柜之后，只有财产、证物处理处的工作人员才能打开，更具体的说，只有财产、证物室的工作人员才有权打开。在财产、证物室里，这些财产和证物经过印标志、加工（视要求而定）、加标签，然后储存起来以备日后使用。

证物处理处要有给财产作记录、包装、上标签已备存储的地方。对于一些特别贵重或易损坏的物品，还要有特殊的安全保护措施，比如说使用读卡设备和入口管理系统来监控人员进出，提供清楚的查账索引来保证证物链的正常。

需要的一些特殊的设备和地点包括以下几个方面：

- 财产 / 证物储藏室和储物柜；
- 证物储存柜（要求能够容纳较大一点的军械），证物准备地点（包括通风橱和其他一些处理加工工作站）；
- 储藏室（普通储藏室）；
- 特殊地下室（用来储存毒品、贵重物品、武器和一些特殊的物品）；
- 大型物品存储室（用来储存自行车、大型的装备或家具等）这种大型物品的储存室也可以设立在警察局外面的地方。

另外，许多警察局还会有专门用来停放被扣押车辆的地方。所以在某些情况下，需要设置一个各种车辆均能通过的入口。有时在一个警察局里，由于不同的需要，可能会有不止一个扣押车辆停放地。在这个地方，对安全工作的要求相应就提高了很多，要严格控制人员的进出，对车辆停放处进行紧密的监控，对建筑物的结构设计也有很高的要求，另外，还需要有良好的通风系统和加工处理场所。

财产 / 物证储存（带有储物柜）需要全年 365 天、全天 24 小时工作，当然，在较小一点的机构里，财产 / 证物处理处的工作人员不必时时刻刻都在警局。财产 / 证物处理处应该设置在离工作人员入口不远的地方，如果该警察局有车辆入口，那么就应该在它附近，如果没有，则应设立在某个被监控的入口不远的地点。另外，还要为市民安排一个入口（目的是为那些找回失窃物品的民众取回自己的物品）。

调查部门

调查部门主要负责从事罪行的调查工作，尤其是对那些已被美国联邦调查局 FBI 纳入名单的重大案件，如抢劫、杀人犯、袭击、欺诈以及毒品犯罪等。调查组一般要执行全天 24 小时工作制，或者也可以执行“待命”工作制。

调查工作包括开发信息、采访、审问、收集保存证据、监视、背景的调查和分析等等工作。背景调查是一项很重要的工作，记录保持系统对于这项工作来讲也是不可或缺的。调查组的工作人员要参与到最初和紧接下来的一系列调查工作中去，他们的具体工作包括面对面的观察，对受害者及目击证人的采访和协作，对犯罪现场的保护和维持，证物分析以及对案件的着手准备，以备在开庭时给出有说服力的证明。

装备通风橱的证据研究室，罗伯特·A·克里斯滕森，法院中心，罗克堡市，科罗拉多州。建筑师：Hellmuth Obata Kassabaum。摄影：Timothy Hursley

犯罪调查组的工作人员一般都接受过严格的刑事犯罪学的培训，他们要在犯罪现场进行搜查工作，然后对证物进行收集、保管和检验等工作。在许多警察局里面，调查组的工作人员还要负责做与法庭工作人员（他们主要负责证物的分析工作）之间的协调工作，他们必须把从不同地方取得的证物送到指定的地方以便对其进行分析。

为调查组的工作人员安排的办公室以及支持区域有：

个人或团体工作处——可以有进行私人谈话的地方（打电话或者面谈均可）

会议室及采访室

装备和供应品储藏室

复印设备

记录室

专用的计算机工作站和打印机

视频监视器和工作台

由于调查组工作人员的工作要求他们经常开展某些特殊的调查及相关活动，他们的工作地点则应该设置在巡视处和特殊调查组附近的地点。另外，当受害者、目击证人和观察员前来的时候，他们可以从公共大厅和公共入口处的专用通道进入调查组。另外，还要为受害者、秘密工作人员和情报员准备停车地点和秘密通道。除此以外，还需要设立通往物证储藏室的通道和加工处理场所。

受害者／目击证人服务处

现在，警察机构越来越注意关注支持那些受害者和目击证人。受害者和目击者这两个角色对于执法行为的作用十分重大，这是由于：

在一个自由的社会里，我们必须完全依赖受害者的帮助，才能把那些犯罪分子绳之以法。作为回报，受害人也理应得到支持，受到公平的对待。作为首批到达犯罪现场的人员，（执法人员）可以为受害人提供最早的帮助。在犯罪发生以及以后的时间里，执法人员对待受害人的态度不仅会影响（受害人）当时及以后长期的应付犯罪行为的能力，而且，还将影响到他／她在诉讼时的合作态度。[1]

除了要对受害人和目击者进行帮助，还要为他们提供进入该机构的入口和等待的地方。当然，为他们设置的入口和等待区需要与公共入口等分隔开来。

逮捕证发放处和民事工作办公处

当要在州内或州际追捕逃犯的时候，就要用到逮捕证发放处。除了那些实地工作人员，其他工作人员也可以协助完成搜查工作、对（逃犯）最后出现地点的确认工作、在NCIC及其他工作系统中输入或清除逮捕令，以及对其他司法机构发出的重大逮捕令作出回应等工作。

1 I bid. Preface to Section 55, quoting Assistant Attorneg General Lois H. Herrington, Chair of the President's Task Force on Victims of Crime, P.55-1.

当从会计办公室、通过邮件或者直接从律师处收到账单时，民事工作办公处将及时地对其进行处理。在支付之前，账单必须要经过仔细核查，检查费用数目是否正确。另外，对每张账单都要认真核查其来源，在支付前还要准备好相关的报告。

其他服务部门

在设计和规划执法机构的建筑物时，还要考虑到很多其他服务部门。其中就有与该建筑物有关的服务部门，例如紧急发电室、机械和电力室、数据 / 远程通信信号接收装备室等等。这些部门都应该安排在室内，在设计时要注意到留有方便进出的入口，方便更换设备的空间，以及当更换设备时，整幢大楼依然能够正常运营。

此外，还要注意设计一些工作人员的储物柜、洗手间和休息室等，这些设施也是很重要的。另外，还要注意为那些宣誓的工作人员也要预备出储物柜等。储物柜的大小一般是 24 英寸宽，有较高的高度，目的是让那些使用现代化办公工具的工作人员们能够方便的放置他们的用品（公文夹、头盔以及其他的装置）。对于那些预备工作人员以及来访人员，也要为他们准备一些储物柜。在一些地方的办公楼里，只为非宣誓工作人员准备储物柜。培训室和训练室应该设置在洗手间和储物柜的附近，设计要精巧，适合做繁重、专业的工作。

执法机构的建筑物应该被看作是一个“进行中的建筑物”，其中有紧急装备室、供给品存储室、武器装备储藏室，而且还可以方便的到达码头或者大型交通工具。

▲ 职员储物房间，埃尔金市执行法院，埃尔金市，伊利诺伊州。建筑师：OWP/P。摄影：Paul Schlismann

地理位置的选择

在决定地方警察局（警察工作站或分站）、总部、专门机构以及支持区（拘留所、物证储存室 / 加工处理中心、911/ 通信中心等）的机构的地理位置的时候，应该满足以下几个重要的要求：

- 选择大小合适的面积。在选择场地的时候，要考虑到它的面积是否能够满足以后将要进行的工作要求，尤其是要考虑到行人和车辆的通道和停放地（其中行人包括公民、政府机构来访者、工作人员、被逮捕人等；车辆包括专用车辆、车辆后备设备等，以及事前处理处和登记处）。在设计规划时，还应该考虑到多功能停车场需要有单独的流动场地、通道和安全区。

首先应该考虑到的重要问题是该场所的便利性，还有它是否能够支持具体执法部门的工作需要。这主要是因为大多数具体执法部门需要安置在第一层楼上办公。

在设计一个新的建筑物时要注意到一个很重要的问题，就是建筑物将来可能产生的扩大规模的问题。如果某个执法机构的规模增大，那么该机构中每个部门的职能需求都在同一时间随之增大。所以，在设计执法机构的建筑物以及停车场时，应该使它不仅能够支持现有规模的工作，也能有进一步发展的余地，以满足扩大规模后的工作需求。其中包括外观部分（当未来的某一天需要进一步发展的时候，能保证有发展的余地和空间），以及特别工作组（关于某些特殊的/备受关注的案件，多重司法区工作等等）。另外，地面空间（以及相应的空中空间）在某些方面也是很重要的，比如无线电天线、煤气筒/煤气泵、公用商品、探水/保水系统，以及其他专用项目等。

- 充足的停车场地。停车场需要为其行政管理者、来访者、政府官员，以及所有工作人员（包括巡视组和调查组的工作人员）预留出空位放置他们的交通工具。工作人员的停车场和公共停车场应该是各自独立分开的。由于巡视工作组和其他工作组的具体工作有区别——比如是否可将（有、无标志的）公务车辆开回家，所以他们的停车条件也不相同。总体上来说，停车场应该能够容纳高峰时期的停车数量，包括轮班时间重合时的所有工作人员的车辆。

  在那些工作人员使用私人车辆来上班的警察局里，就应该提供员工私人车辆停车场。工作人员可以通过一个安全的员工入口，到达储物柜和/或者训练场，然后到达集会处点名。在点名和作简要报告之后，就可以带好所需装备和供应品，去往警察巡逻车停放处。而在那些工作人员乘坐公务车来往的警察局里，整个过程大致是相同的,只不过在点名/作简要报告之后，工作人员返回他们的指定车辆。尽管这两种模式没有很大的区别，但是这个程序对于工作人员的停车场起到了很好的调节作用。
- 与其他机构保持适当的联系。在地方警察局的周围，很可能会有一些当地其他的政府机构。在很多地方，由于经常会有一些工作活动（工作人员的活动，或者处理罪犯的活动），以及机构间的通信联系，警察局必须要与以下机构相邻。
- 首次出庭/传讯法庭，目的是保证在转移犯人时的安全。在把罪犯转移到法庭的时候，有很多需要注意的地方，其中包括要做到罪犯、普通群众和法庭工作人员之间的隔离；在转移犯人时以及到达法庭时，要保证犯人的安全，以及提供适当的暂时性拘留措施及服务（例如用餐时间的饮食供给）。

由于刚才提到的几点都十分重要，在设计一个新的警察局建筑物（一般是大型的执法机构）时，应该认真做到与法院——包括首次出庭法院（即罪犯被捕后第一次出庭的法院）紧密相连。

- 州县的监禁所。在大多数案件中，只有很少一部分判短期拘留的被逮捕者可以关押在警察局里。如果罪犯需要上法庭，那么大多数警察局就要把他直接送往监狱（经登记和其他入狱程序）。

  正规的入狱登记及相关手续包括警官对罪犯进行审问的地方和写书面报告的地方，当然，这些办公地点也可以转移到当地的紧急机构中进行。

- 其他政府机构和服务机构。把警察局总部设立在当地市政管理机构的附近是比较常见的一种设计模式。警察局还通常设立在紧急情况处理中心的附近。随着对社区警备和环境设计预防犯罪行为原理(CPTED)越来越强的关注与重视，越来越多的警察局和分局都建立在它们所管辖的社区里面。这些警察局有的是 24 小时工作制，也有一些是有固定工作时间的，它们为执法工作的顺利进行作出了很大的贡献。
- 工作人员、来访者的交通和通道（公路、公共交通、航空等）。应该尽量减少或避免与执法机构无关的车辆交通与执行公务的警方互相干扰。

独特的设计要求

尽管监禁机构和劳改机构是功能性很强的机构，另外也很讲究实效性，但是究其外观，它们同样也要能够体现其政府机构的身份——宏伟、威严、坚固、高效、亲切、安全、实用——对公众资金要合理充分利用。

工作人员工作区的设计

与其他司法机构一样，执法工作相关预算中最大的一笔支出就是对工作人员的支出。不同的研究资料表明以三十年为一个时间段，建造该建筑物的花费仅仅占全部支出（其中包括正常工作经费和建造经费）的不到十分之一。在为数 90% 的非建造性支出中，其中的三分之二都是工作人员的工作花费。为办公人员建造一个高效方便的办公地点，这对于从事任何工作的办公人员都有很大的意义。

实际上，这意味着警察局应该配备有合理的办公室以及其他办公地点，合理高效的天窗，舒适的办公环境，合理的装备、供应品储藏室（储物柜、休息室等等）。

如需要了解有关如何设计高效醒目而且外观传统的建筑物，以确保工作地点的安全问题，详见第 11 章“安全系统”。

建筑构成

最近几天，出现了很多形态各异的执法机构建筑物。但总体来说，它们中的大多数都有以下的共同需求：

主要代理人办公室，米德尔敦市警察总部，米德尔敦市，康涅狄格州。杰特·库克·杰普森建筑公司。摄影：伍德拉夫/布朗

- 可控制的公共通道；
- 执法管理区域（作为公共通道以及公共区和机密区之间的分界）；
- 支持区中心（会议室、培训室以及其他工作地点）；
- 工作小组办公地点，每个工作小组都有各自的工作需要，所以虽然身处这同一所建筑物中，他们的办公处所各不相同。

同一所建筑物中不同职责的工作部门，他们都有其专门的、独特的工作地点和工作环境。比如说，巡视组和调查组通常是分开的两个办公区，每个办公区都有其合理的空间和安排以便满足其自身的工作需求。巡视组里通常有工作人员的储物柜、简报/点名处、书面报告室和行政管理区等，并且巡视组可以很便捷的到达停车场。而调查组则需要有可监控的公共通道，另外，还需要有单独的房间以便做一些机密的审问，会见机密人员和情报员等。当然，他们也有一些相同之处，两者都需要有证物登记处和储藏室，另外，某些办公人员工作地（会议室、培训室、储物柜/淋浴间/体能训练室等）经常是被两个部门的工作人员共用的。

建筑外观

在设计建筑物的外观及其定位时，应该做到能够为里面的工作人员提供良好的光线和景致，尽量减少光线遮蔽、吸收热量和各种运作的消耗。外墙设计需要考虑到风吹、日晒、雨淋的因素。覆盖涂层材料包括石灰石、花岗石、预制混凝土和面砖等。在公共入口处以及其他有特色的地方，可以用幕墙

◀ 公众入口，米德尔敦市警察总部，米德尔敦市，康涅狄格州。杰特·库克·杰普森建筑公司。摄影：伍德拉夫／布朗

▼ 沿街立面：遮阳篷下是小商铺空间，其上部为执行法律功能空间，米德尔敦市警察总部，米德尔敦市，康涅狄格州。杰特·库克·杰普森建筑公司。摄影：伍德拉夫／布朗

或者那种全玻璃的墙面，起到装饰的作用。

设计外窗和外门时，应该合理运用遮蔽系统应对附近建筑物造成的太阳光的反射和阴影等问题，做到尽量多采景，少吸热。由于每天大量的进出，正门应该做到造型宏伟、坚固耐用。为了能使残疾人可以自由方便的进出建筑物，还应该为他们安装带有平衡器的入口门和自动感应门。另外，为了达到既美观又安全的目的，在大厅的入口处应该使用整体玻璃墙壁，玻璃门窗也要使用绝热材料（抗碎玻璃和/或其他安全材料）。

在选择楼顶用材的时候，最好能做到既美观，又不需经常维护。另外，还要预留出一定的位置用来安放天线和微波接收卫星天线等装置。有很多种材料可以供选择，但是无论用什么材料，最终设计一定要有去楼顶的走道，以方便对楼顶以及上面的设备作定期的维修护理。

内部设计

主要公共入口处（比如大厅等）的内部设计应该在选材、细节设计、比例上与外部设计保持协调一致。由于该建筑物需要长期的使用，它的色彩设计应该秉着传统内敛的原则。入口处应该设计得引人注目且经久耐用，通过大厅的定位和开放性设计给人一种有亲和力的感觉。

在执法部门里会使用到很多各种各样的控制台。所有的控制台都应该安装在空旷的地方，以便在需要的时候可以便捷地修理和更换。对于控制台和通信中心设立位置的几个特别要求：要求有详细地图展示区，有工作人员状况指示器，书面程序，岗位职责值勤表和电话簿等等。具有代表性的是，通信中心通常也被设计为计算机中心，通常铺设着地板，有着合适的温度和照明控制系统。在这个安全机密的工作区里，只要有可能，设计者就尽可能的做到多采光、多采景，让里面的办公人员有时间概念，并且在休息的时候可以更加放松。

在设计通信中心时应该注意到，那里的各种办公电子设备、照明以及各种专用器械（取暖、通风、空调——HVAC）都需要有持续不断的电力。有时还需要设有单人的休息室和洗手间。在任何紧急情况下，包括自然灾害以及各种不可预料的、罕见的突发事件下，通信中心都需要能够照常运行。所以，通信中心就必须要安全机密，进入通信中心的人员也要受到一定的限制。为了能够容纳该中心的工作人员，让他们能够以良好的状态工作，保持机密减少疲倦，该中心就需要有令人愉悦的办公环境。工作站则应该是舒适的，有良好的照明，以便能够清楚地看到计算机显示器和状态读取表。

通信中心的安全措施有：限制外人接触本中心的工作人员，保护设备并备份资源，

▶▶ 平面：米德尔顿市警察总部，米德尔顿市，康涅狄格州。建筑师：杰特·库克·杰普森

ROOF
SOFT INTERVIEW
STG.
SGT
FAMILY SERVICES
SEC.
DETECTIVE BUREAU
L.T.
CAPT.
CONFERENCE
WAIT
INTERVIEW
JUV.
FILE
MONITOR
INTERVIEW 2 PERSON
INTERVIEW 4 PERSON
SOFT INTERVIEW 6 PERSON
DET. BOOK/ FGR. PRT.
JAN
TELE. ELECT.
STAIR B
STAIR A
LOBBY
ADMIN. SEC.
INT
WORK ROOM
COPY
WORK ROOM STREET CRIME
FILES
ADMIN. CLERK
PROFESSIONAL STANDARDS
EXECUTIVE OFFICES
ADMINISTRATION
BUDGET ANALYST
SCHEDULE CLERK
PLANNING/ RESEARCH
ADMIN. ASSISTANT
DEP. CHIEF
EX. SEC.
CHIEF
VEHICAL SALLYPORT
Dumpster Pad
Gun Locker
PHOTO ID & TESTING
BOOK 1&2
JAIL & EVIDENCE MGR.
INT./ LINE-UP
VISIT/ ATTY
EVIDENCE STG.
BULK EVIDENCE
PHOTO LAB
LAB
GEAR
MAIL
EVIDENCE
EVIDENCE DEPOSIT
PREP
REPORT
FORMS
BRIEFING
ELECTRICAL
EXISTING VAULT
MECHANICAL
ARMORY
SWAT
ISSUE
ELEV. MECH.
RAMP
H/C
SAFETY
KITCHEN
SHIFT SERGEANTS
MEN
MENS LOCKERS
EXERCISE
WOMAN'S
WOMAN'S LOCKERS
AUX./ EXPL.
SUPPLIES
CUSTODIAN
SPRINKLER
UNIMPROVED
TELE.

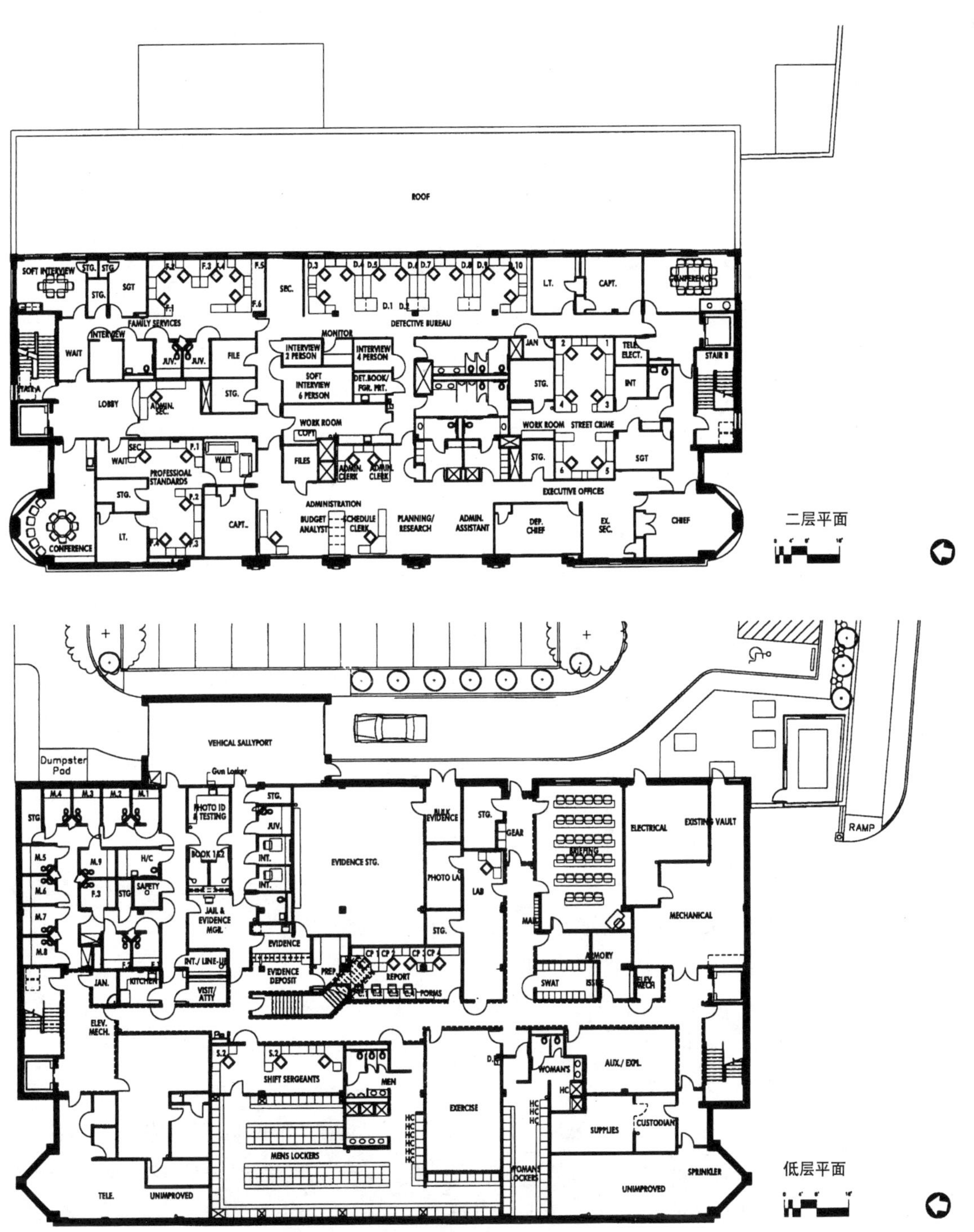

二层平面

低层平面

保证能源处、传导线和各种卫星及天线系统的安全。不同的机构对该中心的保护性措施是不尽相同的，但是它们都会做到将其设置在该机构的某个安全的地点，并且在公共通道处安装防弹玻璃。

内部构造设计应该满足不同部门的工作需要（声学性能、耐久性、方便维修、消防密码或者抵抗等要求）。对于人群较为密集的地方，比如大厅或入口处，应该对这些地方的设施给与特别的关注，目的是为了保证整个建筑物经久耐用，易于维修。另外，还应该注意房屋角落的保护，因为这里通常遭受到更为严重的破坏，有损于整体形象。

顶棚

在整个建筑物里，应该安装悬挂式有吸声效果的顶棚，目的是保证良好的声学性能。

内墙

在一些特殊办公室和支持区里，可能会用到喷涂或者染色的木制工艺或者墙壁涂料等。然而，在大多数的办公室和普通支持区里，一般会使用喷涂的石膏板或者乙烯涂料。有关拘留所和通道的材料使用，在本书的第11章中有详细的介绍。

总体上来说，以下几个地方在最后工序上有特别的要求：

- 公共区域。在公共区域里，应该注意使用经久耐用的地板。顶棚的高度应该尽可能的高。另外，还要注意安排一些正确的指示方向和所在位置的图表、目录、各工作部门的标志、显示屏等等；
- 会议室。配有其所需的设备和良好的照明；
- 洗手间。在潮湿的墙壁上应该铺上瓷砖，在其他墙壁上涂上乙烯涂料。所有的工序和材料都应该结实耐用，便于维修，并且能够防水、防化学腐蚀；
- 储藏室和生活区。应该使用坚固耐用的材料并且易于维修；
- 拘留、监禁、处理处，其设计重点是大量使用玻璃或环氧水泥石（CMU）、木板和灰泥屋顶等（或其他安全性强的屋顶）。如需了解更多有关罪犯拘留处理等方面的问题，详见第11章“安全系统”。

地板

在大多数的公共区域以及办公区域里，铺设的是木制或橡胶制的地面。而在其他一些指定办公区里，铺设的是特殊材料的地面。这些地方包括：入口处、电梯、洗手间、部门储藏室、工作室、食品供应处、自动贩卖机处、证物处理处、储藏室以及罪犯处理和拘留处等。

办公用具

工作站和办公用具应该是经久耐用、质量上乘、构造合理的，并且能够支持不间断的运行。另外，还需要准备一些没有扶手的椅子，目的是给那些装备着武器的工作人员使用。

第 3 章

成年罪犯拘留所

拘留所的主要用途是为那些将要被押解到专管人员、尤其是指州县治安长官处的罪犯提供一个安全的暂时拘留地。设立拘留所的目标是为保证犯人在入狱、罪刑处理、住宿和生活等方面的安全。

与劳改所不同的是，监禁所通常只是关押一些服刑期限比较短的罪犯。在美国州县级的监禁所里，罪犯通常只被关押数天之久。同时，许多监禁所也会关押一些被判处一年及一年以下有期徒刑的轻度重罪犯和轻罪犯。但是那里关押的绝大多数罪犯都是服刑时间更短的罪犯。

由于监禁处的罪犯几乎都是短期服刑犯，相对于劳改所来讲，这里的犯人经常会有亲友探望或被法庭传讯等，所以在设计和规划监禁处时，就要考虑到这个问题。美国法院已经对监狱的设施、条件等问题提出了要求，列出了详细的有关服务状况、工作计划和活动的最低标准。监禁处的条件决不能作为对犯人的“残酷的、不同寻常的”一种惩罚措施。在地方、州县、国家以及国际上，都已经对监狱的设施条件制定了标准，详细地说明了监狱里有关一切活动的物理条件和工作要求。需要注意的是，他们所制订的标准只是最低标准。

标准中包括：

被关押的罪犯必须被监禁在一个能够保证他们人身安全和合法权益不受破坏的地方，并且保证他们不会受到其他被关押罪犯的伤害以及自身的伤害。

监狱工作人员必须对服刑罪犯进行观察监测，并且要与他们进行定期的交流。

当服刑人员有需要帮助的请求时，工作人员应该对其作出回应。

应该根据被关押人员的不同情况对其进行分类，并分开关押。应保证被关押人员的一些必需的服务和活动(医疗服务、亲友探视、宗教活动，体能锻炼等等)。

监狱里必须启动安全系统和程序。

对女性被关押人员要合理的监督和管理。

电子监督设备应该被严格监控。

必须要有有效的紧急情况处理计划。

对这些问题的主要标准有：《美国劳改协会（ACA）关于地方成年罪犯拘留设施的标准要求（3d ed)》，由美国劳改协会（ACA）和劳改鉴定委员会联合出版。

程序要求

拘留所的首要焦点问题就是如何保证被关押人员能够得到合理的住宿条件，以及饮食、服装、医疗卫生（如果有需要）等方面的问题。

最重要的工作有罪犯的接纳、转押和释放等。如何处理那些固定的和流动的罪犯，如何把他们在法院和其他机构之间转运，是

▲ 密尔沃基市监狱与犯罪审判中心，密尔沃基市，威斯康星州。建筑师：文丘里建筑师事务所。摄影师：霍华德·卡普兰，HNK 建筑摄影公司

监禁机构的一个鲜明特征。

通常上来讲，美国监禁机构呈现出由郡治安部门运作的综合服务特征。（行政管理、巡视、社区服务、紧急服务和调查等）。这些机构部门，一般是依次坐落于法院的周围。拘留所和州长办公室可大可小。大多数监狱里面的被关押人员都少于 100 人，和当地的政府自治部门一起坐落于该郡县（或某一地理区域）的中心位置。每个机构都有其独特的要求和需要。

重要的工作程序概念及机构组织概念

设计拘留机构的时候，需要考虑三个主要影响因素：

对被关押罪犯的分类和隔离

对罪犯进行监督管理的方法种类

该机构对基本服务与程序的实施情况

对被关押罪犯的分类和隔离

拘留机构需要能够接收各种各样的犯罪分子，有大团伙犯罪分子，也有小团伙犯罪分子，还有一些特殊人群。现今的美国劳改协会（ACA）标准指明，对以下不同种类的犯罪分子，要给予单独的管理：[1]

男、女犯罪人员

其他级别的被拘留者（民事案件中的目击证人、罪犯）

社区拘留所的被关押人员(被解雇人员、周末打散工人员、托管人)

有特殊问题的被关押人员（嗜酒者、吸毒人员、有智力缺陷的残疾人、有身体缺陷的残疾人、交流有障碍的人员）

需要接受惩戒性拘留的犯罪人员

需要接受行政隔离的犯罪人员

青少年犯罪分子[2]

分类的依据就是考虑到犯罪分子被逮捕时的状况（暴力袭击、被控使用毒品或酒精等）以及被逮捕时的问题（中毒、健康问题、心理或精神问题、对医疗护理的需要)，犯罪、拘留史，以及酒精、毒品滥用史。

分类计划强调了把不同的犯罪分子隔离开来的特殊需要。在居住、服务和程序等方面为那些不同情况的犯罪分子提供单独的区域，这在机构设计上和具体运作上都是必需的。另外，还要备有合理的物理、光学、声学的隔离措施。

小规模的监狱和那些大规模的监狱一样，都要有同样的罪犯分类系统。然而，在小监狱里很可能没有足够多的罪犯来保证分配到所有的分类里。一个解决这个问题的方法是，通过把一些小的司法区合并成一个大的多郡县、或地域性的司法区，这样就可以增加监狱里的人数。但是，这个方法也会带来一些新的问题，就是在转移和探视罪犯的时候，往往要经过较远的距离。

两类监督方法

美国劳改协会（ACA）标准要求狱警的岗位地点设立在被关押人员住宿区的里面或附近，目的是使他们能够对发生的一些紧急情况做出及时的处理。当狱警进入某个狱房单元时，助理警官应该在一个能够听到或看到该狱警的地方，并且能够提供及时的帮助。监督罪犯有四个基本的方法。第一类中的两个要求工作人员做到随时在场，另外一类中的两个对这方面没有要求。每一个方法都能够解释该机构的元素是如何形成的。

---

1 American Correctional Association, *Standards for Adult Local Detention Facilities*, 3d ed. (Lanham, Md.: American Correctional Association, 1991), P.79(3-ALDF-4B-03).

2 同上。

直接监督

狱警被分派到每个狱房单元，他们则可以与罪犯作直接的、经常性的接触。在这个系统里，狱警要做到对罪犯主动的管理和监督，而不是被动的监看和处理问题。狱警通常是全天都在狱房单元里工作。在许多机构里，直接监督机制在单人狱房单元里是起作用的，因此也就减少了对合并那些需要公共控制台的狱房的需要。

直接监督是管理普通被关押罪犯的一个最理想的方式。但是，对于那些需要接受惩戒性隔离的犯罪分子，这种方法就不是很合适了。直接监督机制可以考虑合并一些被关押人员，而他们在别的情况下可能不会住在一起。狱警被安排在一些小屋子里工作，在与罪犯隔离的情况下直接监督罪犯，这种方法可以增加狱警对罪犯的比率。

间接监督

在设计这种监督机制下的设施时，应该保证在远程封闭的控制中心的所处位置下，能够直接监视每一个罪犯的狱房和活动区。在这个控制中心里工作的通常是负责监禁工作的工作人员，他们的主要职责是对罪犯进行远程不间断的监控。远程监控也会遇到一些麻烦，即当一个岗哨负责管理多个狱房单元和活动区时，很可能会看不见或听不到狱房的一些情况。为了解决这个问题，不同类别罪犯的狱房应该彼此分离开来。

▶ 在住宅单元里的间接管理站，密尔沃基市监狱与犯罪审判中心，密尔沃基市，威斯康星州。建筑师：文丘里建筑师事务所。摄影师：霍华德·卡普兰，HNK 建筑摄影公司

间歇性的监督

间歇性的监督规定工作人员应该每隔 15 或 30 分钟对监狱作一次巡视。

接受间歇性监督的狱房（例如排成直线形的狱房）可以设计成彼此分开的模式，这是由于原本没有要求必须把它们设立在控制台的四周。某个狱房区里，那些狱房可以成面对、相背或相邻的位置。当狱警巡视或监视这些狱房的时候，罪犯可以做自己的事情。

然而，根据《小型监狱设计指南》这本书中所讲，“在一些有袭击、自杀、越狱和破坏性行为的地方，间歇性监督制监狱在操作运行方面有着较大的问题。”[1]

当采用间歇性监督机制的时候，监狱中每个关押区则应保持较小的人员密度，那些对安全问题造成威胁的犯罪人员应该单独关押。间歇性监督机制对那些 work release 中的参与者来讲应该是一个好的管理方法，但是，对那些严重危害安全问题的罪犯，以及那些需要进行行政或惩戒性隔离的罪犯，就不是十分适用。

电子监督机制／声频、视频监视系统

在一些监狱机构中，使用闭路电视设备（CCVE）和声频监督系统来对罪犯的住宿区和活动区进行远程的监控。如果要应用这种机制，就需要保证有指定的工作人员负责监控监视器，另外还要有专门的工作人员负责对突发事件进行及时的处理。

在设计工作人员的住宿室和监控室等岗位的时候，是将其设计成封闭的空间，还是设计成开放的有如柜台般的工作站，这是一个需要考虑的重要问题。对较封闭的工作室而言，开放的工作台的用途较多，而且在发生某些情况的时候，开放的工作台更便于工作人员展开快捷的行动。然而，由于它不能得到中心控制室的帮助（中心控制室必须设计为安全封闭的，24 小时工作的工作室），所以它不能十分高效地运作。无论如何，工作人员的工作岗位应该处于一个能够控制所有安全系统，并能完全控制整个被关押罪犯活动区的位置上。

设计监禁机构的一个具有挑战性的工作是如何选择最恰当的监督机制来管理不同类别的犯罪分子。尽管有的机构和运作部门使用同一种监督机制来管理所有的被关押罪犯，但是这种做法并不是在任何地方都可行的，而且也不值得推荐。同时我们也应认识到，每一种监督犯人的方法都有其优势和劣势。

给犯罪分子提供的服务和系统

设计者面临的一个主要问题是为犯人提供的服务设施、系统的位置和住宿区的位置之间的关系问题。关于这个问题有两种解决

1 Dennis A. Kimme, et al., *Small Jail Design Guide: A Planning and Design Resource for Local Facilities of up to 50 Beds* (Washington, D. C.: U.S. Department of Justice, Office of Justice Programs, National Institute of Corrections, 1988), p.3-33.See also Kimme and Associates, Inc., *Jail Design Guide: A Resource for Small and Medium-Sized Jails*(Washington, D. C.: U.S. Department of Justice, Office of Justice Programs, National Instiute of Corrections).

▶ 鸟瞰，Curran–Fromhold 劳改所，费城，宾夕法尼亚州，建筑师：DMJM。摄影：伯·帕克

▼ 该平面表示了跨越建筑与服务区域的居住单元，Curran–Fromhold 劳改所，费城，宾夕法尼亚州，建筑师：DMJM

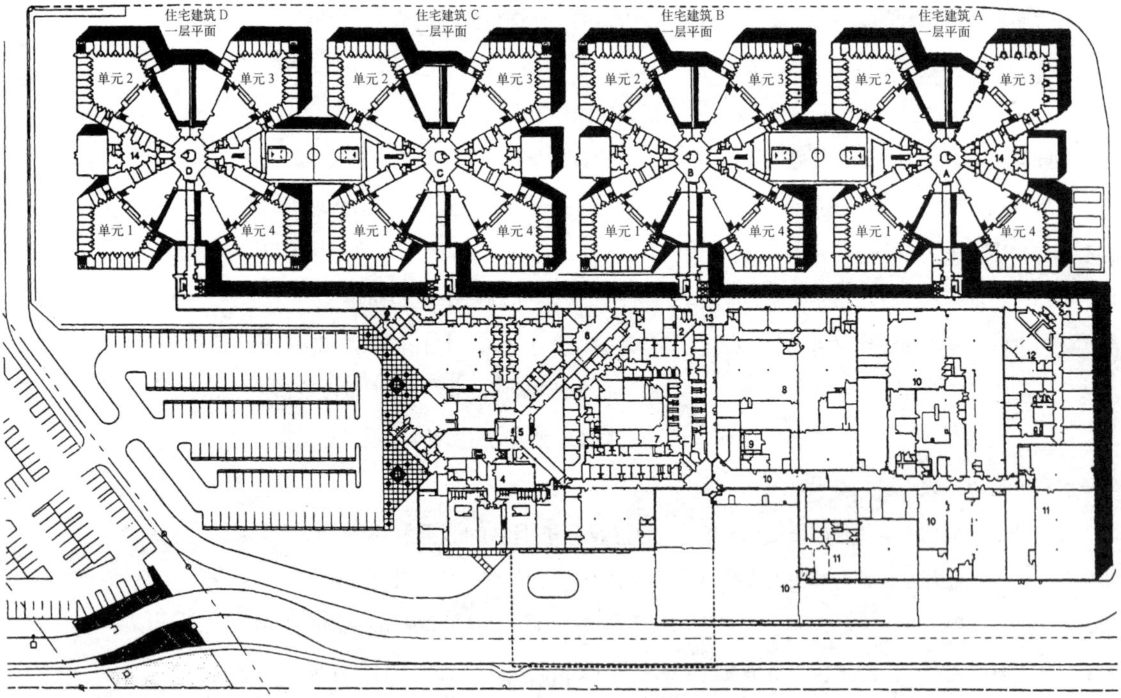

图例

1 探望／预审 & 队列 (VI)
2 管理设施 (FA)
3 管理系统 (SA)
4 职员服务 & 培训 (SS)
5 中央控制／军械库 & 修理 (CC)
6 健康服务／精神健康 (HS & MH)
7 记录／基本安全交通控制／入口 & 释放 (RM)
8 职业培训／工业 (TC & IN)
9 洗衣店／小卖部 (VO)
10 饮食服务／运货 & 接受 (LA/CO)
11 维修／机械 (FS)
12 教育／社会 & 心理服务 (ME)
致命的疾病 & 宗教 & 图书服务 (ED)
13 同室者搬迁 (RE/LS)
14 隔离居住单元管理 (IM)

方案：服务和设施系统的位置既可以集中化，也可以不集中化。

如果某个监禁机构里的服务和设施系统是集中化的，那么罪犯就必须在他们的住宿区和这些服务设施之间往来。如果采用这种方式，就要求监禁处的工作人员在罪犯进行转移的时候，采取一些特别的有效举措来保证安全、保证对犯罪分子的有效控制。当犯罪分子到达服务和系统设施的时候，不同类别的犯人之间发生冲突的可能性就大大地提高了。

近十年来，在设计监禁机构的建筑物时，越来越多的设计师都愿意在住宿区里面或附近设计那种非集中化的服务和系统设施，以便尽可能地减少罪犯移动的几率。这种设计方法能够让工作人员在监督犯人住宿的同时监督他们的一些其他活动。这种方法真正做到了给罪犯提供服务，而不是给服务提供罪犯。

▼ 鸟瞰，联邦拘留中心。海军部，华盛顿，NBBJ 集团。摄影：Assassi 作品

平面与剖面：在建筑与服务区域之上，表达了居住区的垂直方向组织方式。联邦拘留中心，海军部，华盛顿，NBBJ 集团

东北－西南建筑剖面

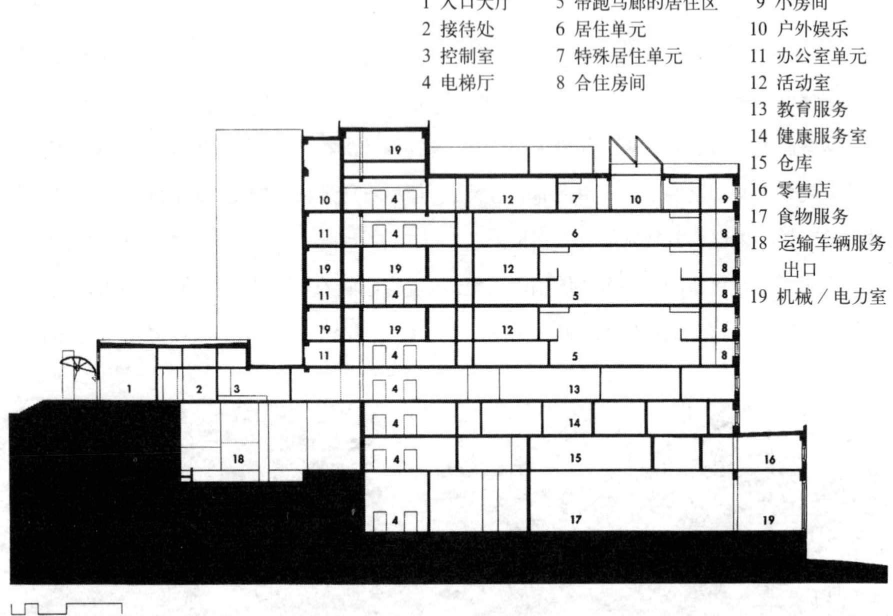

B 座楼平面

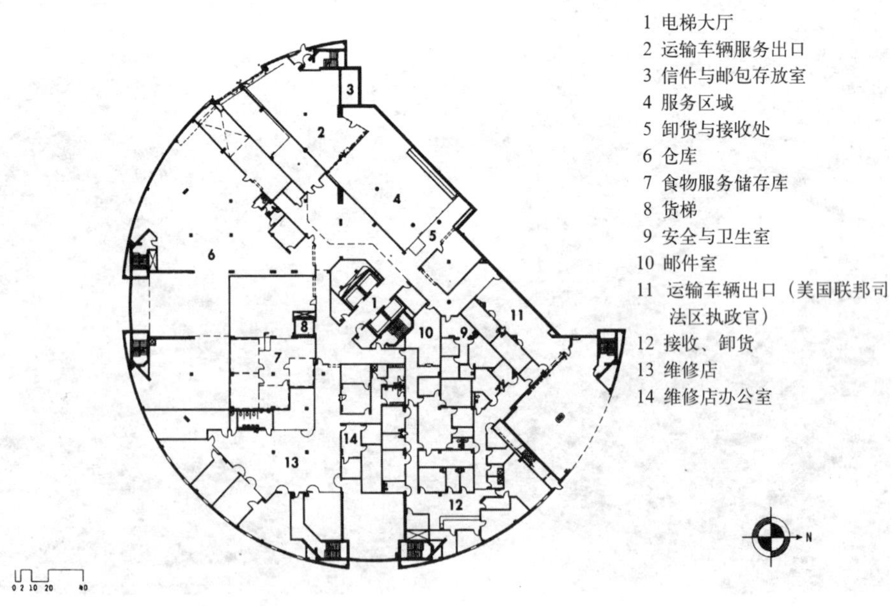

六层平面

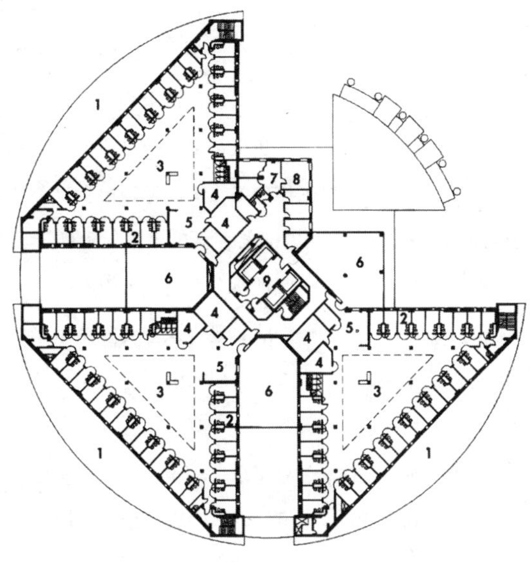

1 典型的普通小房间单元
2 典型合住房间
3 娱乐室
4 活动室
5 食物准备
6 户外娱乐
7 办公室
8 会议室
9 电梯厅

一层平面

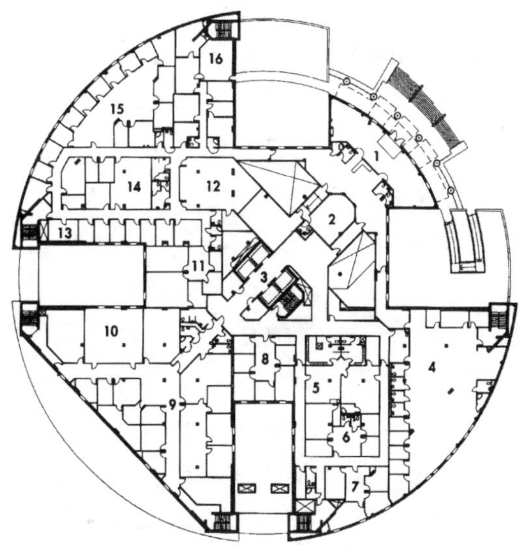

1 入口大厅
2 控制中心
3 电梯大厅
4 会客
5 职员集合
6 代理官员区域
7 副监狱长
8 心理医生
9 教育
10 多功能用
11 执行官员办公室
12 听审室
13 人力资源管理
14 雇员发展
15 财务管理
16 劳改服务

这种非集中化的举措可以减少由犯人移动带来的问题，并且能通过利用住宿区之间的空间来提高对空间的有效利用率。

在罪犯住宿区提供的服务和系统包括以下几个方面：

- 消极的娱乐（地点是住宿区附近的休息室或多功能室）；
- 积极的娱乐［地点是户内或户外（需在住宿区附近）的运动场地，这些场所也可以由两个住宿区的犯人共同使用］；
- 教育系统（地点是在住宿区附近的学习的教室和多功能室）；
- 宗教活动和一般性活动场所（多功能室）；
- 探视间（设置在住宿区里面，为来访者提供了分散的、单独的空间，现在越来越多的应用到视频）；
- 食品供应（在中心食堂准备食品，然后分发给各个住宿区的犯人）；
- 医疗和精神卫生服务（包括就诊病员集合、服药集合，这些活动通常是由医疗卫生人员在犯人住宿区完成的，当罪犯需要一些特殊的身体检查、试验、治疗和疗养的时候，能够在住宿区里进行，目的是尽量限制犯罪人员在机构里的活动，减少他们去中心医疗区的次数）。

地区和空间

中心控制区

美国劳改协会（ACA）关于地方成年罪犯拘留设施的标准要求每个机构都要设立一个控制中心（或中心控制区）。在这个标准中特别明确要求：中心控制区 24 小时都应该有工作人员值班；对任何进入该中心的人员都要严格限制；该中心应该监视被关押罪犯并对其负责；主要控制协调内部和外部的安全工作网络。美国劳改协会（ACA）标准注明了中心控制区的主要职能有以下几点：

- 监视所有安全地带的系统；
- 询问将要进入重要安全地带、或将要从安全地带出来的所有人员，并对他们进行控制；
- 对整个机构里、各个安全区之间的主要通道处的人员进行询问和控制；
- 监视建筑系统、机密 / 安全系统及相关设备；
- 处理机构的控制工作，监视换班和身份验证等工作；
- 询问机构中的所有在岗工作人员（固定或移动工作人员）。

在中小型的监禁机构中，中心控制区主要是作为一个有工作人员值班的监控室，用来监视一些特殊的犯人住宿区、处理区和犯人活动区等。在某些机构里，中心控制区还可能会与执法特遣部门相结合，或者监视和援助公共接待前台的工作。

中心控制区应该被设计为一个单独的安全地带，对那些需要中心控制区的工作人员直接监视的区域，要设有安全机密的前庭入口和防弹玻璃。防弹玻璃需要至少能够承受

控制站，密尔沃基市监狱与犯罪审判中心，密尔沃基市，威斯康星州。建筑师：文丘里建筑师事务所。摄影师：霍华德·卡普兰，HNK 建筑摄影公司

45 分钟的强烈攻击。另外，还要留出一些小的开放口，用来递送钥匙、包裹和文件等。取暖、通风和空调系统（HVAC）应该是安全可靠的。所有的电源、数据以及从中心控制区传入或传出的远程通信设施也都应该能够保证机密安全。

入狱、转狱、释放区域

美国劳改协会（ACA）标准关于监狱机构的入狱、转狱、释放（ITR）等工作的条文中指出了很多有关政策、程序、操作和空间地点的问题。ITR 部门必须能够承担 5 个重要的职责：

1. 必须能够接收并短期拘留那些被执法部门或在法庭被捕的犯罪分子。
2. 短期拘留并监督那些将要得到释放书的罪犯（有书面证明、或已上缴保释金，将要转移到其他拘留所、或者改刑的罪犯）。ITR 里面的拘留所用来关押那些短期的 2 ~ 12 小时的犯人，有时会超过 12 小时。
3. 对于罪犯的接收处理工作（当已经做出对该名罪犯进行监禁的决定），以及将罪犯押送至特殊或标准监狱机构的工作。
4. 把罪犯运送至法庭或其他地点的工作（准备工作、运出工作、运回工作）。
5. 处理那些将要被释放的犯人的有关工作。

监狱机构的 ITR 部门必须要准备好处理各种各样的、有着不同类别、不同需要以及

▶ 互联网广播区域，密尔沃基市监狱与犯罪审判中心，密尔沃基市，威斯康星州。建筑师：文丘里建筑师事务所。摄影师：霍华德·卡普尔，HNK 建筑摄影公司

▲ 互联网广播区域，圣路易斯法院中心。克莱顿市，密苏里州。建筑师：斯韦德鲁普/Hellmuth Obata Kassabaum。摄影：Timothy Hursley

不同态度的犯人。他们有男性有女性，（有时在某些地方）还会有青少年。这些人有可能会消极被动，也有可能有暴力倾向，有的是初犯，有的是惯犯，有的或许还有精神障碍、吸毒，甚至对自己及他人的安全构成威胁。

另外，在 ITR 部门，会有一些没有采取安全防护措施的工作人员或探访者参与到该部门的工作中。他们中有律师、摄像师和采访员、医疗人员和心理医生等。在以下的几个段落中，主要介绍了 ITR 部门的一些重点工作区。

车辆进出口

车辆进出口通常是封闭的，这样就提供

了一个安全机密的环境，可以使罪犯安全的从运送车辆中转移到 ITR 接待处。在设计这个设施的时候，应该设计成一个能让车辆穿过区域—到达出口—开出区域的形式，而不是开进区域后再倒车出去的形式。在较大型的监禁机构中，应该设计出较大的车辆进出口，能够容纳一辆或多辆运送车辆。

检验室

在该机构中，应该设有禁闭室和安有可控装置的检验室，它们一般与监狱的逮捕室和书面报告室相连接。这些办公室一般位于监狱接待处的重要安全地带的外面，但是临近或位于 VSP 地带里面。这些办公室应该有足够大的面积，能够容纳所需的检验设备、供应品储备、被关押人员以及负责逮捕工作的办公人员的座位。

登记处

在罪犯被关押之前，监狱 / 监督处的办公人员先要在登记处给犯人作一个相关的简单检查，然后才能做出相关决定。当决定对一个犯人进行拘留之后，要对其进行一系列的工作，包括对其私人财产的接收和详细记录工作，询问并记录与逮捕有关的个人信息、犯罪历史、疾病史等相关信息。现如今，很多登记处都被设计成一个开放的工作地点，备有计算机终端及设备。比如存储的相关表格和文件、文件封面等，财产接收设备，以及所需的电子管理设备等。

逮捕书面记录处

还应该提供一个带有独立房间或独立隔间的探望室，用来安置一些犯人，以便让工作人员得以对犯人作审问和写逮捕报告。这些房间一般都安装有防弹玻璃，并且可以直接从登记处监测到。

有关犯人身份确认的办公室

在罪犯供认罪行的办公地点，应该设有为犯人拍照和取指纹的设备。在一些机构中，这个办公地点有可能是一个独立的办公室，并备有相关设备。在另外的一些机构里，这些设备可能会放置在登记处。该办公地点的设计结构是由它办公所需的特殊设备和技术所决定的。为了放置这些设备、供应品及其组成物，需要安排出储藏空间。

拘留间

在 ITR 区域，需要有拘留间。一般来说，有这样几种拘留间：

对那些协同作案的从犯及不构成很大威胁的犯人，可以为他们中表现较好的人员设立临时坐席。临时坐席通常是在开放的空间，可以直接从登记处对其进行监控。

对特殊的犯人，包括那些有暴力倾向或拒不合作的犯人、需要进行医疗隔离的犯人，为了保护其自身安全或他人的人身安全而需进行隔离的犯人，应该为他们设立单人的拘留间。

为那些作暂时性拘留的犯人，比如将要

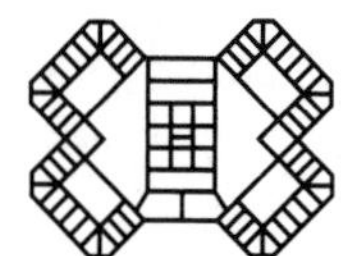

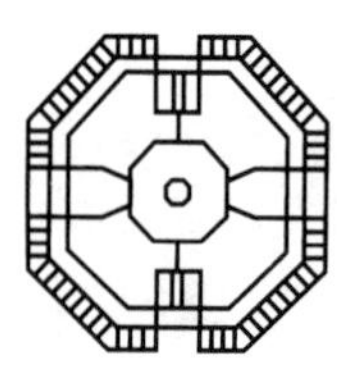

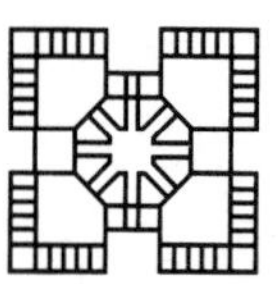

从拘留所运送往法庭的犯人、或那些在大规模拘捕活动中被捕的小部分人，可以为他们提供多功能的居住房间或者多功能的等候房间。

在规模较大的机构里，对男性和女性犯人，会为他们提供分开的区域；而在规模较小的机构里，可能就用公用或多功能的区域来代替。拘留处和处理处都应该既能接收男性罪犯，也能接收女性罪犯。

探望处

在ITR工作区里，既应该有可接触的探视区，也应该有不可接触的探视区。这些探视区主要有以下用途：方便律师和其委托人之间进行交流，便于作犯人释放前的审问（由负责审理释放工作的工作人员进行），可以进行保释探望（与保释人），以及便于已经由法令条例批准的亲友探望。探望处应该位于一个能够被工作人员直接监视到的地方。

公用电话处

在ITR工作区里，还应该设有能连接到外线的电话机。在一些机构中，公用电话处就设在拘留处里；在另一些机构里，公用电话处则设立在等待/拘留处的外面。对于打电话的人，应该做到能够保证其隐私权。

◀ 六种拘留所住宅单元示例。此六种住宅单元均有以下特点：即中心设立休息室，用来进行各种活动程序（娱乐室、多功能室和探监室），外侧则围绕有住宅单元。这六种拘留所住宅单元从上至下分别为：蝴蝶式住宅单元；八角形住宅单元；领结式住宅单元；嵌套"L"形住宅单元；链接式八角形住宅单元，以及四元式"L"形住宅单元

罪犯接收工作办理处

在做出接收一个犯人的决定之后，就会有一系列相关的处理工作。比如给犯人淋浴、换衣服，并且在其进入拘留所接触到里面的其他犯人之前，还要给他/她进行一次医疗检查。淋浴和换衣服的地方应该是私密的空间，但是也应该安排一些适当的工作人员对犯人进行监督，给他们提供帮助。

医疗检查室

在ITR工作区还应该设有医疗检查室。不过，如果某个机构的医疗工作区恰好处于ITR工作区的附近，那么犯人入狱时所需要的一些医疗检查也可以在这里进行。

供应品和私人财产的储藏室

储藏室是犯人用来存放一些规定的标准囚服和铺盖等物品的地方，罪犯的私人衣物以及一些贵重的物品也应该存放在带锁的橱柜、地下室或抽屉里。

住宿区

通常的情况下，住宿区几乎占有整个监禁机构面积的一半。住宿区的主要功能是为犯人提供了睡觉、消极活动和方便与洗漱的空间。根据监禁机构的本质和监督机制的规划，犯人住宿区一般包括供犯人吃饭、洗

衣/方便与洗漱、体能锻炼、休息放松的地方，以及接受教育的教室、图书馆和探望间等。

在许多机构中，为不同类别的犯人提供的各种不同的住宿环境，能够影响到这个住宿区的基本组织，影响对自然光线和景致的吸纳，对固定装置、装饰物和各种设备的选择，以及对建筑材料的选用都会产生影响。

住宿单元的适应性

为了能够适应可能发生的变化，能够容纳为数不多的人群，部分或全部的住宿单元都应该设计成可转动的单元，以便能够容纳不同类别的犯人，并且能够以犯人的基本需要为标准处理一些特殊人群的问题。要想使住宿单元可适用于多种情况，也可以通过安装一些物理、光学、声学的隔离设备来达到目的。每个住宿单元一般都是由多个单人牢房组成的，每个单元里还有犯人需要的休息室、淋浴房和一些必要空间。

普通住宿区

普通住宿区用来安置那些没有什么特殊要求的犯人。在大部分机构里，普通住宿区是用来容纳成年的（18 周岁及大于 18 周岁）男性犯人，在某些大型的机构里，也可能容纳一些成年的女性犯人（她们与男性犯人的住宿区在一起，但是彼此隔离）。普通罪犯既包括那些已经判刑的犯人，也包括那些等待法庭判决的犯人。另外，有必要保证能够容纳多种类别的犯人。

住宿单元基本上是由一个个的单人牢房组成的，另外还有面对着单人牢房的犯人休息室。这种结构有助于监督室的工作人员对休息室里的犯人以及每个单人牢房的外部进行有效的监视。每个单人牢房都配备有一个单人床位、书桌和凳子、马桶、水槽、镜子、搁架，以及挂衣服钩子等物件。

每个单人牢房都能够接触自然光线，有的是直接从户外照射进来的，有的是从别的房间房门的安全玻璃上透过来的。那些能使犯人可碰触到的窗子和窗框，都应该是用安全玻璃及相关材料。那些在监督人员视线以外的窗子，犯人也不应该能够接触到。在那些不允许随便观看的房间里，通常会使用半透明的玻璃。

休息室与休息室之间应该互不能见，互不相闻。每个休息室里都安放有桌椅、一台或多台电视机、为犯人打电话用的电话机，另外还有一个内部对讲电话装置，这个主要是在办公人员不能对休息室内部进行直接监督的时候使用。从休息室可以直接通往淋浴室和卫生间。

每个住宿单元通常都设有两层单人牢房，在两层楼之间有一个走道，狱警在这个走道上可以很清楚方便地监督牢房里的犯人。为了使狱警能够监测到楼梯后面的情况，楼梯应该设计成那种没有竖板、只有踏板的楼梯。另外，两层楼之间走道处的扶手也不能挡住视线。为了保证狱警的视线不被阻挡，可以把他们的工作地点设置在一个较高的地

▲ 有直接监督站点的住宅单元休息室，密尔沃基市监狱与犯罪审判中心，密尔沃基市，威斯康星州。建筑师：文丘里建筑师事务所。摄影师：霍华德·卡普兰，HNK 建筑摄影公司

▶ 在尽端墙有自然采光的住宅单元休息室，密尔沃基市监狱与犯罪审判中心，密尔沃基市，威斯康星州。建筑师：文丘里建筑师事务所。摄影师：霍华德·卡普兰，HNK 建筑摄影公司

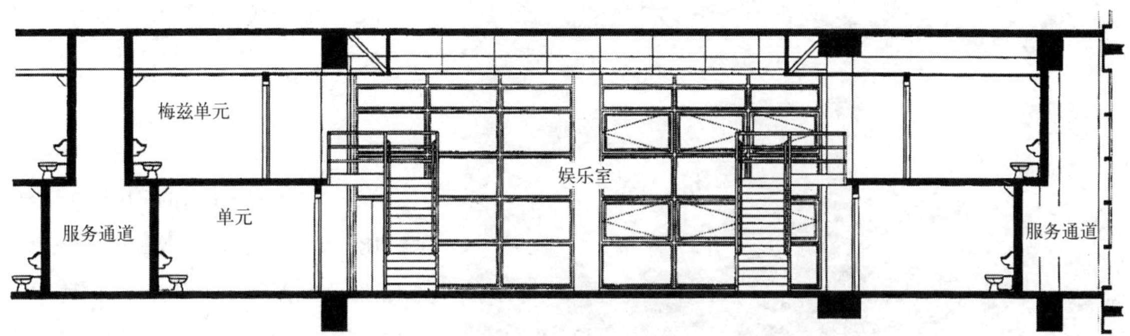

▲ 休息室剖面，圣路易斯法院中心。克莱顿市，密苏里州。建筑师：斯韦德鲁普／Hellmuth Obata Kassabaum

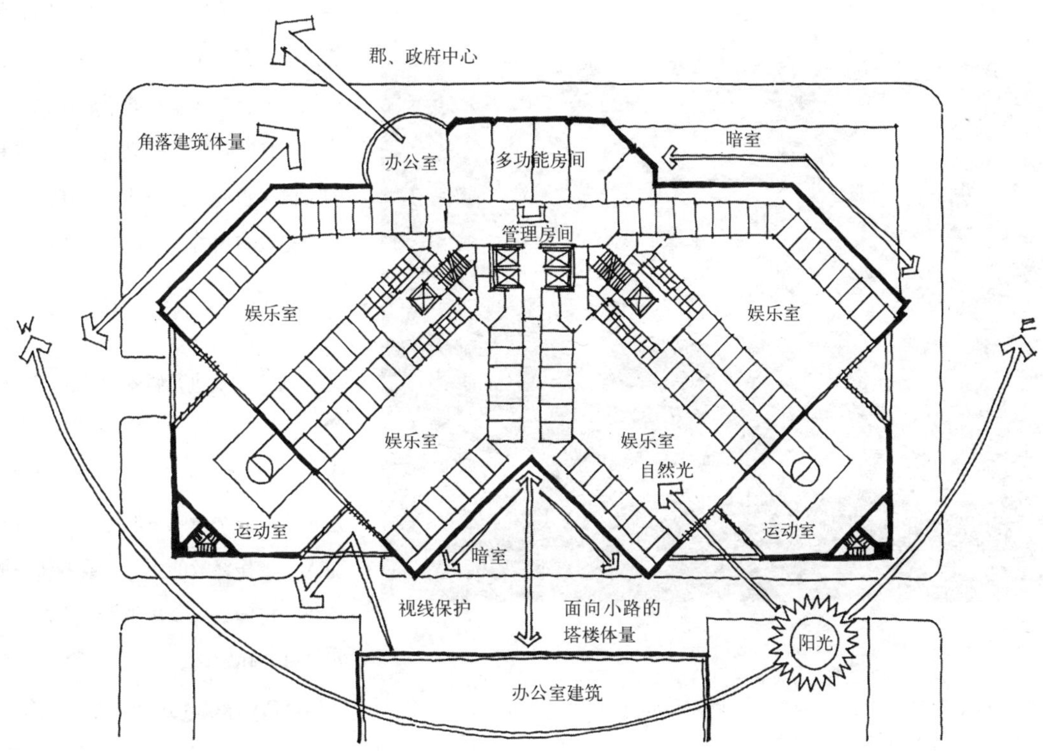

▶ 与自然采光相关的休息室草图，圣路易斯法院中心。克莱顿市，密苏里州。建筑师：斯韦德鲁普／Hellmuth Obata Kassabaum

▲ 典型的单人牢房，迪克森拘留所，哈姆特拉米克市，密歇根州。建筑师：Hellmuth Obata Kassabaum。摄影：里克·比格尔

▲ 典型的双人牢房，圣路易斯法院中心。克莱顿市，密苏里州。建筑师：斯韦德鲁普/Hellmuth Obata Kassabaum。摄影：Timothy Hursley

方。而且他们视线范围内的窗子也要设计得不会反射光线，照到他们的眼睛。

单人牢房与多人牢房

在某些机构里，犯人的牢房是多人合住的（比如双人牢房/宿舍等等）。国家的各项标准、政策以及观点均认为对于这种方式，一定要严加监督、仔细管理。此外，对于大多数犯人来说，这种方式并不适用。

多人牢房不如单人牢房的适应性强，而且也降低了把犯人进一步划分类别的可能性。另外，管理这种牢房的夜班狱警数目不能减少，在发生某些紧急情况时，也不能封锁住宿区。单人牢房的适应性就大大的增强了，而且在狱警不能对犯人进行监督和监控的时候，也能避免一些犯人在封锁期间受到其他犯人的攻击。

特殊住宿区

对于需要进行特殊医务治疗及精神治疗的犯人，需要进行严格观察的犯人（比如戒毒中、有自杀倾向、或者有智力缺陷的犯人），进行行政或纪律隔离的犯人、受特殊保护的犯人、工作释放的犯人、或者将在成年人法庭接受审问的青少年犯人，应该给他们安排出特殊的住宿区。

ACA标准作出明确规定，特殊住宿区的生活条件就按照普通住宿区的条件而定。另外，住在隔离牢房里的犯人要经常与狱警作汇报，还要接受狱警的监督。

被关押罪犯所享受的服务

餐饮服务

ACA 标准及其他相关法令法规特别强调了监禁机构中犯人餐饮服务的重要性。准备食品和分发食品可以有多种形式来进行。某些监禁机构依靠外界的餐饮公司来给犯人提供餐饮，尽管如此，却不能因为外购餐饮而不在本机构中设立预备厨房，以便准备一些临时的食品。

准备食品的工作通常是在一个地方集中完成的，而就餐就有多种方式进行了。在那些中心化的机构里，犯人通常是到某个集中的有着食品服务流水线的食堂用餐。而大多数情况是，把集中的食品分发到各个住宿区附近（或里面）的食堂 / 休息室，让犯人在那里用餐。

洗衣房

ACA 标准和国家相关标准规定，要定期给犯人换洗被褥、服装、布单和毛巾等物。在许多监狱里，洗衣房里的工作通常是由犯人在狱警的监督管理下进行的。洗衣房的大小至少应该满足基本的功用，并且能够放置一些设备，比如用来对脏衣物进行收集、分类、清洗、烘干、折叠和分发等工作的设备。洗衣房可以设计成集中化的部门，也可以分散在各个住宿区里。

身体 / 精神健康医疗服务

ACA 标准大致概述了对监禁机构里的医疗服务的要求，强调指出应该为接受治疗的犯人提供单独的治疗空间。在《监狱里的医疗服务标准》一书中，国家监狱医疗服务委员会也对这个问题有大致的描述。

监狱里的医疗服务区有小有大，小的医疗服务区仅有身体检查室、药品存储室和医生门诊室，大的服务区可以接待门诊病人，甚至可以让伤病人员在里面进行疗养。另外，还需要有工作人员办公室、做医疗记录的地方以及储存医疗设备的地方。

常规的职责包括以下几个方面：

帮助酗酒者和吸毒者解除毒瘾

为刚刚入狱的犯人进行首次及详细的身体检查

对患传染疾病的犯人进行定期的身体检查和试验

发放药品

对患者施行医务隔离，并在必需的时候对其进行住院治疗

牙病急诊

医药饮食

对犯人进行心理健康检查、咨询，并对有心理疾病的犯人进行短期的治疗

被关押罪犯的活动

在设计监禁机构的时候，要考虑到所有犯人的全天时间安排。必需的日常活动（睡觉、吃饭、做个人卫生等）要占去一天中的 10 个小时左右，还剩余 14 个小时还做一些其他的活动。

由于这里的大部分犯人只是作很短期的拘留，所以就很难为他们安排一些在牢房外的有意义的活动。同样，这种情况也限制了给犯人开展的教育计划。

由于法庭已经作出规定，规定必须要为犯人提供一些特定的服务和活动，包括去法律图书馆读书或者某些宗教活动。ACA 标准又对其进行了一些补充，要求给犯人提供一些社会服务、宗教服务、娱乐活动以及空闲时间的消遣。

在美国监禁机构中给犯人通常实施的活动包括以下几个方面：

宗教活动和宗教服务

教育活动

法律书籍图书馆的资源

休闲书籍图书馆

个人或团体的咨询服务

消极的休息

这些活动通常是在狱警持续不断的监督下，在某个或大或小、可调节、多功用的集会室进行。

许多监狱都借助于社区服务，请里面的

▼ 医疗单元，密尔沃基市监狱与犯罪审判中心，密尔沃基市，威斯康星州。建筑师：文丘里建筑师事务所。摄影师：霍华德·卡普兰，HNK 建筑摄影公司

工作人员为犯人提供低成本的活动和服务。由于有外界人员的参与，在设计监禁机构的时候，应该在安全入口处安装 X 射线金属监测仪，在外界人员进入安全区域前，用这些仪器来监测他们的包裹行李。对那些前来监禁机构提供服务的外界公众，一定要确保他们的安全。

为了提高效率，并且为了给犯人提供多样的课程活动，有部分监狱把不同类别的犯人集中到一起来参加不同的活动和课程。在有些监狱里，程度最轻和较轻的男性罪犯也可以和女性罪犯一起参加某些宗教活动或者团体咨询。

休闲 / 锻炼活动

国家的各项标准与方针指出，应该为所有罪犯提供休闲活动、锻炼身体的场所与设备。当天气状况适宜的时候，还会经常带犯人做一些户外活动。相关标准还规定了在户外活动场所里，人均占有面积至少是每人 15 平方英尺，如果是无障碍的场地，至少不能少于 1000 平方英尺。

通常的户外活动包括散步、柔软体操、举重、篮球和排球等。在较大型的机构里，也会提供一些室内场地来进行这些活动以及其他活动，比如乒乓球、游泳和 fusball（一种球类运动）。

室内运动场和户外运动场都应该设置在住宿区的附近，这样能够保证犯人在狱警的监视下进行活动，由此就不必再找额外的工作人员来监督他们了。设计这种活动场还可以提供机会，让休息室能够有机会采光通风。这种安排限制了那些被允许在休息时互相交往的罪犯数量。

在那些让犯人集中化休息、娱乐、锻炼的监狱里，活动场地应该相应的设计的较大一些。

探监

法院肯定了探监这种行为的重要意义，允许多种人来监狱探视犯人，比如亲属、朋友、宗教顾问和新闻工作人员等。探监的时候，犯人需要被带到安全区的边缘。探监室也要设计成能够保证人员安全，能够为监督人员提供监视的条件，另外，也要保证犯人和探监者的隐私。

不可接触的探望室　不可接触的探望室通常是为亲属、朋友探望犯人准备的。这种探望室可以让探望者和犯人彼此见面，但是在声音上采用隔绝的设备。他们之间的交流要通过穿过玻璃 / 墙壁的声音孔来进行，或者通过连线电话。近年来，很多监狱里开始使用 CCVE 设备来让探视者和犯人通过视频交流。

有限制的可接触的探望室　有限制的可接触的探望室通过安装焊接钢丝网或者其他屏蔽物来限制探望者和犯人之间的接触。这种探望室一般是为犯人的辩护律师或其他相似人群准备的。

无限制的可接触的探望室　无限制的可

▲ 无接触探视窗口，圣路易斯法院中心。克莱顿市，密苏里州。建筑师：斯韦德鲁普/Hellmuth Obata Kassabaum。摄影：Timothy Hursley

接触的探望室允许犯人和探望者作直接的无限制的见面和交流，通常是为律师和办公人员（调查员、专业咨询人员等等）来探望犯人准备的。如果探望者中有非办公人员，那么要让其在与犯人见面前通过专用设施来作检查（检查是否带有武器或其他违禁品），在于犯人会面之后，还要再给犯人进行一次检查。

售货店

国家法令和相关准则中提出，犯人可以拥有一些非监狱提供的、自己购买的个人用品。所以监狱里也可能会有一个售货店，方便犯人购买一些个人的卫生用品等。

行政管理和支持区

参见本书第2章“执法机构”。

地点的选择

选择监禁机构的地理位置是一个复杂的、通常还与行政问题有关的过程。但是，选择一个合适的地点，对于其工作的成功与否也有很重要的意义。决定因素包括土壤状况、地形以及周边的公用事业公司齐全与否。另外，该位置是否方便到达，为机构将来进一步的扩大在面积和能力上是否能提供保证，以及与周边机构的关系是否协调等问题，也都是重要的决定因素。

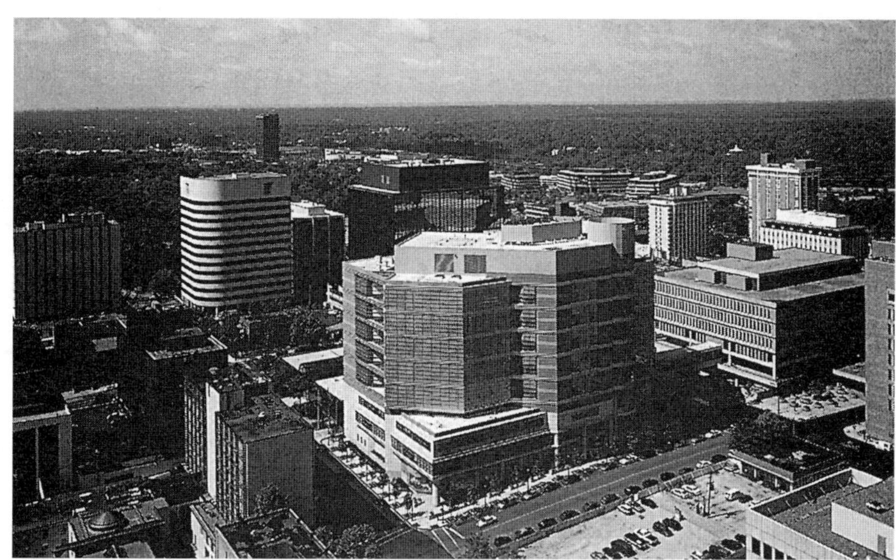

◀ 鸟瞰，圣路易斯法院中心。克莱顿市，密苏里州。建筑师：斯韦德鲁普 /Hellmuth Obata Kassabaum。摄影：Timothy Hursley

▼ 鸟瞰，密尔沃基市监狱与犯罪审判中心，密尔沃基市，威斯康星州。建筑师：文丘里建筑师事务所。摄影：罗伯特·麦科伊

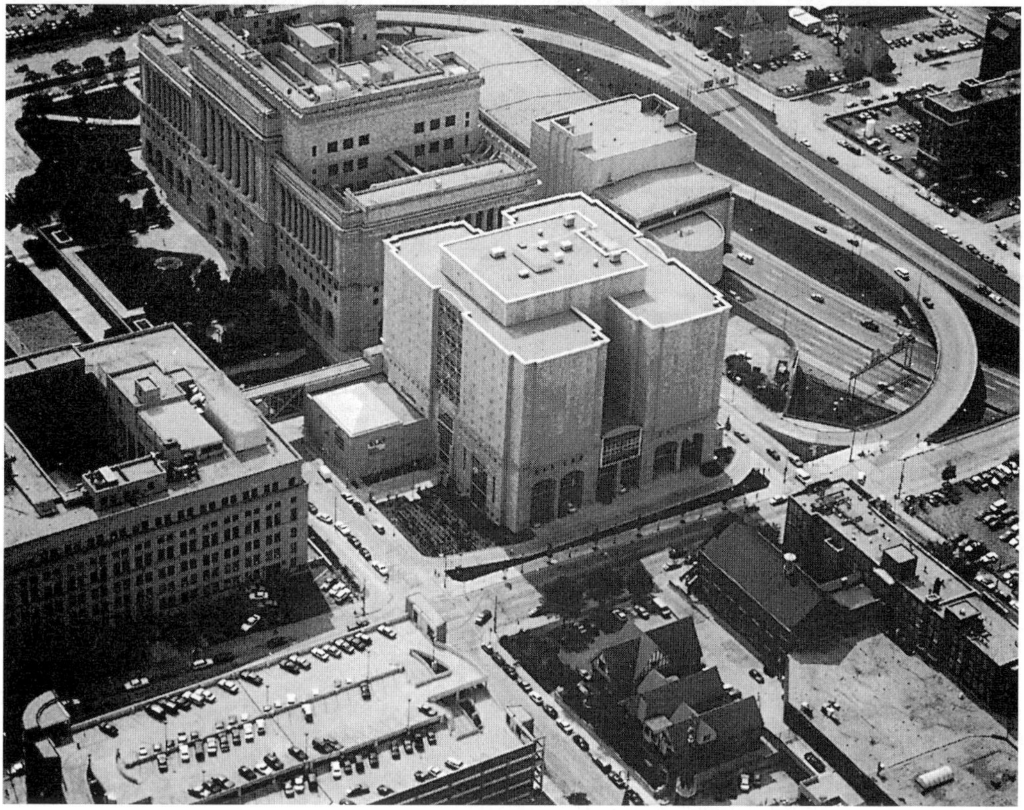

地点的可到达性

由于该机构经常会有一些活动，诸如运送食品/供应品、工作人员上下班/停车、外界来访者（普通公民或政府工作人员）的来访、犯人的接收和转送、因为工作原因获得假释的犯人的离开/阶段性关押的犯人的进出、紧急情况的处理、各种服务（机械维修、更换设备等），以及去该建筑物中的其他机构的活动等，所以选择的地点应该便于到达。

地点的面积和延展性

与过去相比，现如今需要较大的房屋建筑面积，这是因为不管是床位、活动空间，还是支持空间都比以前占用更大的面积。另外，对停车场也有更大的需求。

在计算建筑物外的所需面积或停车场面积的时候，可以按照每辆车占用 325 ～ 400 平方英尺来计算。停车场主要是为工作人员、家庭/个人探监者、志愿者、服务人员、政府官员以及负责逮捕工作的人员准备的。另外，还要设计一些复合式的停车场，有单独的空间和通道，保证安全和私密性。

为整个设施选择的坐落地点必须能够满足该机构在未来扩大规模的需要。扩大规模包括内部改造（即在原始建筑物里面要用框架预留出区域，以便未来规模扩大之用），新建设施（即在临近的已购买或即将购买的土地上的横向扩大），以及纵向扩大。室外的空间也同样会有扩大的需要，比如锻炼场地的扩大、紧急出口/紧急避难所的加大等等。

与周边环境的关系

判断一个建筑物的地点选择是否合适，也要考虑到它能否与周围的其他建筑物相和谐。一般来讲，比较理想的周边环境是政府机关、商业区、工业区或者半农村等地。监禁机构一般应避免建立在学校、教堂、居民区或者公共娱乐设施（比如说公园、活动场等）的附近。

与其他司法机构的关系

监狱的坐落地点往往有一个显著的特点，就是它们通常都坐落在法院和/或其他执法机构附近。监禁机构也是如此，也通常坐落在这些执法机构附近，与周围那些或新或旧、精挑细选的建筑物群落融为一体。所以，选择地点的过程就是一个决定周围其他建筑物命运的过程——是继续使用，还是拆除作废。

如果监禁机构处于离法院或者州县政府机关很远的位置，那么就必须考虑到运送犯人以及在运送途中的安全问题。在选择机构坐落地点的时候，就要考虑到途中的这段距离。另外，还要考虑到达目的地时的安全交接犯人的问题。

对地点的设计

在对地点进行设计时候，最值得注意的

问题就是如何做到控制视线并且控制在机构内部或者相邻地方的接触。在户外的一些活动，无论是在地面还是地面以上所做的活动，都应该能够防止罪犯可能作出的越狱行为，并且要通过墙壁、狭道、栅栏或者其他能阻挡视线的设备来与外界隔绝。

如果监禁机构的周围是公共设施或居民区，那么对该机构外沿外观的审美方面的要求就相应的提高了。在那些临近居民区的地方，如果使用栅栏作为隔绝设备，一般会用单拱栅栏或者不可攀爬的金属网来代替锋利的栅栏条。

监禁机构与周边环境、或者监禁机构内部不同类别的犯人之间，都有一些需要保密的东西，这些问题就要在考虑该地点的现实条件的同时，应用建筑学的一些常用方法来解决。比如，可以取消一些窗户，取而代之的是在顶棚上设计一些天窗，这样既可以采光又不会看到外部。或者，保持窗户位置不变，而使用反射玻璃。

独有的设计注意事项

现如今，监禁机构的设计工作秉承这样一个理念，就是监禁机构是用来关押，而并非惩罚罪犯的地方，所以关押的条件和设施应该是绝对人性化的。

在大部分地区，监禁机构坐落在居民区里面，并且一直以来，它位于社区中心临近法院的地方。现如今许多监禁机构仍然在原有的地方履行它们的职责，为罪犯的接收和释放工作提供了一个集中的地点，便于有关人员去法院及地方律师事务所办理事务，并且其本身也是当地执法机构的一个鲜明的标志。

另外，还有很多监禁机构坐落在社区的外围郊区，那里的空间较市里大，所以可以建造一些较低或中等高度的建筑物，同时也为以后可能的发展提供了充足的空间。坐落在这种地点的监禁机构，一般要备有大量的运送犯人的交通工具，这是其一大特点。

一个监禁机构的建设资金主要来源于当地社区，所以在决定一个机构的设计方案的时候，社区的意见受到很大的重视。许多专家和志愿者都是当地的居民。在过去，有一些监禁机构的外观显得冷冰冰、难以接近，而且还给人一种惩罚犯人的感觉。现在，监禁机构的形象已经改变，它已经变成一个激励人们合法行为的角色，并且在社区中也起到了积极的作用。

工作区的设计

对工作区的设计是整个监禁机构设计预算中花费最大的一项。研究表明在一个适应新标准的机构设施中，以 30 年时间为限，在所有建造以及日常工作所耗费用中，大约 10% 要用于建造工作区。在另外的 90% 中，2/3 的费用是用来维持工作人员日常工作需要的费用。

在一个监禁机构里，工作人员平均一年要在机构中呆 200 天，而犯人仅仅是每年

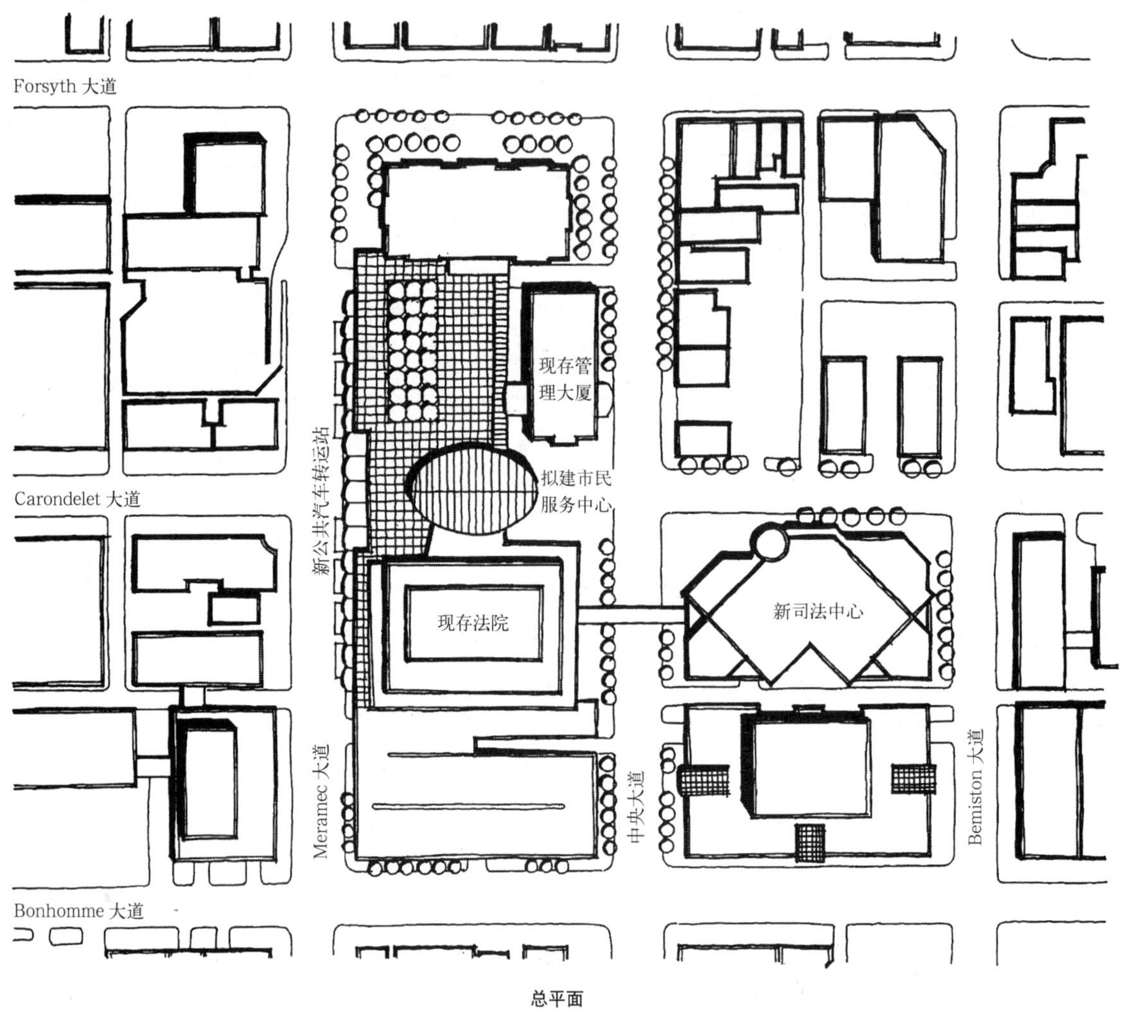

总平面

▲ 表明了现有的法院与管理楼之间的关系，圣路易斯法院中心。克莱顿市，密苏里州。建筑师：斯韦德鲁普/Hellmuth Obata Kassabaum

11天。工作人员是按照每年365天、每周7天、每天24小时的工作制工作的。而且，工作人员是按照同性管理的原则进行工作的，即男性工作人员管理男性罪犯，女性工作人员管理女性罪犯。每个24小时机制的岗位每年几乎需要5名工作人员。

在很多情况下，监禁机构的工作人员在不高的工资待遇下承受着很大的工作压力。而且，对罪犯的监督和管理是一项要求严格的工作。监禁机构工作人员对工作的满意度是一个需要得到关注的问题。所以在设计的时候，一定要对特别注意设计出舒适的工作环境，有几下几点：

私人办公室，设计合理的工作站，支持

区（包括休息室、储物柜、淋浴室、卫生间和培训室等）。

通过好的支持空间和通信系统为工作人员的人身安全提供保证。

适宜的环境和对环境的管理控制，包括在行政管理区和休息室里能保证工作人员接触到自然光线，能够调节声音、光线、取暖 / 空调设备以及通风设备等。

由于中心控制室的工作量经常会很繁重，所以对于这个地方的设计，应该给予特别的关注。为了能使那里的工作人员保持警惕性、减轻压力和疲劳、提高工作效率，中心控制室里的工作站的设计方案应该能够符合人体工效学的原则，支持个人对环境的调节（如光线、声音、温度和通风等）。另外，还要提供工作人员卫生间和服务部门。

建筑物内部结构

主要因素的设计方案

决定大多数监禁机构的设计方案时，要考虑到整个设施是否能够满足服务部门、工作部门和罪犯的入狱 / 转狱 / 释放（ITR）工作的要求。另外，也要考虑到该设施自身的一些要求。设计方案主要分为内部房间和外部房间，主要是这两者之间的区别。

在市内或密集型的地点，整个机构的行政管理区和公共区一般处于入口的同一楼层，罪犯的入狱 / 转狱 / 释放处（ITR）也通常位于这一层，即使不在同一层上，也要安排在这一层的上一层或下一层。中心服务区也要安排在这几层上，或者安排在整幢楼的中层（二、三层）。罪犯的关押室一般设计在这些工作部门的上层，通过电梯 / 楼梯来保持与外界的联系。另外，能够监视电梯 / 楼梯里的活动，这一功能在设计时也是不可缺少的。

在偏远的或郊县的监禁机构里，犯人的关押室、行政管理区、支持区和罪犯的入狱 / 转狱 / 释放处（ITR）可以位于同一层，但是要分开安置。它们之间是横向的联系，而不是纵向的联系。设计这种监禁机构的时候，可以参考劳改机构的设计方案，但是它们之间在牢房、探监和服务等方面的设施上是有区别的。

安全问题

监禁机构的设计要遵循安全机密的原则。设计的时候，要考虑到一系列可能出现的危险，其中包括对工作人员或其他犯人的攻击、自杀、恶意破坏、传带违禁品，以及非法进入监狱或越狱等行为。

对这些潜在危险要把建筑、运作和科技等方面结合起来共同采取安全的防范措施。可以设立一些障碍物，作为对工作人员和监督设备的协助。另外，有科技作基础的安全系统也对这项工作有所帮助。

有关这些安全问题，有专门的标准表明了其特点和运行程序。美国劳改协会要求：

表达了现有的法院与管理楼之间的关系，圣路易斯法院中心，克莱顿市，密苏里州。建筑师：斯韦德鲁普/Hellmuth Obata Kassabaum

机械室
8
管理室
特殊管理房间
锻炼室
机械室
7
设备室
锻炼室
6
管理室
普通人员室
锻炼室
5
管理室
普通人员室
锻炼室
4
管理室
普通人员室
锻炼室
3
监狱管理 & 职员服务
等候
罪犯法庭
健康护理
2
公众辩护者
大堂
项目办公室
检查官
1
大堂
参观等候
转移 & 释放
记录
入口
交通疏散口
B
洗衣房
饮食服务
机械室
仓库 / 维修室

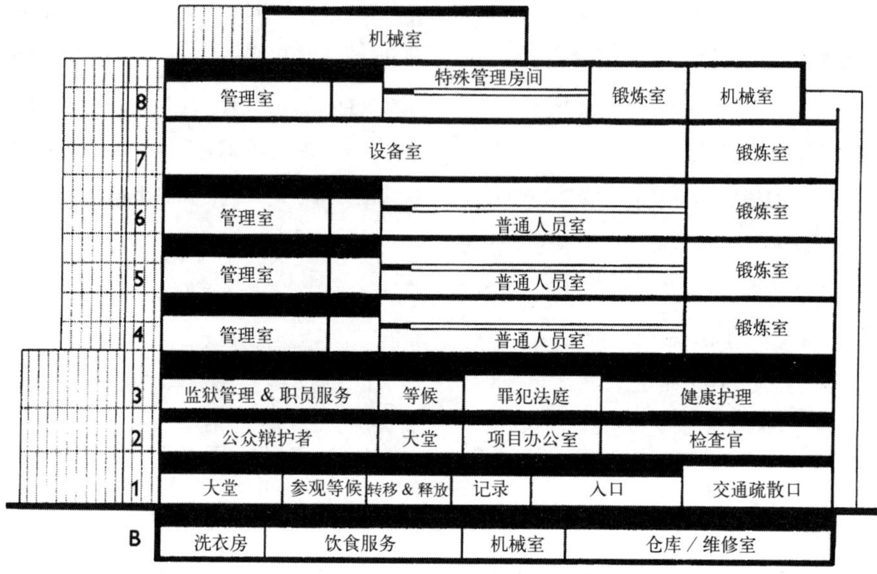

建筑剖面

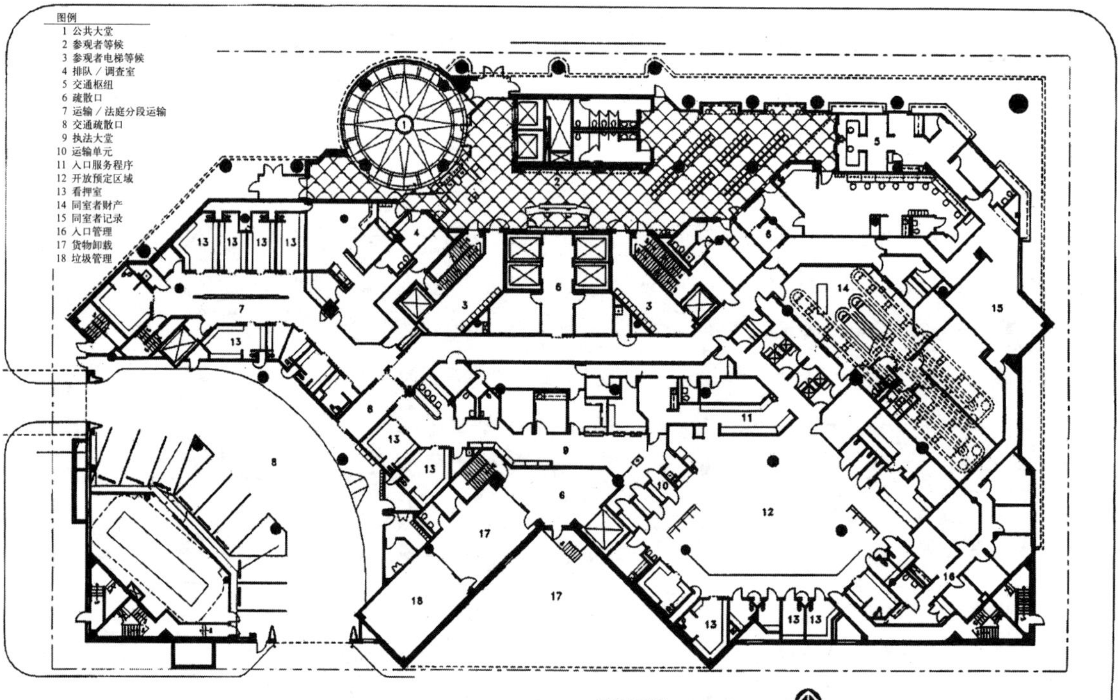

图例
1 公共大堂
2 参观者等候
3 参观者电梯等候
4 排队 / 调查室
5 交通枢纽
6 疏散口
7 运输 / 法庭分段运输
8 交通疏散口
9 执法大堂
10 运输单元
11 入口服务程序
12 开放预定区域
13 看押室
14 同室者财产
15 同室者记录
16 入口管理
17 货物卸载
18 垃圾管理

一层平面图

图例
1 控制室
2 疏散口
3 管理单元
4 多功能房间
5 参观
6 服务通道
7 娱乐室
8 娱乐
9 交通便利房间
10 标准房间
图例
1 法院大堂
2 法院
3 陪审团决议室
4 看押房间
5 法官办公室
6 法官秘书室
7 医务休息室
8 护士室
9 服务通道
10 诊所
11 医务管理
12 主要控制室
13 疏散
14 办公室
15 移动电话室

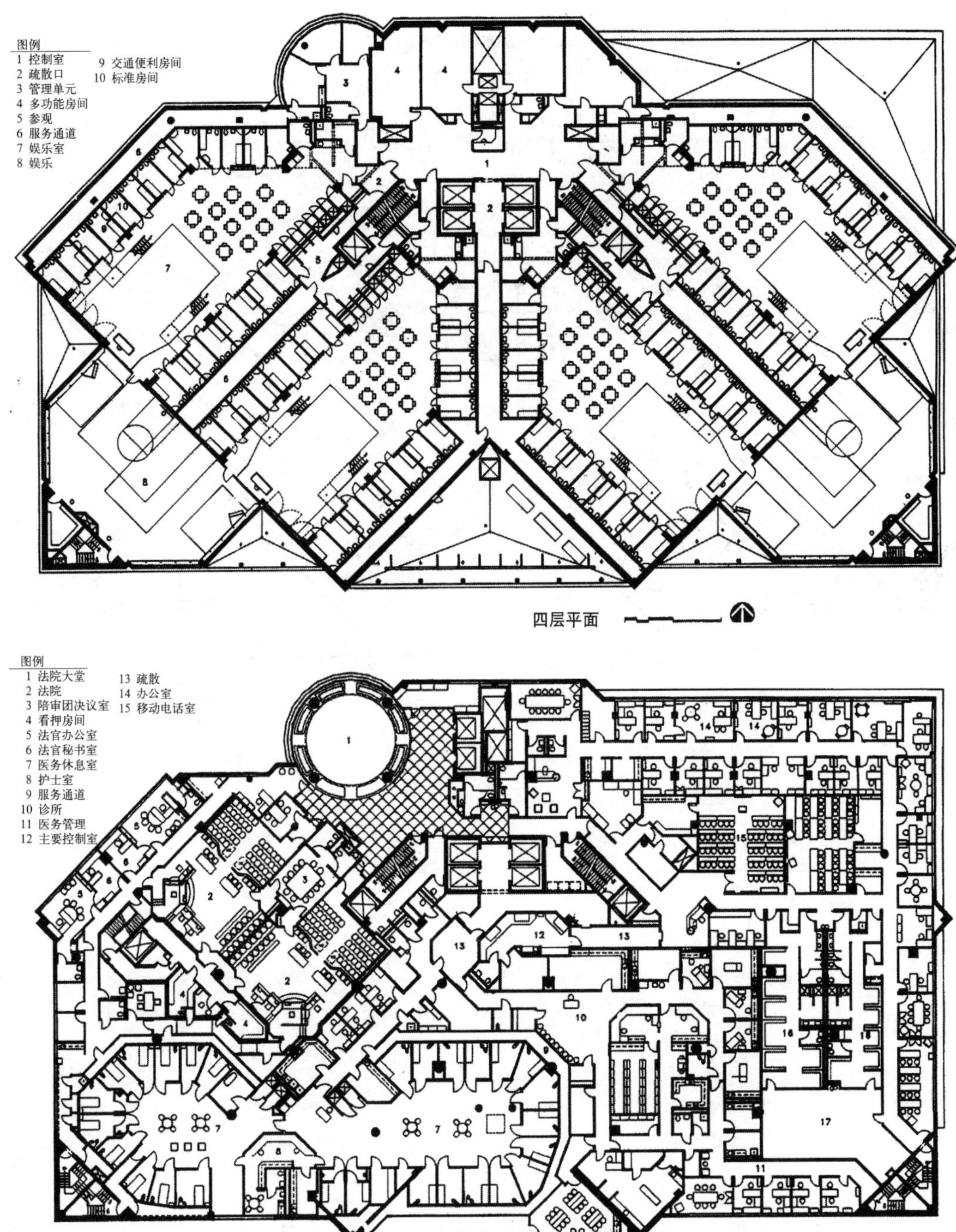

四层平面

三层平面

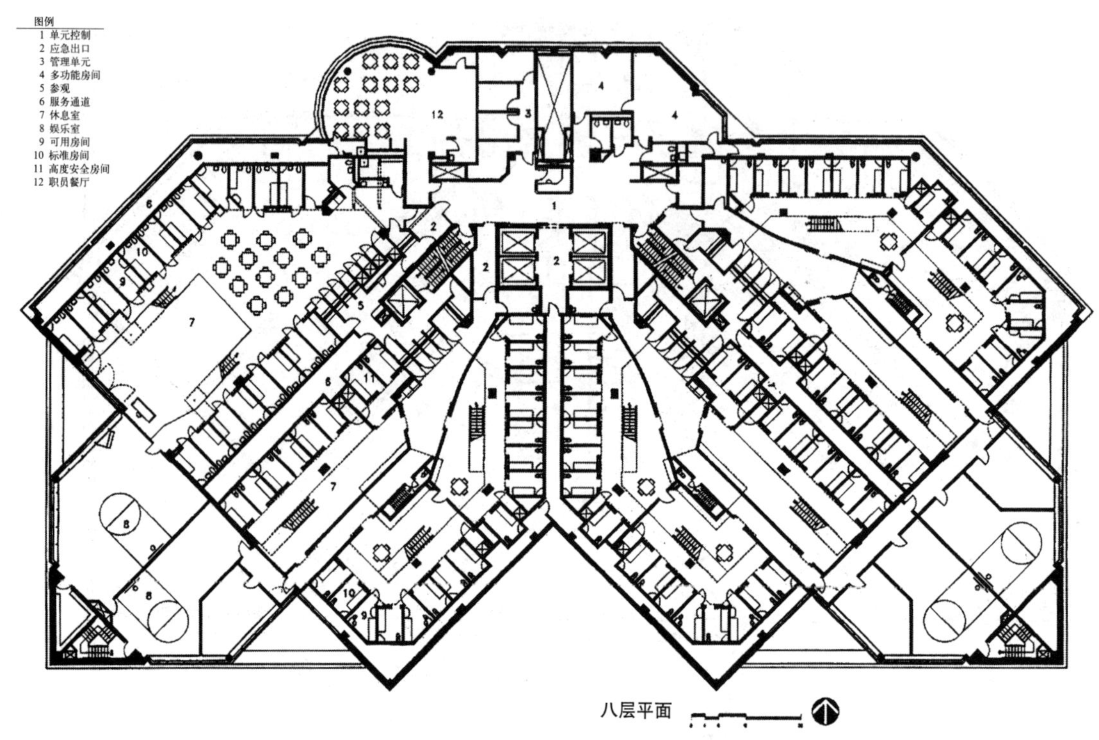

▲ 平面图 圣路易斯法院中心。克莱顿市，密苏里州。建筑师：斯韦德鲁普/Hellmuth Obata Kassabaum

对于监禁机构的外沿需要有适当的方法来对其进行控制，被关押犯人不得逾越，外界的无关人员未经允许也不得擅自进入（3-ALDF-2G-02）。

行人及车辆应该在指定地点进入或离开。在整个机构的外沿，安全走廊和车辆入口是惟一可进出的缺口（3-ALDF-2G-03）。

对安全地带的建立

围绕着安全地带要建立一个三维的屏障，包括墙壁、屋顶、地面以及建筑物内部每个房间的屋顶。安全地带和其他区域之间的每个入口或通道都需要设立走廊或车辆入口，并且都应配备安有联锁装置的门，每次只能开启一扇。

在安全地带以外，机构的其他区域一般都有公共入口、大厅和行政管理区。与公共区域相连接的区域至少要受到部分的监控。所有的探监室都要受到全面的监控，进入人员需要有关部门的许可，并在其进入前对其进行检查。

在安全地带里面，划分为几个安全区域。每个区域都处于整个安全地带内部，但是一般都作为单独的安全区域进行工作。这些内部的安全区域也许会共用同一个吸烟区，但是它们却要遵守机构中对它们不同的要求。以下是一部分单独安全区：

中心控制区

单独的犯人关押区

特别罪犯及女性罪犯关押区

工作计划处和支持服务区

探监区

在某些机构里，以上这些办公区有的相互临近，有的甚至在同一办公区，对于这种情况，应该在设计及建造时严格按照标准，保证每个办公区域的安全。

建筑物外部结构

监禁机构可以是独立存在的建筑物，也可以成为整个政府部门的一部分。当监禁机构作为整个政府部门的一个分支而存在的时候，它就应该与法院、州县长官办公机关或其他执法部门相结合，位置也要选在邻近的地点。

该机构地点的选择对其外观的设计审美有着很大的影响。一般来讲，如果一个机构是独立存在的，那么它给人的感觉往往仅是它的功能和经济。但如果它是某个大的建筑

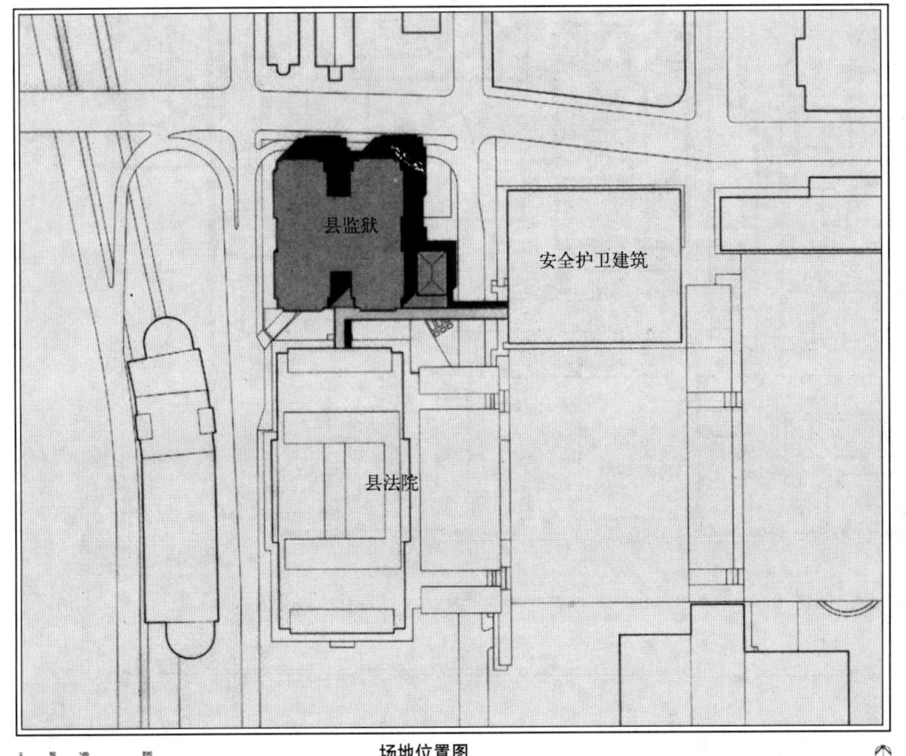

场地位置图

表达了现有的法院与安全楼之间的关系，密尔沃基市监狱与犯罪审判中心，密尔沃基市，威斯康星州。建筑师：文丘里建筑师事务所

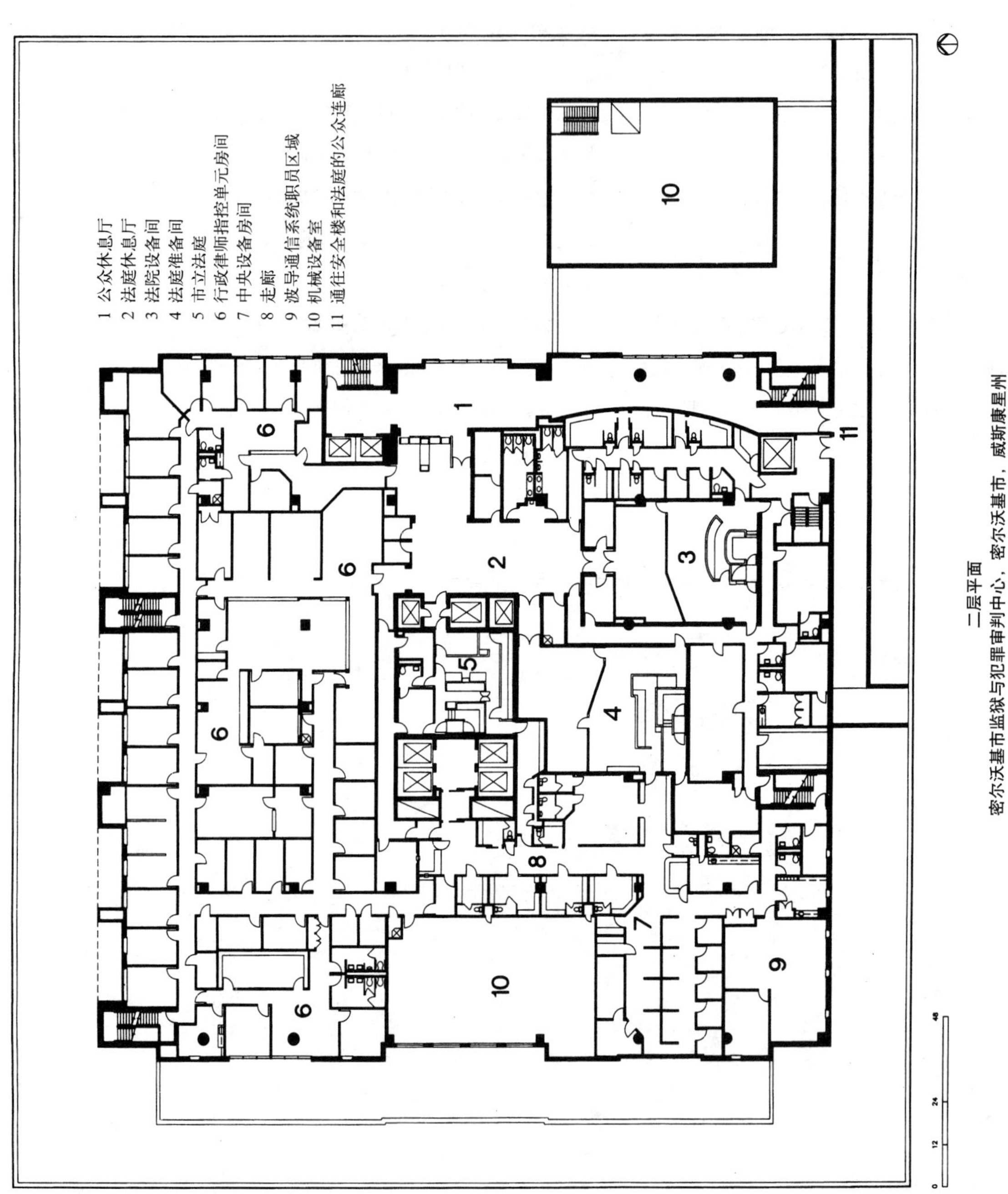

平面：表达了现有的法院与安全楼之间的关系，密尔沃基市监狱与犯罪审判中心，密尔沃基市，威斯康星州，市政进口区域在一层，职员区域在二层，二层以上是功能不同的房间。建筑师：文丘里建筑师事务所

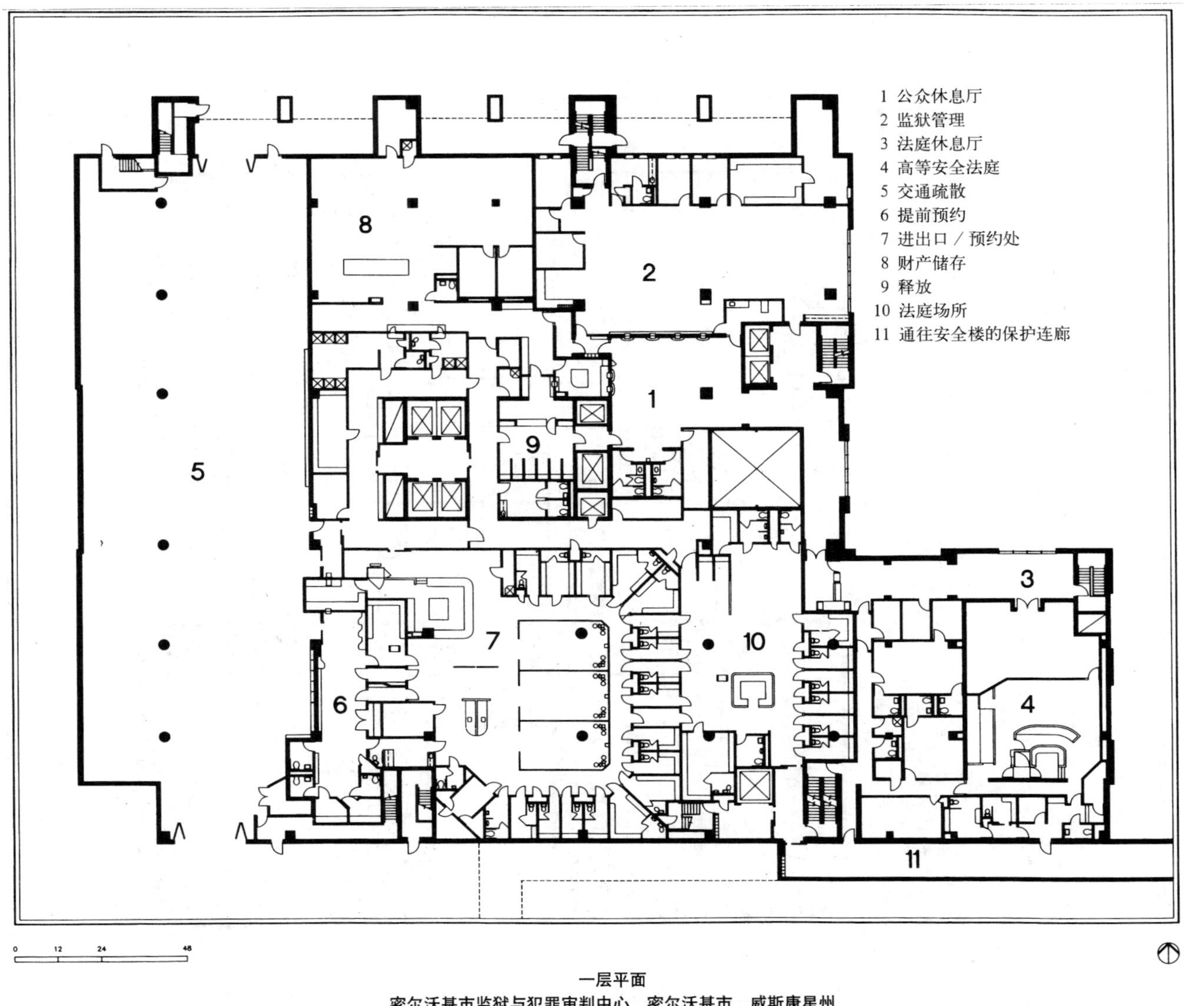

一层平面
密尔沃基市监狱与犯罪审判中心，密尔沃基市，威斯康星州

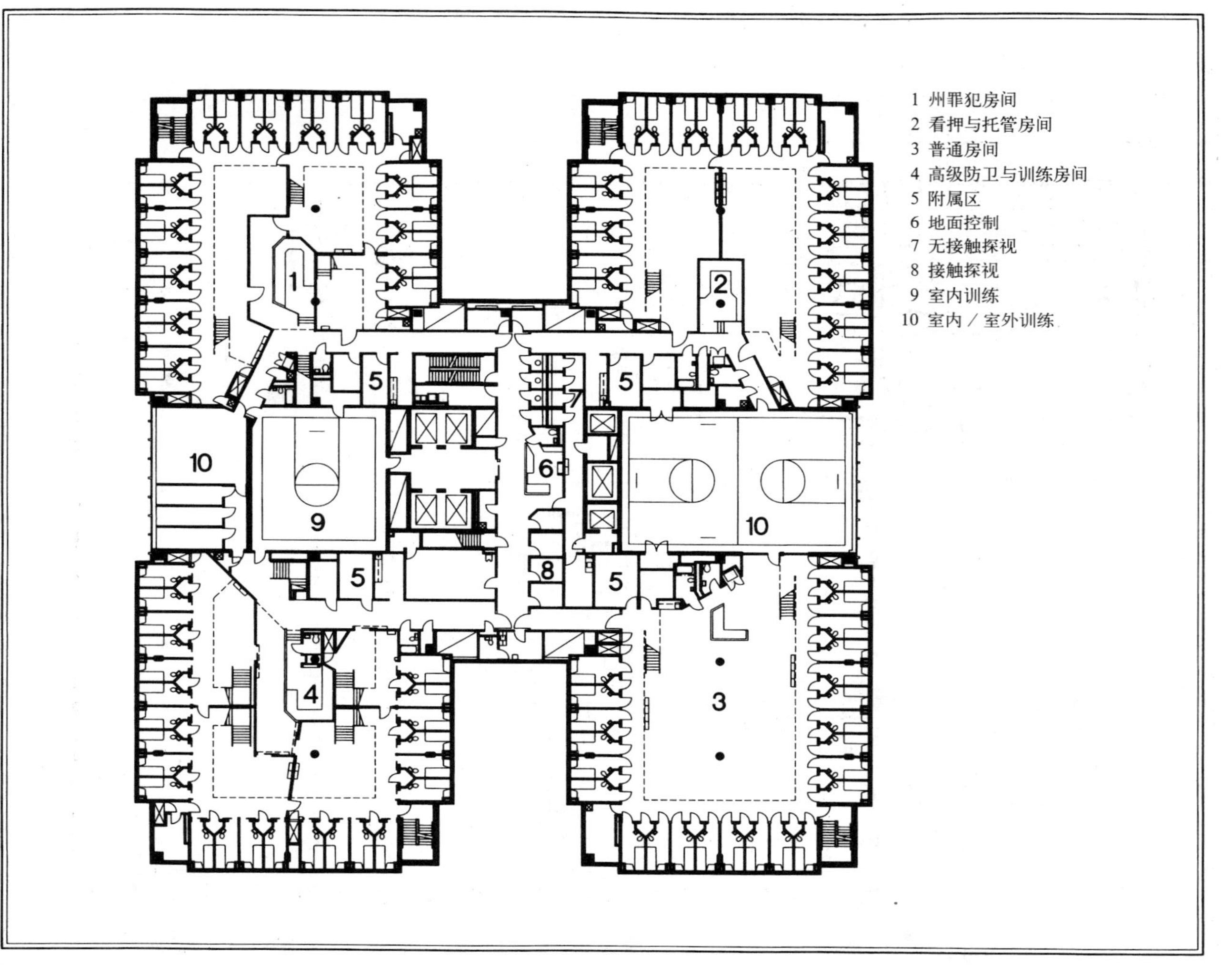

五层平面主要部分
密尔沃基市监狱与犯罪审判中心，密尔沃基市，威斯康星州（1990年3月1日）

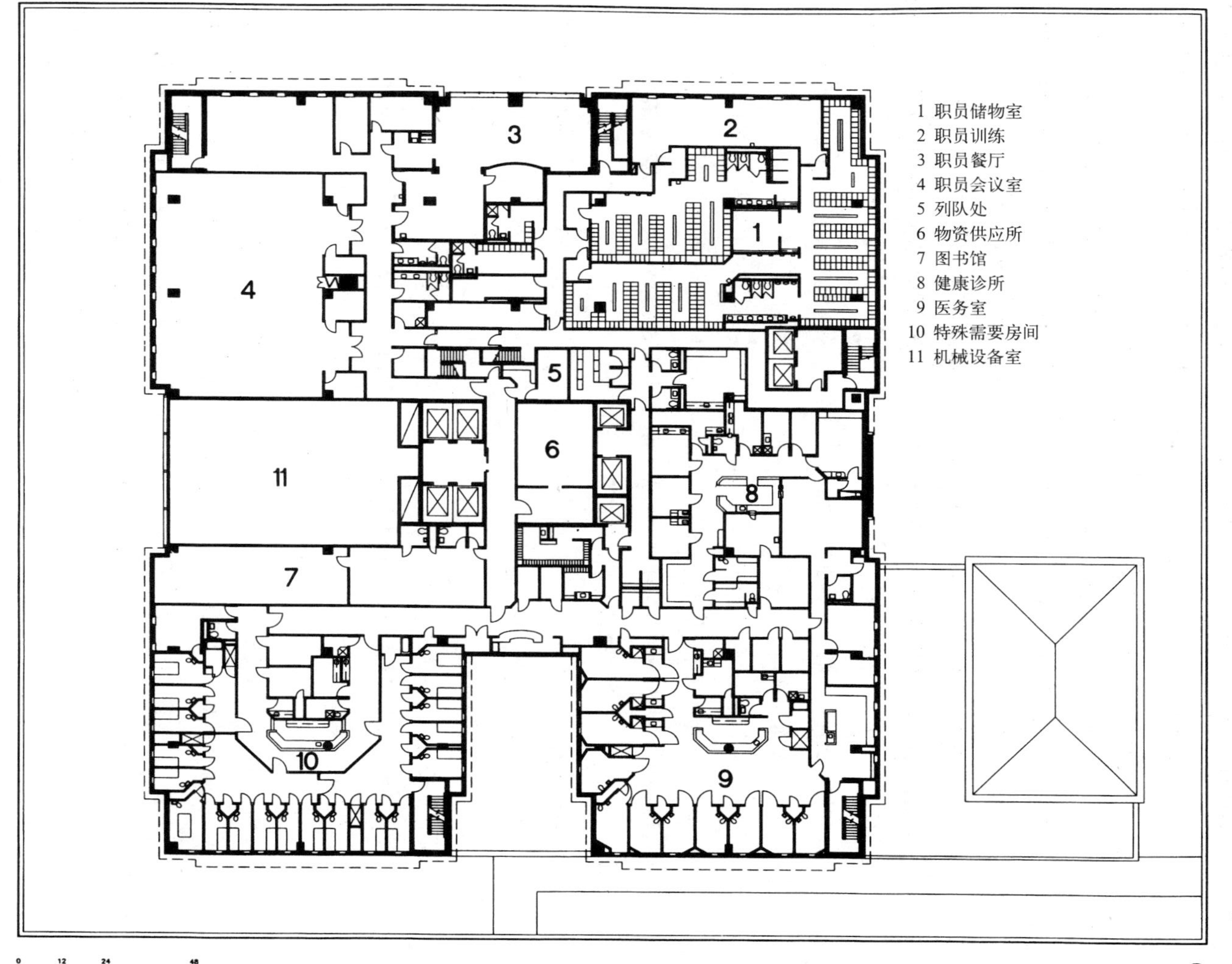

三层平面

密尔沃基市监狱与犯罪审判中心，密尔沃基市，威斯康星州（1990 年 3 月 1 日）

群体的一部分，这个建筑物就不能太突显其自身的建筑特点。如果该机构和其他的司法机构坐落在一起，那么它就应该在视觉效果上尽可能地与其他建筑物相协调、相融合。为了达到这一效果，可以通过选用相似的建筑材料、色彩和形式。

坐落在城市繁荣地带的那些中层及高层监禁机构，它们通常要尽可能地与周围的建筑物协调一致，使它们在材料、色彩和体积上互相搭配。有的建筑物里面，罪犯的牢房被安置在住宿区的外沿，这里的窗户通常会使用狭窄的（5 英寸及以下）安全窗户，或者也可以使用双层窗户。每个楼层的窗户与外部材料的统一，形成了整个建筑物鲜明的建筑风格，这是许多工程项目的特点。一些近期的建筑物采用较大的休息室，这点就更加近似于其他普通的城市或居民建筑物。

设计整个监禁机构的安全外沿的时候，许多监禁机构更多地依赖于外墙的设计，而不是栅栏等物。在设计这些设施的时候，对审美方面的要求就比较多了。政府在这个方面有特别的要求，要求外观的设计要含蓄保守，不能超过周围的建筑物。该机构的审美目标就是在拥有正常的、普通的外观的同时，其外沿中所有的入口都必须上锁、有严格的监控、有安全型的闭锁装置。

除了外部设计之外，监禁机构应该是一个严格控制进出的地方。应该在所有的方向上，对所有的外墙、外沿外 50 英尺以内以及房顶等，都严格限制、控制并监视一切人员的进出。

外层覆盖材料包括砖石、石材和水泥等，这些材料能够保证坚固耐用。一般很少使用金属面板。外墙的设计需要考虑到对刮风、降水和阳光照射的防护。

外门和外窗的设计应该兼顾到安全问题与内部空间对其功能性的要求。主要的入口门必须要用高质量的材料，做到坚固耐用，并且能够在任何季节任何天气状况下保证安全。另外，门上必须安装密码锁，还应该设有发生火灾时的安全出口。所有从外部进入内部公共区域的入口处也都应该安装密码装置。

由于内部控制中心需要对公共区域和停车场地进行监视，所以就需要使用玻璃材料来制作大厅的墙壁和入口门。尽管在安全外沿以外的公共区域可以设计一些绝热的、抗破裂的玻璃门窗，为了达到安全标准，在控制中心一般使用安全的抗攻击的玻璃。

房顶的设计和使用材料应该尽可能地减少外人进入的可能性，并且要有适当的外观，不需经常维修，尽可能地减少可以用来藏匿东西的空间，以及阻挡视线的空间。房顶的设计可以使用很多种不同的材料，但是任何房顶都应该留有通道，以便日后对房顶及安置在房顶的一些设施的定期维护。

▶ 入口立面，圣路易斯法院中心。克莱顿市，密苏里州。建筑师：斯韦德鲁普/Hellmuth Obata Kassabaum。摄影：Timothy Hursley

▼ 入口立面，联邦拘留中心。海军部，华盛顿，NBBJ 集团。摄影：Assassi 作品

▲ 具有防护功能的外墙面层，联邦拘留中心。海军部，华盛顿，NBBJ 集团。摄影：Assassi 作品

内部设计

内部设计的主要目的是做好物理、光学和声学的隔离，并且要保证人员流通通道的清洁、高效和安全。

物理隔绝

住宿区的牢房和休息室等设施的设计要做到男女罪犯、相同性别不同类别罪犯之间的隔离管理。有关建筑材料和安全问题的讨论，详见第 11 章“安全系统”。

事实上，在那些已经提供隔离管理设施的地方，要做到真正的完全隔离也是相当复杂的。虽然不同类别的犯人被关押在不同的牢房，但是他们在进行咨询、教育活动时，或者在等待医疗服务时，也是在同一个地方的。所以在设计这些设施的时候，必须要保证看管人员能够清楚有力地监视犯人，要避免犯人的拥挤和藏匿物品等行为的发生。

另外，ITR 区域犯人的隔离工作是相当重要的，这是由于这个地方是一切犯人（包括所有类别的男性罪犯、女性罪犯和青少年罪犯）作短期拘留、转送至其他机构及法院，以及刑满释放的中枢。这个中心区域还要进行一些比较私密的活动，比如律师与委托人之间的会见、释放犯人时的程序化的审问、电话交谈、身份验证、犯人的洗浴以及更换衣物等活动。

在较大型的机构里，在 ITR 区域通常对男女罪犯进行完全的隔离。而在规模较小的机构里，则会划分出时间段，让不同的罪犯在不同的时间段活动，通过这样的方式来对其进行隔离管理。或者也可以通过把处理入狱 / 短期拘留的工作区与相关工作区分离开来。

ITR 工作区应该是开放性、事务性的。对于某些不合作的罪犯，可以为其安排一些单独的空间。但是，这个工作区的整体环境应该能尽量使人放松，营造出一种平和、有秩序并且安全的氛围，由此来鼓励良好的行为。

对视线和声音的隔绝

内部的设计同样要求对视线、声音等进行控制隔离，保护隐私、防止不同部门之间相互干扰、减少不必要的交流、减少发生争端的可能性。

对视线和声音的设计安排对于监禁机构的设计是至关重要的。参见第 8 章“照明和声学”。

需要控制隔离的声音包括说话声音（交谈或喊叫）、碰撞声（重击声或敲打声），以及由电视机和录音机等发出的声音。各个牢房和房间之间的声音隔离应该使用坚实的建筑物，而不能用围栏等物。在某些情况下，要做到整体的隔绝声音，其实只需要做好某些特殊区域的隔离。

对于在空气中传播的声音（例如喊叫声、交谈声和由各种设备发出的声音）的隔离，可以在该区域尽量多地吸收这些声波，也可以通过用坚实隔声的隔离物来把它与附近区域隔离开来。这种设计模式需要使用到大量的隔离物，并且由于声音可以从门及其他可开启的装置中传到其他区域（例如走廊或其他共用走道等），所以在它们的设计上，也要下大功夫。对于在固体建筑物中传播的声音（例如重击声、敲打声等），可以通过减少管道、风道、电路及其他建筑构件来实现。

要做到对罪犯的视线范围进行控制，可以通过把牢房并排设计安放，同时 / 或者用休息室 / 牢房群落来制造视线上的障碍。犯人对工作人员的可视性的限制，如果有需要的话，可以在一定程度上通过在工作室使用反射玻璃来达到（不过反射玻璃也同样会限制监控人员的视线）。

在隔绝犯人的物理、视线以及声音的时候，必须注意到不能因此而妨碍工作人员对罪犯进行监视工作或彼此间进行交流。

人员流通

对在机构内部活动的工作人员、罪犯及来访者进行隔离和控制，这是一个相当重要的问题。在机构内部，每天都有大量的人员流动。

工作人员要来来往往执行任务，为犯人的需要服务，而犯人在从事各项活动或取得服务的时候，也需要流动。从外界来的公共人员和律师等人员，来到这里进行探望、会见、执行工作程序及提供服务等活动，也会在机构内部走动。

罪犯的活动是其中风险性最大的一个。官方政策和程序已经制定出了如何让个体罪犯及团伙罪犯进行转移的最好的方案。在罪犯走动的时候，他们很有可能会趁机传送一些违禁品、威胁他人、或者做一些不被允许的交流（谈话或者发信号等）。在把罪犯带往某处作程序性处理、或者接受某种服务的时候，不能让他通过那些需要与他绝对隔离的罪犯的牢房。

人员流动的通道应该是简洁、笔直而且宽阔的。在普通的地方，走廊的宽度一般不应该低于 6 英尺，在罪犯活动区域，用来通行车辆或其他移动设备的通道一般不应该低于 8 英尺。连接罪犯住宿区和其他区域之间的走道都受到专门人员的直接监控，或者也可以是有关人员通过 CCVE 设备和音频设备对其进行监控。另外，在出现紧急状况的时候，需要能封锁并隔离通道，这一点也是很重要的。

人员流动系统还应该为探访者、工作人员和犯人预留出办理事务的场所，一般都在安全区域外沿处的某个受监控的地点。这种场所一般都有被监控的探视房间和办理事务的房间。探望者和办理事务的相关人员从外界进入这个场所，犯人则从内部进入。在会面之后，不同人员各自返回其原来的地点，工作人员则要对这个场所进行全面的检查和清理。

第 4 章

法院设施

国家法院是政府的第三大部门——司法部门中的核心。法院通常有着双重身份。一方面，它是执行法律法规的工具；另一方面，当执法部门或立法机关发生逾越职权范围的行为时，法院也可以对其进行遏制。

法院一直不断地适应新挑战，使用新方法。挑战包括更为复杂的多方诉讼案过程，以及跨越了司法范畴的各种争端。法院使用的新方法包括应用科技含量很高的工作系统，也包括采用新方式与相关专家及公共、私人资源相协作。

据说，在美国有 51 种法律体制——联邦政府有一种，另外 50 个州都各自有自己的法律体制。这个说法在一定程度上表明了各个司法管辖区（以及当地的法律传统）之间的鲜明差异。每个司法管辖区的起源、历史、大小、传统，以及它现有的领导阶层，都会对当地人在一些特殊事件中对法院行为的理解有着不可避免的影响。

对工作程序的要求

在设计规划的时候，设计师应该考虑到法院的如下几个工作：案件裁决、资料处理、客户服务以及法院支持服务等。

案件裁决

案件的裁决过程就是各方面相关工作人员对案件的实况进行依法调查之后，依据法律对其做出判决的过程。对案件进行裁决的操作程序是法院各项工作之根本。在对某个案件的审理过程中，法官、诉讼人、律师、陪审员、其他相关人员、证人和调查员等各方面的人员聚集在一起，他们可以集中在法庭或议事厅，在那里调查案件的真实情况，并作出合理的判决。如果某个案件有两种解决方案（ADR），那么审理过程除了需要在法庭、议事厅进行外，还需要在大大小小的会议室进行商榷。

资料处理

资料处理工作的职责是为案件裁决提供所需的文书或其他方面的工作支持。对每个案件有关文件的管理是一项重要而又复杂的工作，要接触到很多部门的工作人员，还要应用到不同的信息处理系统。在法院里，大量的文件仍然是纸文件。在整个司法程序中，它们最初要由文职人员对它们归档，然后上交到法官审查，然后再作最后处理。对有效和无效的记录资料的保管和查找也是资料处理部门的一项工作。

客户服务

为客户提供服务的范围很广，其中大量工作都是为那些来法院寻求帮助的公民提供信息咨询。人们来法院办理不同的事务，有的可能是因家庭暴力而来寻求帮助，有的是

关于孩子监护权的问题，有的是为解决房东房客之间的争端，而有的仅仅是因为狗叫的干扰问题。另外，还有的人来法院登记遗嘱，或者有的人来请法院教士来主持民间仪式的婚礼。

一些服务是工作人员和客户之间通过面对面的方式来进行的，有的则是通过柜台。而另外一些，比如有关缴纳费用、罚金等方面的事务，可以由客户使用自动柜员机（ATM）或类似设备来进行。

法院辅助工作

法院辅助工作其中包括经过专业培训的安全人员提供的服务，目的是为法院工作人员和来访者提供一个安全的工作环境。在联邦政府级别的机构里，安全工作都是由美国联邦司法区执政官做总负责人；在州县级别的机构里，安全工作则由该州县的县治安部门负责。法院支持服务中的一项重要工作就是对那些即将到法庭接受审判的罪犯的处理及押送。法院支持服务涉及的人员还有检察官、公设辩护队、缓刑监督官等相关人员。

典型的州法院组织（标准系统）*

最高级法院

上诉法院

普通司法权法院

市民的／犯罪的		家庭／遗嘱检验
普通要求权	普通市民	家庭关系事务
土地所有者　承租人	过失	忽略／虐待／青少年犯罪
轻罪	重罪	监护权／赡养
市民违法／交通	管理机构	财产／监护人的职责
违反法规	其他上诉	心理健康
重罪初步调查		动产保护
		收养

法庭管理与支持机构

预算／设施	法律案件	调停／警惕　争论　决议
陪审团管理	法庭服务	缓刑服务

* 应用于拥有单层次法律系统的州。

重要的工作程序概念及机构组织概念

在不远的将来，法院的组织机构可能会有重大的改变。新一代的机构需要有能力在同一个办事地点处理种类越来越繁多的工作，否则，就要把一些工作按照不同类别分别处理。如果采用把工作分类的这种方式，那么不论是对那些地理位置比较分散的机构，还是对同处于一个建筑群体的机构，都要为其建立网络联系设备。

发生变动最大的地方当属信息技术部门了，变化的速度之快使得很多部门来不及做出相应的调整。就用法院来举例，这种变化使得设计者在设计个体方案的时候，必须考虑到它也是被信息技术联系起来的整个司法机构网络中的一员。曾经可以独立存在的法院现如今是一个更大的机构网络众多的一部分了。

◀ 马克·O·哈特菲尔德法院大楼，美国，波特兰市，俄勒冈州。BOORA 建筑公司与科恩·佩尔森·福克斯合作设计。摄影：Timothy Hursley

然而，有一个事实是不会改变的。那就是法院总是要接待各种各样人员的来访，他们来法院也有着不同的目的。有的人是来办理常规业务，有的是遇难的人来寻求帮助，有的是作为陪审员来参与司法活动的。另外，还有司法系统的专家（从法官到缓刑监督官），法院的工作人员，代表诉讼人的律师等等。

法院里的隔离区及工作区

在法院，每天会有大量的人员流动，另外，为了保证日常的工作顺利进行，就要求在法院内部严格划分出不同的区域。这些区域由一个三向的人员流通系统依次连接在一起，而这个系统可以把公共人员走道、秘密走道和罪犯走道隔离开来。在设计和规划法院设施的时候，恰当地划分区域和设计适当的人员流通走道是两个最主要的工作，这是因为法院机构既需要方便人员进出，也需要一定的保密性。

在法院，一般有四个基本区域：公共区、机要区、安全（罪犯）区和“连接区”。这些区域都有服务部门提供支持服务，其中有装卸货物的地方以及运货电梯。

公共区域

公共区域是从法院入口处的主要位置开始算起。市民首先接近这个建筑物，举步进入，穿过一个安全检查站，然后进入大厅，从大厅处他们可以去往前台、服务台或者办公室去办理他们各自的事务。

在法院这个机构里，那些需要接待大量来访市民的部门通常坐落在同一楼层，并且要尽可能地靠近入口处。尽管在每一楼层上

▼ 法院大楼剖面：表达了公众、交接区域与私人区域及地下层的囚犯法律制裁区域之间的关系

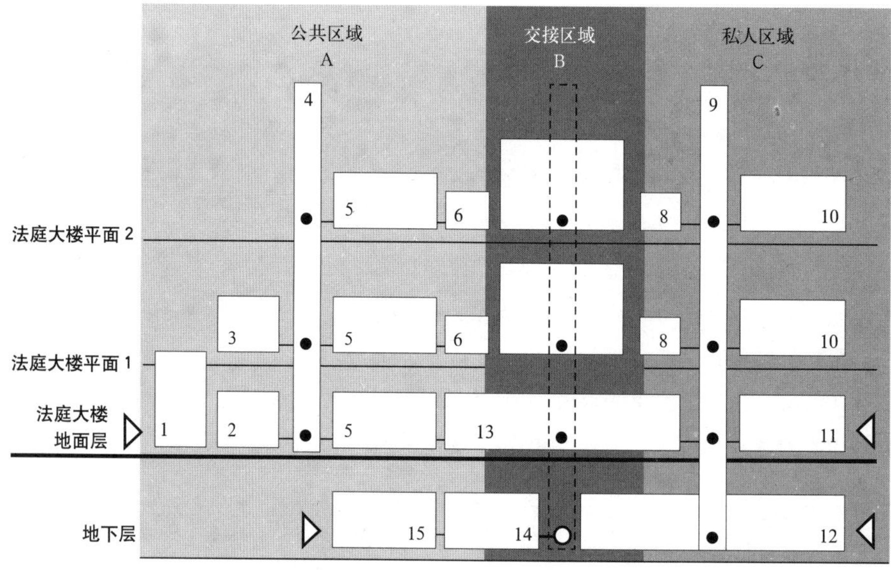

图例
1 公众区域
2 安全检查屏／检查站
3 陪审团集合处
4 公用电梯／楼梯
5 公用走廊
6 保存录音材料房间的前厅
7 法庭
8 隐蔽的／司法专用走廊
9 专用电梯／楼梯
10 司法房间／陪审团审议房间／高级法院职员办公室
11 职员与服务入口
12 安全泊车
13 中心法院办公室区域（法官秘书与法庭相关的办公室）
14 囚犯受审区域

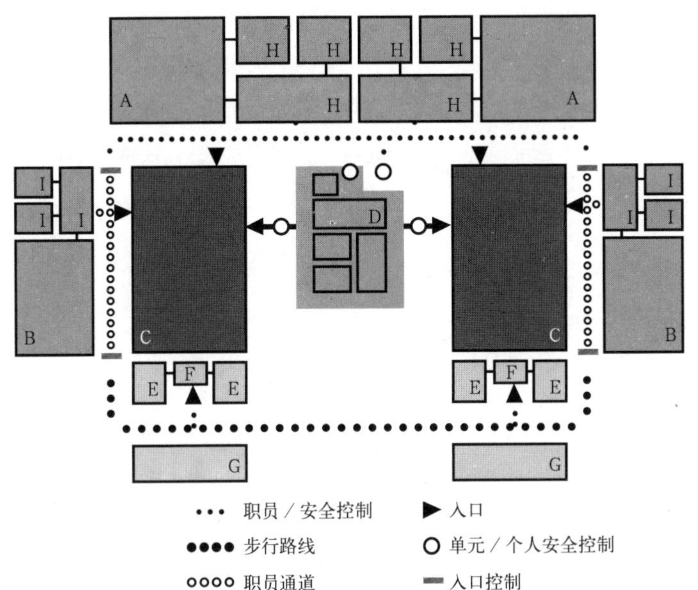

一组法庭房间平面（法庭设置），其中有陪审团审议房间，附近有法官房间，在两者之间有囚犯受审区

都有直通法庭和部门接待处的公共区域，但是在设计建筑物时，还是应该尽量减少外来人员进入建筑物深处的机会，以免带来不必要的麻烦和危险。

机要区

机要区是法官、法院工作人员，以及经过允许的人员办公的地点，一些受到邀请的人员也可以进入。法官室及相关工作人员办公室一般坐落在建筑物中较高的楼层上，以免受到熙攘的公共区域的干扰。各部门的办公室也可设在机要区里，法院的工作人员可以在那里办公。还有一些部门的工作人员，他们的工作是与市民通过服务台进行交流。尽管如此，支持法院的行政管理工作和辅助工作都是在机要区进行的。

罪犯区

罪犯区是用来看管那些短期监禁的犯人、处理被拘留犯人事务的地方。罪犯区是从建筑物的安全疏散区开始算起，安全疏散区通常是在罪犯区的同一层或下层。它包括一个负责扣留、分配罪犯的中心，来接收那些被拘留的被告。罪犯区一直延伸到关押罪犯的牢房，而牢房应该安排在法庭的附近，方便犯人被带到那里接受审判。

连接区

连接区是公共区、机要区和罪犯区这三个区域的聚合之处。它的重要部分即法庭，所有参与到裁决过程中的人员都要在法庭汇合。

在这里，公众和律师将与法官、法院

工作人员、陪审员和被拘留嫌犯见面。连接区作为整个建筑物内三个单独区域的聚合之处，在设计时要对坐落地点和外观形态给予充分的关注。连接区一般位于一个建筑物的上层，既要保证有良好的安全性，又要有合理的外观。

法院的人员流动

设计合理的人员流动通道能够在保证每个工作区独立性的同时，把它们连接在一起。有效的人员流动系统能够为公众、法官、工作人员以及被拘留被告提供单独的走道。这些不同的走道仅仅在被严格监控的地点才能汇合，比较典型的地点如法庭等。

公共区人员流动通道

公共人员流动通道只可以设立在建筑物主要入口处、大厅、公共服务区和公共走廊等地。这种流动通道应该做到清楚易走、笔直通畅。在走道中，还应该设有直接监视装置或者闭路电视监视设备（CCVE）。另外，还可以设计一个或几个信息中心，位置可以设在入口处（在安检处正上方），也可以设在公共服务处的里面或附近。

在建筑物内上楼下楼可以通过电梯或扶梯。在法庭的同层，公共流动走道是一条可通往法庭和等待区的走廊。在法院辅助工作办理处和各职能办公室的同层，公共人员的数量显著减少，而且还要受到监控。

机要区人员流动通道

机要区人员流动通道设立在机要区内，是为法官、陪审员、工作人员以及其他经允许的人员、受邀来访者等设计的。这些通道能够保证法官和工作人员的安全，他们可以在不被公众或罪犯打扰的情况下，穿过机密的入口，进入法官办公区和司法工作区、法庭以及听审室。

在机要人员流动通道里要安装专用电梯，方便司法人员和法院工作人员上下楼。整个流动系统需要在不造成人员流通障碍的情况下，保证达到安全等级标准、保证做到必需的隔离。同时，还要对进入流动通道的人员进行必要的安检，这在一定程度上也对该通道是否能安全有效有影响。

罪犯流动通道

罪犯在法院的走动也需要有单独的流动通道，这个通道从运送犯人的车辆入口处和处于建筑物低层的拘留中心开始，经过罪犯专用的电梯（或楼梯），一直通往坐落在几个法庭当中的牢房。通常犯人就从这些临近法庭的牢房中，或者被直接押送到诉讼区，或者被无罪释放。

无障碍通道

无障碍通道是一个范围很广的概念。它除了意味着要方便那些身体上有残疾的人员进行活动，还意味着要对老年人、贫困人群、不会讲英语的人，以及所有遵纪守法的公民

系统 A：地下室囚犯通道入口，受中央控制，在法庭层带特殊看管措施

系统 B：地下室囚犯通道，在中间层主要控制，在法庭层带特殊看管措施

系统 C：地下室囚犯通道，在跑马廊为控制区域并直接服务于法庭

◀ 可选择囚犯移交系统

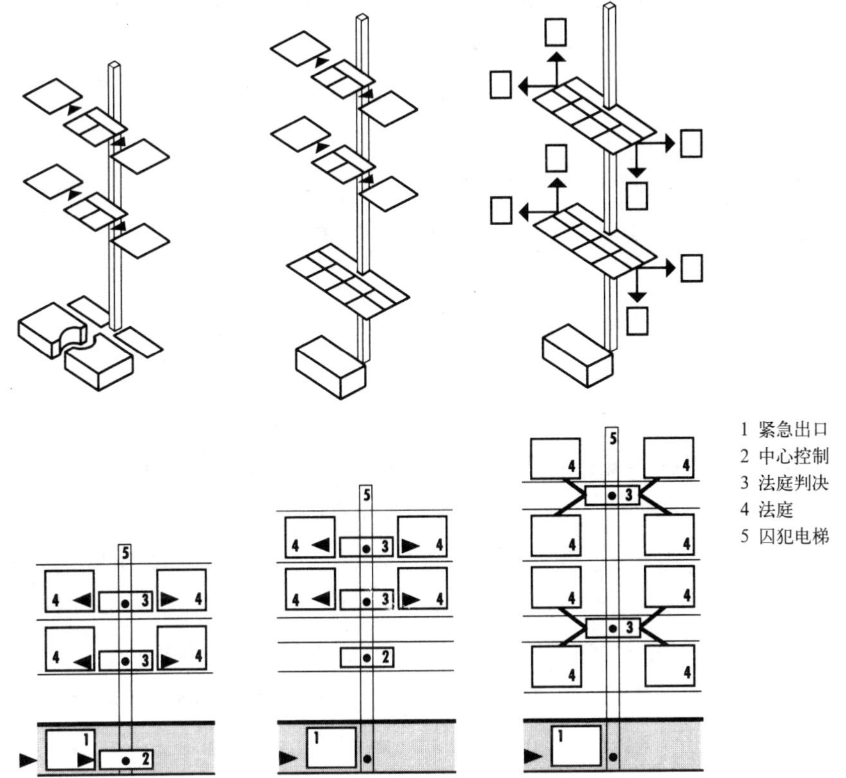

提供方便。“无障碍”意思就是任何人都具有进入该机构的能力，并能得到所需的服务。

同时，它还意味着市民能够获知其所在司法管辖区内司法系统运行情况的相关信息。

许多现代化的法院通过设计一些专门空间或者电脑终端设备来为市民提供这方面的信息，有的机构还设计了信息中心，安排专门的工作人员在那里服务。所以在设计大厅等公共区域时，应该预留出一定的空间以备将来可能要增加的这种设施之用，这一点是相当重要的。

建筑物“无障碍”的程度从某些方面讲，也体现在其外观是否平易近人、是否让人愿意接近。人们如何界定一个建筑物是否方便使用，全在于它的主要入口处是否安置在一个恰当的位置，是否邻近汽车站或者停车场。一个外观笨拙或者看上去盛气凌人的入口，都会让人不愿意接近。

根据美国残疾人法案（ADA），法院的设计一定要尽可能做到“无障碍”。该法案的第 2 章作出明确要求，要求在整个建筑物中，从入口处通往所有公共服务区都要设有无障碍的通道。

对于特殊的设施还有一些特殊的要求。在书中提及存在的问题以及有问题的设施包括：前厅、门的宽度、运营压力、走廊、进入电梯和使用电梯、卫生间、电话、自动饮水器、视频音频警报器和标志图样等。另外，在该法案的第 2 章中还提到了无障碍座位的位置选择和质量问题，以及斜坡和电梯等设施，这些设施能够帮助残疾人到达一些位置较高的座位，比如法官席、证人席、陪审团席等。

在近年来，那些能够帮助残疾人自主活动的技术得到了发展。坐在轮椅中的残疾人可以利用斜坡、电梯以及其他一些经过改进的设施。那些听力和视力有残疾的人，可以使用电子录音节目服务、电话听筒扩音器、文字电话（TTYS），或者是助听器、公开或保密的法律文件，文本视频播放屏等设备。所以，在设计建筑物时一定要预先想到这些辅助设备，预留出它们所需要的空间。

安全问题

就像“无障碍”问题一样，安全问题也是一个范围广、具有多面性的问题。要想建立一个有安全保障的法院，除了应该对前面所讲的区域划分和人员流动两个问题加以重视外，还应该在规划设计时清楚地了解法院的一些潜在的威胁。

这方面的详细内容请参见本书第 11 章。

各种各样的潜在危险

在法院里，可能会出现各种各样的情况对人员、设施以及工作进程产生威胁。这些威胁可能出现在建筑物内部、邻近的停车场或者是法院以外的地方。有时，某些诉讼人或者有关人员的亲友可能会在法庭上、走廊里、等待区或者法院外部突然情绪失控，对他人造成威胁。还会有一些人或者为了泄私愤、或者为了达到某些政治目的，做出有计划的恶意破坏行为。另外，恐怖分子的突袭也会对人员以及设施造成可怕的后果，1995 年 4 月恐怖分子对俄克拉何马州的联邦政府的炸弹袭击就是一个很好的证明。

无预谋暴力行为的一个特征就是使用暴力的人员并不配有武器。不过，某些使用地面上一些未被固定的物品进行攻击的人员也属于无预谋暴力行为。有预谋的袭击行为包括安放爆炸物、使用化学物品（例如炭疽热），以及旨在破坏电子记录和通信系统的计算机病毒攻击等。攻击者会认为一个机构最重要的资产是其控制系统或是工作系统，而并非其中的人员。

综合性解决方案

能保障安全的一个有效的设计方案即综合利用建筑物的外观形态、安全技术、训练有素的安全人力，共同作用来达到目的。这种综合性保障系统应能做到在保护法院人员安全的同时，保护其工作职能、正常运行和储存数据不受破坏。该系统还应做到阻止任何已发生的或潜在的危险，及时发现破坏安全的行为，把破坏行为带来的损失减少到最小。另外，每个机构其设施的外观形态、安全技术以及安全人力的融合方式，还要视该机构的具体情况而定。

建筑物的朝向、入口处的设计、景致的选择以及 setback 的设计都应该考虑到安全的问题。法院设施首要的安全防护措施是其最外沿的封锁系统。外墙、一切必要的门、窗和其他可作为人员流通的入口都应该能够严格限制、阻挡未经许可的人员接近，如果发现有强行进入的企图，应及时通知安全人员。

在法院内部，整个设施的组织和设计应该着力为外来人员（任何外来人员进入该机构后首先要通过安检门进行安全检查）创造出路线清晰、方便行走、方便监控的流动通道。内部公共区域的设计不能给任何人藏匿物品创造机会，也不能引起大量的人员拥挤的现象。对于一些来访人员最多、并且在晚间和周末还要接待大量来访群众的部门，应该把它们设计在公共入口的附近，其周围的部门最好是在正常工作时间以外不办公的部门。

从一个设施的纵向设计来看，一般会把需要严格管理的部门安排在地下，比如说关押被告的中心拘留区域等；而在上面的楼层，则安排诸如法庭、司法办公室等部门。由于法院这种纵向的设计安排，从外界而来的危险就相对减少了，由此也便于设计一些多采用自然光线和景致的设施。楼层越高，对于透明外墙的使用几率也就越高。

一个建筑物的构造可能会受到安全问题的直接影响，这要视该项目最初的风险评估结果而定。对抗爆炸能力和受控倒塌能力的要求也会对建筑物的结构产生影响。

如果某个建筑物中，以空气为传播媒介的生物化学病毒是其潜在的严重威胁，或者如果某个建筑物的安全规划要求它具有对自身一部分区域做检疫的能力，那么这两种建筑物的取暖、通风和空调系统（HVAC）应该设计为分散式的，而不应该是集中化的。同样，在设计电力、数据 / 电信等主力设施的时候，也应时刻注意保证安全。复杂的信息技术及相关科技体系有时候很容易被攻击、破坏。

保守的解决方案

保障安全的措施可以设计成一种恰当的保守形式；也可以设计成一种非常醒目的形式，以营造出“铜墙铁壁”的感觉。这个理念在《美国律师协会司法行政部门标准之授权书》中有明确的解释：

法院应该在一种威严的气氛、安全的环境下处理其日常事务。法院的设计和工作程序的安排应该尽可能的减少一切破坏、暴力、偷窃、贿赂等行为的发生，并且在发生紧急情况时也要能做出及时有效的应对措施。然而，法院的安全工作程序不能支配一切司法工作，不能以牺牲其他重要的维护法院威严、保护人权的措施为代价(《刑事法庭标准》S.2.46 (1976)，《美国律师协会 (ABA) 司法行政府门标准之授权书》)。

选址与设计

为新建法院选址包括衡量功能的实用性，日后房间的扩建，城市当地的风格，社区利益以及其他考虑。

选址

法院通常是靠近其他政府部门以及专业的办公室和部门聚集处，这些部门通常包括律师、保释保证中介等。须建设辅助性的社区基础设施，以提供餐饮服务，并在工作日为员工和法院来访者提供商谈其他业务的场所。对于许多没有私家车的法院使用者来说，良好的公共交通是至关重要的，同时，供私家车行驶的车行道也同样重要。

地点的选择可增强地区的正面特征。法庭建筑能够促进一个地区的稳定性，或可能有助于发起一个复兴的过程。法院建筑将不可避免的传递一种信息：它们具有授予一个地区特殊重要性的能力。

传统上说，法院建筑可作为社区发展的定位点。许多19世纪乡间别墅社区中心的法院街区长久以来都作为人们安排生活和工作方式的自然参照点。

未来建筑环境的改变可能给城市建筑带来前所未有的沉重压力。随着商业和零售业活动的日益分散，城市建筑对于地域感的创造变得更为重要。

法院地址的选择与社区发展这个更大的话题之间的相互影响日益变大。

地址设计

交通便利与安全性是地址选择中须考虑的关键。城市用地紧张将使得舒适的阶梯式后退、公共入口车道和安全入口（有警卫）变得难于设计，因此要求垂直的解决方式，即将一个法院的楼层相叠。郊区较大的土地面积可允许建造占地面积较大而楼层较低的法院。

当法院与监狱或拘留所建筑在同一地点时，规模、比例和整体风格的问题变得更为复杂。监狱和拘留所建筑倾向于建为低层结构，而较大的法院通常高于相邻建筑。此时满足规模和比例需要的地址设计应保证到达的通道直接、无障碍或隐蔽处。

区域与空间

法院是高度组织化的建筑，要求空间排布高度专一，以适用于不同操作。关键空间是法庭及与判决相关的区域，并且工作流程区包括各种文书工作。也有专为顾客服务活

▲ 历史建筑改建成法庭，美国法庭，波特兰，缅因州。Leers weinzapfel 合作设计。摄影：Brian Vanden Brink

动、法院辅助工作和相关机构以及例行建筑维护需求而专门设计的空间。

判决空间

法庭规模和数量的变化取决于在其内部进行的诉讼程序的类型、待处理案件的数量以及建筑整体的比例。

法庭

一个用于处理刑事诉讼的普通法庭包括陪审团的空间。法庭一般是一个无立柱、大体积的矩形空间，深度大于宽度，被组织为围绕在法院的诉讼当事人区（或称为“井”）的四周，也设有观众席。由于卷入诉讼方辩论的界面区域与法官、法律顾问、证人及其他人汇集在一起，法庭必须设立相互独立的入口以保证人流进出的分离与安全。

法庭规模有相当大的变化范围，取决于案件类型和法庭内进行的司法程序。一个普通法庭的几何特征，其彼此相关并与诉讼当

▶ 法庭，哈罗德·J·多诺霍联邦大楼，与美国法庭，伍斯特市，马萨诸塞州。Leers weinzapfel 合作设计。摄影：史蒂夫·罗森塔尔

▼ 新昆斯区市民法庭，纽约市，纽约州。建筑师：珀金斯·伊斯门。摄影：Chuck Choi

事人区相关或与法院相关的主要元素的布置由包括视线、声效和合适的距离或空间关系等概念决定，而这些概念数百年来始终是不容忽视的常量。听到、看到和用正常语调清楚描述观点的能力是至关重要的。被告和受害人或证人之间的距离不应太近以防造成伤害；也不能太远，因为这样会损害宪法赋予被告的面对原告的权力。

关键的法庭元素如下：

- 法官席；
- 证人席；
- 陪审团席；
- 法律顾问席；
- 观众席。

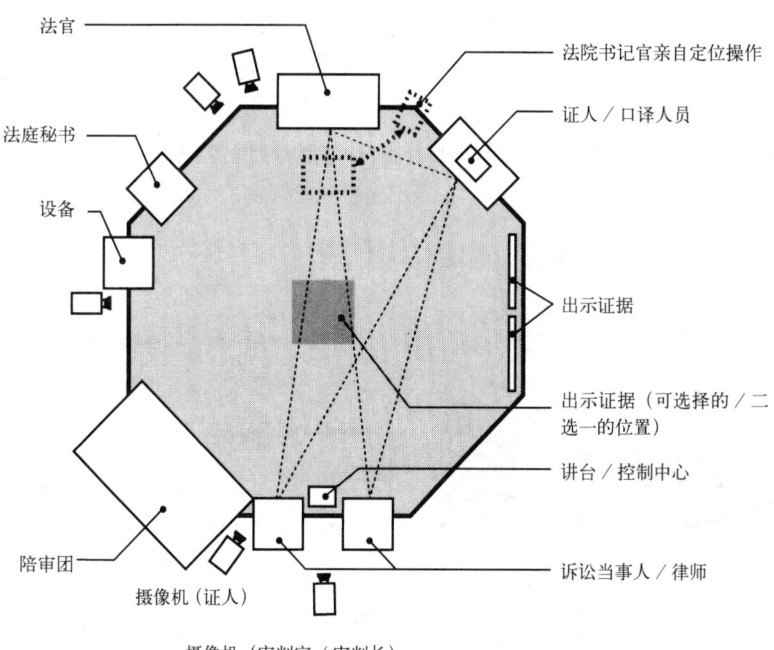

▲ 有自然采光的法庭特写，美国法庭，西雅图，华盛顿州，NBBJ 集团，绘图者：威廉·胡克

◀ 法庭组成部分与视线之间技术关系的图表，这种布局表达了陪审专席与证人专席之间的相对关系

▲ 法官的房间，哈罗德·J·多诺霍联邦大楼，与美国法庭，伍斯特市，马萨诸塞州。Leers weinzapfel 合作设计。摄影：史蒂夫·罗森塔尔

▲ 法院的阅览室，哈罗德·J·多诺霍联邦大楼与美国法庭，伍斯特市，马萨诸塞州。Leers Weinzapfel 合作设计。摄影：史蒂夫·罗森塔尔

还会设有一位法庭书记员或录音员，一位法务助理以及通常会配备的一张可移动的演讲台。

法官席的位置可以在法庭空间长轴的中央位置和房间墙角的对角位置间变化。位于中间位置并具有对称性时，法官席象征的权力更容易被保护。另一方面，墙角法官席的布置有时效果更佳。某些设计要求证人席与陪审团席一样，位于法官席的同一侧，从而使作证的人离陪审团成员更近。另外一些设计将证人席置于陪审团成员的正对面并横穿房间。法官和律师的最佳安排不尽相同，但是都应保证使所有参与者在诉讼过程中彼此间可进行直接的目光交流。

电子信息和显示技术近年来迅速走入法庭。它们被用于展示证据和论据、记录和帮助残障人士。随着法庭逐渐转向技术密集型——被能够适应仪器和设备安排以及更复杂的环境控制的变化的基础设施所支持——保护传统的威严的法庭的愿望已经引发了相当多的讨论。显示技术日益增多的应用也强调了合适的视线和照明的重要性。

法庭不是影视中心。科技应尽可能不喧宾夺主却显而易见。为达到这个目的，设计者们欢迎液晶屏幕技术在质量和费用方面的改进，因为液晶屏幕更易于被小心地与木质结构相结合或嵌入墙体和顶棚。

法官办公室

法官办公室空间宽敞，在其中可不受

视觉、听觉干扰，集中精力考虑工作。办公室中也可与同事、工作人员和律师进行小型会议或协商。法官办公室通常包括用于法官个人藏书的空间和用于复习法律、研究案件卷宗以及准备书面观点所需的仪器设备占用的空间。

与法官办公室相邻的是一套为司法辅助职员提供的房间，这些职员包括一名接待员、一名秘书、一位律师助理以及在有些建筑中，还包括有一位行程安排助理和一位司法官或法庭官员。辅助区内也可设置一个来访者等候区和一个额外的会议室。

陪审团集合室

陪审团运行通常包括大型的集合和等候区。被召集作为陪审团成员的市民来到法庭接受导向性介绍。如果他们被选择参与服务，他们可能在休息室或临时座位区进行等候直到被传唤。该区域尽可能设计得舒适宜人。

▼ 陪审团集合房间与等候区域，新昆斯区市民法庭，纽约市，纽约州。建筑师：珀金斯 · 伊斯门。摄影：Chuck Choi

陪审团商议室

可容纳 14 人的较小空间可用于陪审团商议室。最理想的情况是每间法庭配有一间商议室，控制进出。因为在这些房间进行的讨论机密而又热烈，所以需要小心注意声效。在不牺牲商议过程的安全性和完整性基础上，此类房间面积至少 280 平方英尺，并且拥有自然光采光口。附近须为陪审员设计有洗手间。

大陪审团室

应设计面积大约 800 平方英尺的房间作为大陪审团室，供 24 名陪审员听取论证、评估证据以决定检察官是否应进行案件起诉。确定证据是否确凿可能花费许多星期甚至很多个月的时间。可能包括许多人的证词，这些人的安全和机密性必须得到保证。必须控制听证室的进出。相邻的等候区和洗手间，律师会议室和陪审员休息室被安排形成一个完整的空间组合。

会议区

随着越来越多的案件通过替代型纠纷解决方式（alternative dispute resolution，ADR）得到处理，对用于诉讼手段外对争议进行调停或非对抗性解决（nonadversarial resolution of disputes）的灵活会议区的需要日渐迫切。在许多司法管辖权内，绝大多数民事案件都是通过 ADR 解决的。解决的条款可以在走廊中、停车场上或远离法院的律师办公室内推敲出来，但是当庭外解决不成功时，法院内庄严的背景可提示采用诉讼手段，这被认为是最好的。像法庭这样的背景在未来可能包括更多会议科技以实现与其他参与者的远程对话。

作业流程区

作业流程和法庭行政运作需要大面积区域设计为高效办公区。办公区可保密，半保密或公开。办公区最受到关注的往往是法庭法务助理部门。助理办公室是至关重要的程序单元。员工人数可从几人到几十人，甚至在大型法院中达到几百人。

法院中的办公区正在逐渐发生巨大的变化。新的作业流程技术正在被引入。它们正在影响运作、员工类型和空间需求。

个人工作站设计须支持桌面技术，人体工程学安全性和舒适的设备、视觉和声音保密性以及光线、通风、温度和湿度的控制。特别是声音，可能成为开放的办公环境中的一个主要问题。

而由于更多显示技术的引入提高了对闪光和光强－对比度比率的感受能力，所以照明设计也获得了更多重视。

在欧洲大部分地区，作为法律的要求，向办公室工作人员提供日光和（户外）视野现在一般被认为是合格办公室设计的一个标志。忽略自然光的办公室布局和阻挡工作人员看到户外的深隔板应当被避免。

办公室设计也要求更加关注整体建筑和

系统综合性问题。例如，法院中含有办公室的部分，其外部封闭系统可通过控制遮阴设备、光架及类似设备达到最优化自然调节和室内环境质量的目的。

用于隐蔽电缆和空气调节的活动地板在辅助性工作站中的使用日益普遍，这些辅助性工作站由于是即插即用的，可以迅速而经济的更换位置。灵活的、可重新配置的、用于高架的和目标高度处的照明系统应在工作站被移动时确保充足的照明。功能区用于监测环境条件并能被人工环境控制和工作站控制协同操作的传感器应当予以考虑。

法庭法务职员

法务助理办公室负责卷宗、文档、记录和证据处理，准备法院日程表并安排案件时序，处理费用和罚款的清付，管理陪审团选拔以及留案记录。法务助理运行的一个方面包括与市民进行互动，这些市民到法院在柜台商谈业务或在配有桌椅并通常配有缩微胶片阅览和拷贝装置的阅览室查阅公共档案。由于人流量通常很大，因此要求将此类场所位于主入口附近。

法务助理的运作也要求大量用于储存常用和不常用档案的空间。不依赖于纸张的新型档案的出现可节约储存空间，这种档案已经使用了几年。但向完全无纸化办公的法院过渡将有一个缓慢渐进的过程。

法院的规模，法院处理的刑事和 / 或民事案件的类型，以及法务助理所使用的案件管理系统决定了工作站、办公室和储存空间的布局。有些法院职员在特种团队中工作，处理某种特定类型案件的全部司法过程或服务于某位个别法官。其他的工作流程中只需要法院职员处理案件中的某几步司法程序，因为案件是在各工作站之间流水作业的。一个大的开敞式平面布局并配备有系统设备的场所是许多法院职员办公室的常见形式。

顾客服务空间

法院的公共场所需要连廊，能够容纳建筑使用者人数的排队和等候区。对于一些法院来说，如大自治市的地方交通议会（general traffic court），每小时接待数千人的情况屡见不鲜。这些人必须通过入口处的检查岗并找到到达自己目的地的路，而目的地对他们来说通常是陌生的。

公共场所的建筑学处理必须使得建筑能够在接待大量人群的同时向人们传达一种庄严感和秩序感。较小的或不明确的空间会导致阻塞或疑惑，从而危及法院的效率并破坏法院的尊严。

传达庄严感的建筑能够带来更大的安全性。人们在舒适、易于理解并且设计和建造中体现明显关怀的建筑中行为不端的可能性较小。

穿过公共通道到达目的地——无论是法庭、办理业务的柜台还是自助餐厅——都需要简明的行走路线和补充性的标志图样，通

▶ 入口大厅，新昆斯区市民法庭，纽约市，纽约州。建筑师：珀金斯·伊斯门。摄影：Chuck Choi

常用多种语言。标志图样和相关信息系统可能包括视频显示器，类似于机场的“到达”和“起飞”显示屏，以及大厅区域的触摸屏亭。

两人或多人想要进行私密交谈时，公共空间的保密性就成为一个问题。尤其是个体公民与法庭人员办理业务的柜台，需要在设计上给予更多的注意。柜台本身应该有足够的深度，方便使用者整理文件及填写表格。另外，业务柜台可以划分为多个并行式的区域。这样，当人们询问办公人员或是咨询私人事务的时候，无须窃窃私语，也无须用手遮挡文件。当然，也不会有排队拥挤的情况发生。

等候区

公共等候区的面积一定要足够大。这是因为所有来法院办理事务的相关人员都要在这里等候，比如诉讼当事人及其亲友、律师、法院或相关机构的专家、警察局官员、媒体记者，形形色色。当这些人在法院的走廊里穿梭，或是在指定地点等候时，绝对不能有拥挤、混乱的情况发生。

▼ 中央部位的中庭，爱德华·W·布鲁克法院，萨福克市，波士顿，马萨诸塞州。建筑师：Kallman McKinnell Wood。摄影：史蒂夫·罗森塔尔

▲ 公众走廊区域，新昆斯区市民法庭，纽约市，纽约州。建筑师：珀金斯·伊斯门。摄影：Chuck Choi

◀ 公众走廊区域，爱德华·W·布鲁克法院，萨福克市，波士顿，马萨诸塞州。建筑师：Kallman McKinnell Wood。摄影：史蒂夫·罗森塔尔

然而，此类公共区域的面积却极有可能被人为的缩小。当某一个项目的规划和设计接近尾声，设计者往往都会采用牺牲公共区域面积的办法来达到减少成本的目的。而且，工程经济学对它们也很不利。

此外，还要为受害者及证人提供彼此分隔的独立等候室，为律师及当事人提供小型会议室，方便他们在等候传讯的同时能够进行私密的工作。

新闻发布室

当前，法庭的公共信息传播变得越来越重要。此外，某些颇受瞩目的案件以及名人案件都会吸引相当规模的媒体关注。因此，很有必要设计出一个新闻发布室，以供媒体记者进行采访、简报。另外，还要为采集法庭公共信息的工作人员提供办公室以及做文书记录的场所。

法庭协助场所

如何设计和规划法院里行政人员、管理人员及其他工作人员的办公场所，是和法院的整体规模、维护操作、预算程序、设备采集、补给采购、人力资源等等因素密不可分的。在一些旧时的机构里经常会有这样的情况：经过部门重组和变换布局，行政人员就在剩余的地点办公。

现在，新型设计要求为行政人员和管理人员预留出大约250～350平方英尺的独立办公区。在这里，办公人员既能方便去往公共区域，也能方便进入内部人员专有区域，而且还可以和律师、当事人召开小型会议就相关事宜进行商讨。行政人员的工作是和法官、法官秘书的工作密不可分的。

原告与被告

检察官在办理一个案件时所需的办公室以及相关场所有时需要容纳数十甚至数百人。这是一个很重要的因素。检察官通常拥有一个120～150平方英尺的专用办公室。它有多种相邻空间，以及采访和会议室，储存和复印区及一个控制进出的接待点可供调查人和辅助律师的工作人员使用。供进行秘密工作的调查人员使用的通道可能也是需要的。

对于一名检察官在法庭中应具有怎样的显著地位这个问题在司法专业人员中并无公论。有些法官认为建筑中起诉人最好不要处于过于显著的位置，他们的运作应位于法庭外。

使起诉人与公社辩护律师相邻或通道交叉都是不理想的。像起诉人一样，辩护人需要办公室和能够保证机密性、专心致志的辅助空间，可以在其中进行各种形式文件的研究以及对案件和判决相关问题的决策。起诉人和辩护人，以及他们服务的人群在法院中不应在未受控制的情况下相见。

缓刑

成人缓刑察看可能是法院的一个主要组成部分，包括运作形式的多样性和在建筑中

◀ 外立面，美国法庭，西雅图，华盛顿州，NBBJ 集团

的位置。此项功能应当位于易于到达的区域，尤其是当晚间或周末时建筑的其他部分被保护起来的时候。缓刑工作人员负责管理审判前和宣判后的人员。宣判和缓刑、假释后的活动包括咨询和药物滥用处理过程、周期性测试和各种各样的监管。

缓刑和假释的工作方法依赖于社区和资源，强调方法中固有的复原是很重要的。因此办公室和辅助空间应包括一个等候区，能够舒适的容纳家庭成员，社会服务专家和其他人。

其他办公室和部门

法院中用户混杂，可能包括法院相关的本地政府雇员和当选的官员。甚至可能有用于商业出租的房间。更常见的是，与法院相关的专业人员通过公共和私人援助提供信息，如无偿法律意见和联系。这些活动通常与法律事务及与法院相联系的社会服务相关。可能有一间办公室供非营利性的、基于社区的代表使用，如提供收容。用于这些活动的空间总量可能大也可能不大，部分取决于该建筑设施是否作为多用户复合体进行服务，为来此的市民解决许多不同的问题。

犯人看押

所有进行刑事案件审判的普通司法权法庭都要求有处理在押被告的能力。犯人被押送到法院或送离法院时能够用于容纳犯人的中心看押区域，其设计必须具有完全的安全性和根据性别和其他因素隔离不同类型犯人的能力。

分组关押监狱应当为每个犯人提供至少12～15平方英尺的面积以减少危险拥挤的风险。控制区和保护人员安全的设备应当就在近旁。探访隔间也是必需的，律师可在那里与犯人进行协商。单个犯人被带入个人法庭诉讼当事人区时使用的小型看守监狱通常在一对法庭之间，并可通过护卫犯人专用的垂直通道直接到达。

建筑控制中心

控制中心是必需的，因为警告报警器面板、闭路电视设备监视器（CCVE)、公共播音系统及其他安全设备都封闭安装在这里。这个区域作为主要安全控制中心使用，紧急情况下用作控制总部。这是中心报告站，警察和消防部门被召集后会赶到此处。如果控制中心靠近主要入口安检站，仪器安放的位置和服务台设计应当使保安人员在检查来访者时能够监控摄像机和仪器。

独到的设计考虑

设计一座优秀的法院并非易事。此类工程具有复杂的程序，并且在技术上要求苛刻。用户群体从法官和专业人员到走入的市民。较之其他建筑，法院也对公共利益和城市价值负有更大责任。

形象和特征是首要问题。“既缺乏财力，又缺乏武力，法庭的权力建立在道德的平面上。所以法院之所以成为法院——为正义的执行与得到肯定提供场所—— 一定要在建筑上旗帜鲜明地得到体现。”[1]法院属于人民，应当具有向公众灌输信任和信心的能力。

有些设计优先权具有相互竞争的潜质。这一点对通行便利和安全保护这两个关键的要求来说体现得尤为真切，这两个要求必须能够共同作用且不能相互妥协。

永久性和灵活性也必须相互协调。结构必须经久耐用从而可以保证至少服务几十年，并且其材料和形式必须具有真实可信的永久性。但是法院开展工作的方式、服务人群的人口统计状况在建筑的生命周期内却会发生变化。一座法院可能会改建多次。

法院建筑同样会通过多种方式强调过去、现在和未来的关系。其设计可能会有意

1. Todd S. Phillips,“Courthouses: Designing Justice for All,” *Architectural* Record, March 1999, P.105.

识地努力成为具有时间连续性的一个单元。

法院的传统风格是经典的，与建立民主共和国的理想相关的正义神庙（temple of justice）。其他法院建筑则源起于其他典故，从周围的物理背景——自然或人造——到对待多元化社会中法律最佳表现的态度。一些法院带有明显的说教意味，其外墙上带有题词；其他的则通过更为抽象的方式表达他们的意图。

合适外观这个问题的复杂化在绿色设计中日益重要。联邦法院正采用一种严肃的态度对待可持续性，换言之怎样设计一座合理预算范围内且具有环境安全性的建筑。

关于法院的美学特征，导则中最直率的陈述出现在指导联邦建筑设施设计的《美国法院设计指南》（USCDG）中：

一座法院建筑必须表达出庄严性、稳定性、正直性、严格性和公平性。建筑必须同时体现城市的风格，并对当地社区的建筑有所贡献。

为达到这些目标，建筑必须坚固并直接，带有安详感；并且设计的比例应反映一种国家的司法事业。所有的建筑元素必须成比例并按照等级进行布局以体现井然有序的状态。采用的材料必须始终如一，原料自然且区域化，经久耐用，并能营造出永恒感。色彩应柔和并与设计中采用地自然材料互补。[1]

建筑的布局

法院楼层的布局及其与办公室和辅助区域的关系形成了建筑的整体设计。

法院楼层

法院楼层由一个或一个以上法院系列组成。一个法院系列依次由法庭及其相邻辅助区域组成，包括：法官办公室、陪审团商议区、狱犯进入/关押监狱、职员辅助性区域和来访者等候区。法院系列内的循环通道类型必须支持其运作需要。

法院开庭时，可能需要将犯人从建筑低层部分的中心关押区押送出来。简单经济起见，经常将两个法庭系列设计成一组，这样它们可以共享一个犯人押送系统，该系统包括一台电梯和一个小型的看押监狱。大型建筑设施中整个的法院楼层可能包括两对或更多对法院系统。

法院楼层的布局对立柱间隔和层间高度有要求，应预先考虑到建筑的潜力，以适应同一结构模式下容纳不同法庭和法庭系列所带来的变化。未来的变化可能伴随着不同的法庭内观众席容量，不同的陪审团（对应于无陪审团）需求，不同的律师－客户咨询场所与证人室的比例，更多空间用于代替纠纷解决机制（ADR），以及其他法院附属空间。

1 Judicial Conference of the U.S., *U.S. Courts Design Guide* (Washington, D.C.: Administrative office of the U.S. Courts, 1997), chap.3,p.9.

▶ 主入口，爱德华 · W · 布鲁克法院，萨福克市，波士顿，马萨诸塞州。建筑师：Kallman McKinnell Wood。摄影：史蒂夫 · 罗森塔尔

▶ 主入口，新昆斯区市民法庭，纽约市，纽约州。建筑师：珀金斯 · 伊斯门。摄影：Chuck Choi

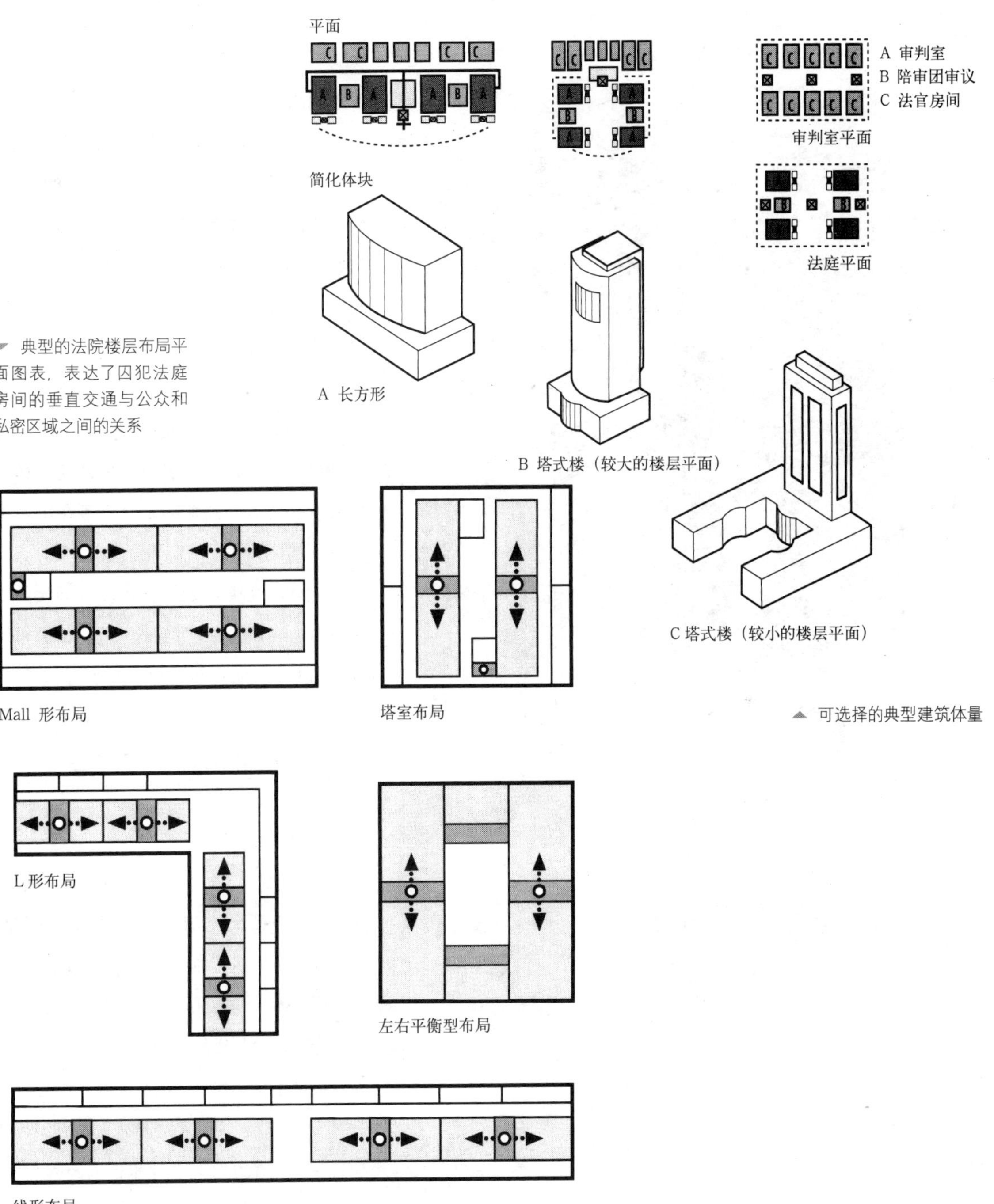

▲ 可选择的典型建筑体量

▼ 典型的法院楼层布局平面图表，表达了囚犯法庭房间的垂直交通与公众和私密区域之间的关系

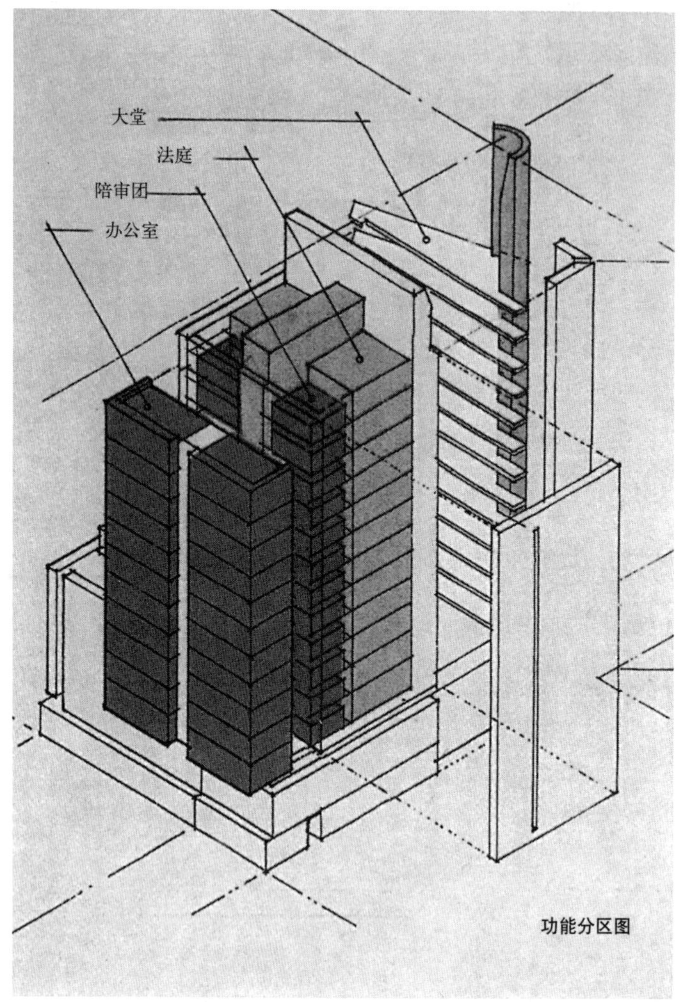

▲ 概念草图－表达了法院大楼主要部分之间的关系，马克·O·哈特菲尔德法院大楼，美国，波特兰市，俄勒冈州。BOORA建筑公司与科恩·彼德森·福克斯合作设计

为未来预先设计多套备用方案，日后可在建筑物的一般建筑和工程系统范围内适用，这样的做法并不少见。

常见的法院楼层布局中，法庭通常独自占据从任意一堵边墙完全向内延伸的空间，这样的设计决策使一些观察者将法庭描述为“埋在墓中”。法庭中自然光的价值与其他主题同等重要，特别是安全，并且不同法庭项目反映了不同的态度。

法官办公室和辅助区应提供自然光和视野。法庭外的公共通道和等候区也应提供户外视野。法院楼层设计中公共、私人和安全（犯人）通道的基本任务在图表中一目了然。

这些法院楼层设计策略的一个重要的变量包含建筑分区的不同设计。一个“分权楼层”的方法使法官办公室和辅助区的楼层有别于法庭的，满足与法庭容积相称的高层间距的同时满足办公室的低层间距。

建筑物外部环境

外墙设计应考虑风、日照和水。合适的覆层材料包括石灰、花岗石、预制水泥和面砖。采用幕墙或其他全玻璃镶嵌系统适用于入口区或其他功能区，如公共等候区和陪审团集合区。金属板的使用通常限制于附属用途，但是不用于覆层或机房仪器外罩。

外窗和外门应分散，使视野最大化，并使热量损失最小化，并要根据太阳的角度、阴影和附近建筑物的反光安设合适的遮阴系

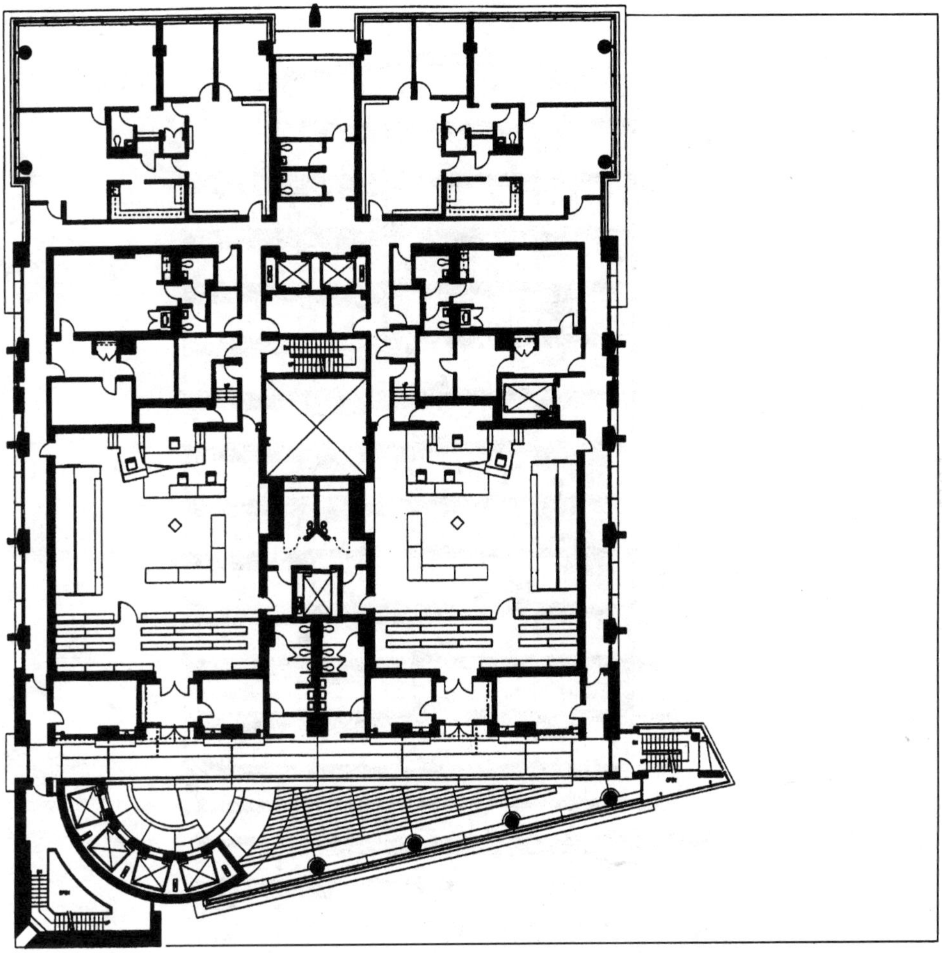

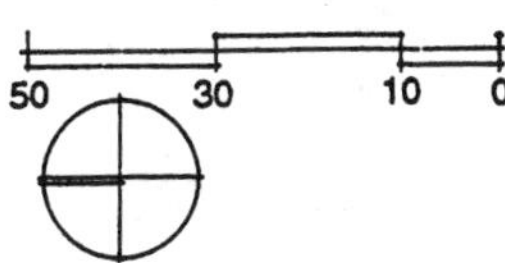

▲ 典型的法庭楼层平面，马克·O·哈特菲尔德法院大楼，美国 波特兰市，俄勒冈州。BOORA 建筑公司与科恩·彼德森·福克斯合作设计

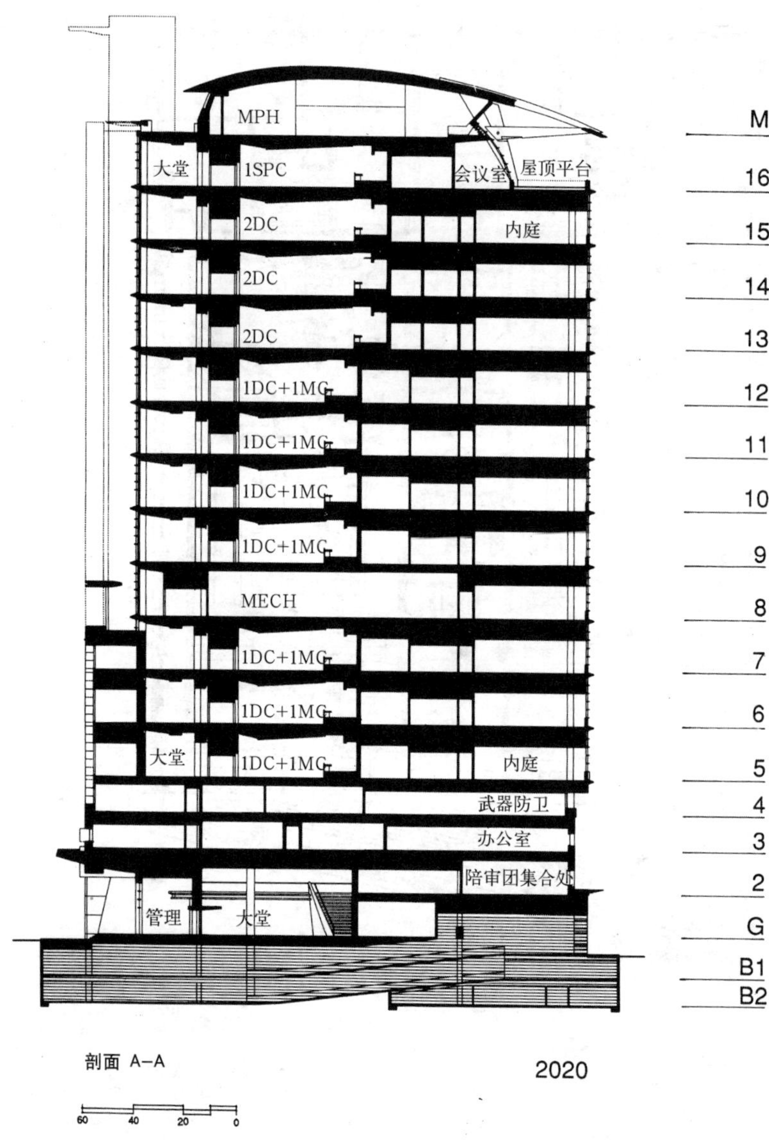

▲ 剖面，马克·O·哈特菲尔德法院大楼，美国，波特兰市，俄勒冈州。BOORA 建筑公司与科恩·彼德森·福克斯合作设计

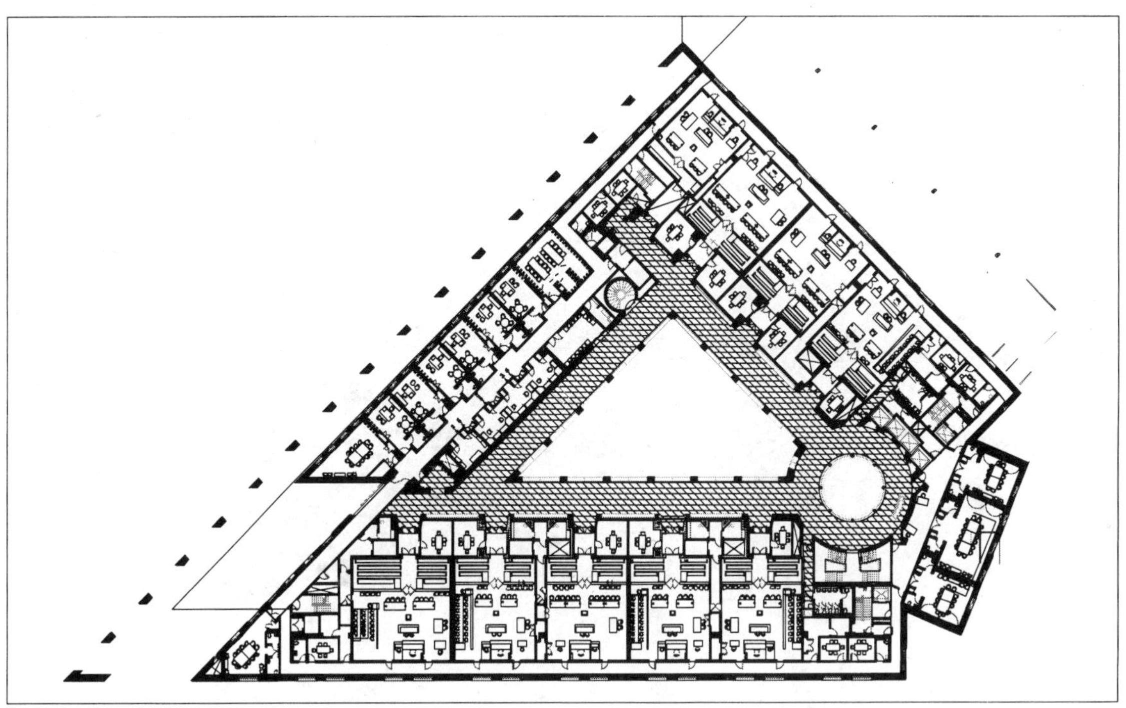

▲ 典型的法庭楼层平面，爱德华·W·布鲁克法院，萨福克市，波士顿，马萨诸塞州。建筑师：Kallman McKinnell Wood

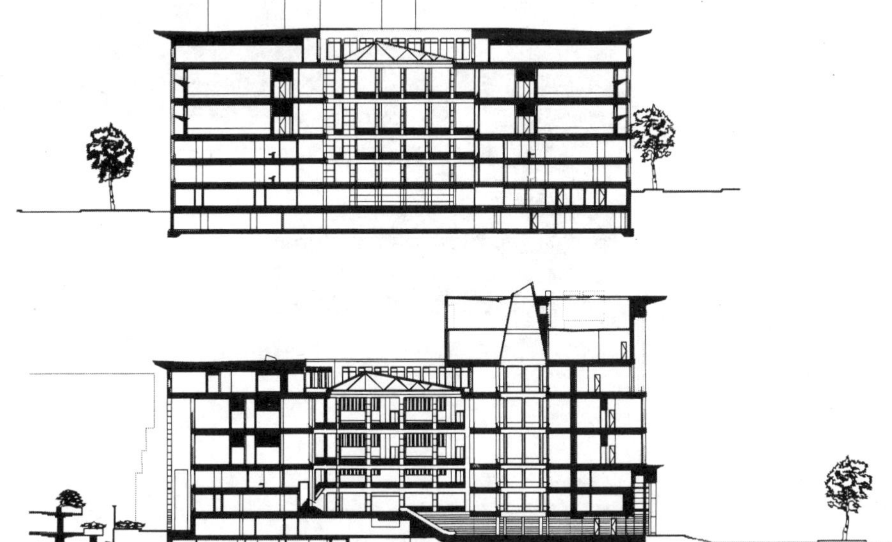

▶ 中庭与审判室剖面，爱德华·W·布鲁克法院，萨福克市，波士顿，马萨诸塞州。建筑师：Kallman McKinnell Wood

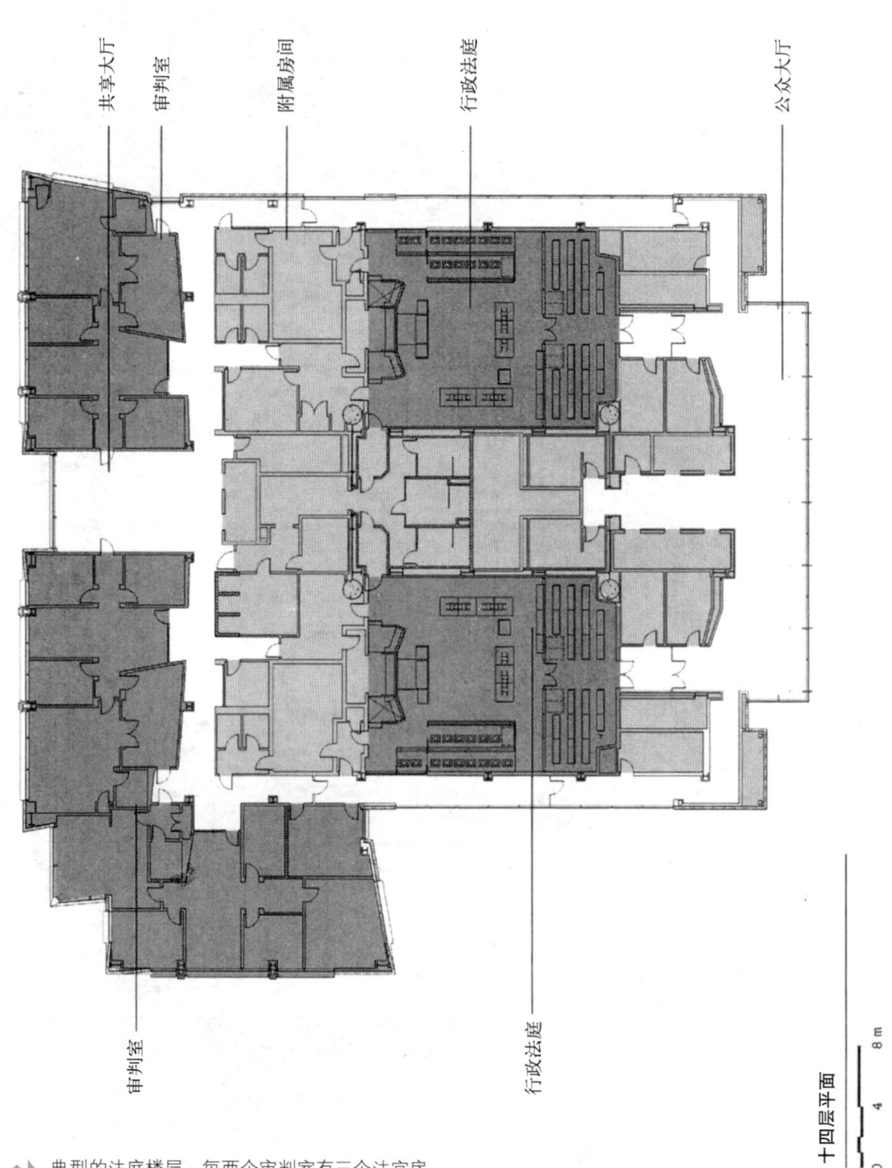

▲▶ 典型的法庭楼层，每两个审判室有三个法官房间，八层平面功能是为法院职员与管理运作的办公室。美国法庭，西雅图，华盛顿州，NBBJ 集团

八层平面

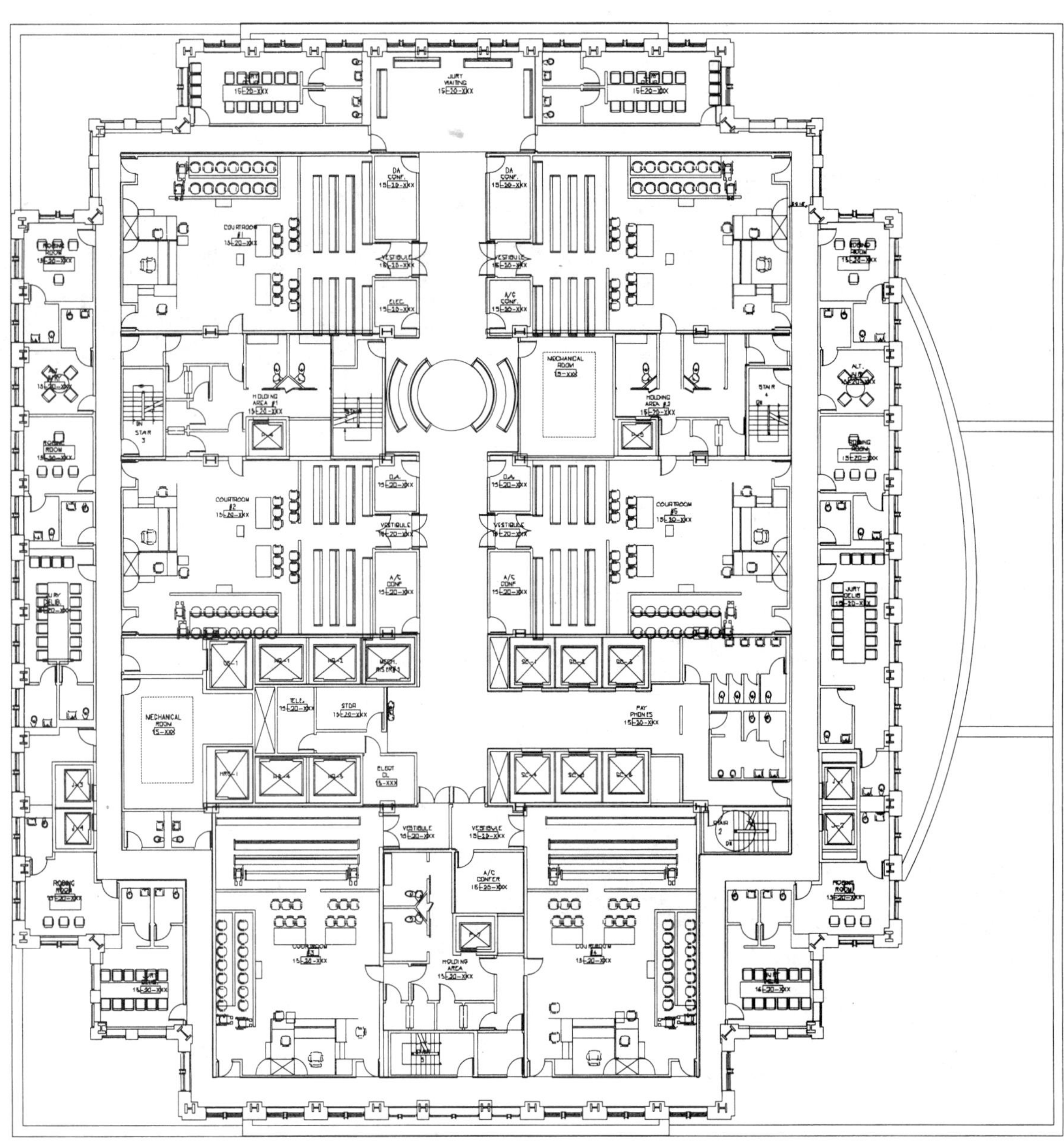

▲ 典型的法庭平面，表明了四层与二层的布局关系。布鲁克林民事最高法院，布鲁克林区，纽约。建筑师：珀金斯·伊斯门

典型的法院平面，周边有四个带自然采光的法庭。丹尼尔·P·莫伊尼汉美国法庭。福氏广场，纽约市。科恩·彼德森·福克斯联合设计

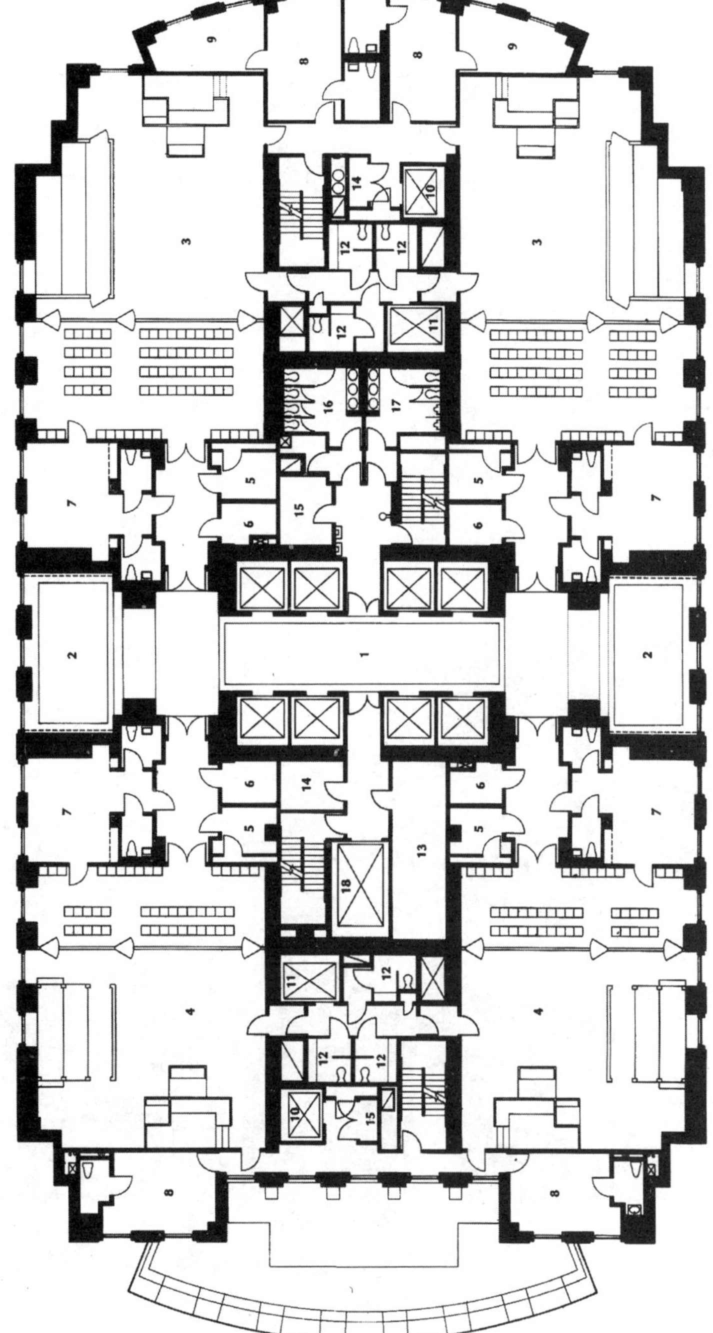

1 电梯间
2 公众等候
3 标准的行政法庭
4 地方法官法庭
5 证人房间
6 律师咨询室
7 陪审团审议房间
8 会议 /ROBING
9 法官秘书
10 法官用电梯
11 罪犯用电梯
12 罪犯看押
13 设备间
14 电话室
15 电器室
16 女卫生间
17 男卫生间
18 货梯

统。主要入口的门的设计应满足大量使用的要求，并应具有卓越的质量和外观。残疾人进入建筑物的通道中应提供平衡式门或带有隐藏自动旋转开门器的门。入口大厅玻璃墙和入口的门应采用光亮的玻璃制品，且窗户和入口的门应设计为绝缘隔热玻璃制品（抗碎和／或特殊安全性），与良好的设计和安全实践相一致。

屋顶材料应选用具有优秀的外观和需要较少维护的材料。屋顶的一块区域应被规划用于当前或日后安装天线或微波碟形卫星天线。多种屋顶材料都可被选用，但是任何屋顶系统都应留有通道，方便进行屋顶和屋顶物品的例行维护。

内部设计

入口区和所有其他公共场所都应通过材料的使用、详细设计和按比例配合表达

▼ 通往入口步行路的渲染图，美国法庭，西雅图，华盛顿州，NBBJ 集团。绘画：威廉·胡克

▲ 透明的、带自然采光入口大厅渲染图，美国法庭，西雅图，华盛顿州，NBBJ 集团。绘画：威廉·胡克

出一种庄严的形象。空间和功能的分级可通过处理不同材料、色彩和体积微妙的表达。例如从脚下的硬质表面到地毯的过渡，可作为一种暗示—— 一个特定的目的地已经到达了。

内部结构应满足声效和消防等级或耐火等级的特殊功能要求。参见第 8 章“照明和声学”。通常需要设计隔离物。有些与公众大量接触的场所，如大厅和入口，需要采用特殊结构和涂层以确保建筑经久耐用、维护简单。必须对角落给予特殊的重视，因为墙角可能被严重滥用而其外观又是很关键的。

顶棚

法院建筑的大部分区域都采用可触摸的悬挂式隔声顶棚，具有合适的隔声性能，但是在主要的公共场合、法庭、法官办公室和特殊区域（陪审团集会室、大陪审团区和其他类似区域）则配备光滑、坚硬的顶棚和特殊设计的顶棚。

墙体

法庭建筑中一般采用合适的材料分级，按照从人最多的场所到人最少的场所。公共场所的表面可包括石料。进入法庭的入口区和门可能采用退色的硬木板，法庭和法官办公室采用硬木的木制品和涂层。特殊的办公室和辅助区域可以采用着色木制品和墙面涂料。大部分办公室和一般的辅助性区域采用着色石膏墙板。犯人看押区使用的材料和构件在第 11 章“安全系统”中描述。

地板

法院中 75%的采用在木质或橡胶底板之上铺设地毯，入口处和电梯门厅、洗手间、饮食服务和自动贩卖区、犯人看押和拘留区采用特殊地面。

特殊涂层

一般的，特殊涂料在以下区域需要：

- **公共区**。公共区的特征为采用石料或水磨石地面、无缝墙涂料或乙烯涂料，以及照明合适的石膏板顶棚。顶棚应当尽可能高。设计中应加入方向位置图、通信录、部门标志和状态显示。
- **法庭和法官办公室**。法庭中选用的材料和涂料一定要足够经久耐用以经受大量使用。它们也应当据有高品质，并适合于流程的严肃性。威严的空间伴随着对技术额外的强调。对人们具有实际重要性的主题不能在破蔽的场所处理。因此法庭应按照要求配备地毯、木头和木制壁板、带有吸声板 / 处理的墙面材料，以及带有合适照明的石膏板吸声顶棚。
- **会议室**。会议室采用的材料和涂层应当具有高品质，并提供声音控制，包括开会时对谈话保密性的要求。地毯通常与石膏板、吸声顶棚和壁龛照明结合使用。照明设计应预先考虑到空间中视频和其他显示系统的存在。当会议需要确保严肃正式时，可能会使用木质和其他更昂贵的材料。
- **洗手间**。洗手间应在湿墙面采用瓷砖块而在其他墙面采用乙烯墙面涂层。所有涂层和材料应本着持久耐用、易于维护、放水、放化学药品的原则进行选择。
- **储存和多用途场所**。这些场所应设计为高持久性、少量维护。
- **犯人关押、拘留和处理区**。参见第 11 章“安全系统”。

家具和其他附属物的选择应满足多个部门和机构的特殊功能需求。法院内的突出区域采用和固定的设备、橱柜和建筑木制品，这些区域包括公共和电梯厅（安检站，入口和柜台区，方向位置标志），法庭和法官办公室，大陪审团区，陪审团集合区，会议室和一般职员办公区。

所有专用橱柜和木制品的设计和规

格应当符合建筑木制品规定（Architecture Woodwork Institute，AWI）及其他行业规范。用户定制的柜台和木制品应满足特殊功能和用户的要求。

新建，翻新及适应性再利用

许多法院旧了。一些古老而珍贵，要么具有建筑学的重要性要么具有历史上的重要性。因此在项目改进的过程中引发了许多设计主题。这类项目可能包括历史结构的修缮和改良，建筑整体或局部的新建或翻新，或者为达到新目的而进行的适应性再利用。

建筑设施的年龄和对它们的功能要求随时间而改变。周期性的改善和翻新工作通常能够保证一座建筑继续保持当前标准和最佳实践所要求的性能水平。但在一些情况下，对已有建筑进行装修无法满足当前标准或各方面实际情况，只有强烈的修正措施或主题才能延续它的使用。

历史上的名法庭

历史上具有重要意义的法庭几乎都不像今天的法庭所要求的那样设有受控的、三向通道系统，以使得公私分离以及犯人活动隔离。在许多 19 世纪的国家法院中公共区域设立在高处，就使得身体残疾的人通行困难。尽管如此，如果城市风格、预算限制或其他因素赞成此类变更时，修正此类通行问题并进行有效的调整可能是最好的做法。

另一种保护历史法院建筑的替代方法是将其作为重要的司法系统的回顾部分，将这些建筑用于它们所能承受的行政或其他法院的相关功能。

历史法院建筑用作现代法院或法院相关运作包括保护那些被认为在历史上、建筑学上和 / 或文化上具有重要意义的建筑物的部分或其特色风格。在这些项目中，应当制定保护规划以识别建筑学上具有重要意义的区域和赋予建筑独特风格的元素，并将对它们进行保护。应当用文物保护者提出的标准作为工作指南。

建筑物的翻新改进方法

对于一些历史性的古老建筑物来说，如何找到合理的位置来安装空调、电力设备、数据 / 通信电缆等设备，是设计师面临的一个主要挑战。原先的立柱强度、顶棚的高度也许都不能够满足当今的要求了。在这种情况下，如果要改进室内的环境，安装空调等设备，就应尽量减少管道的使用量，安装分散型的空气调节机。

现代办公设备需要电源，所以使用了一些装有预置电路的设备。另外，无线技术的应用也在很大程度上解决了这个问题，而且还不必破坏历史性建筑物的原有结构。

“灵活适应”型的建筑物一般比较古老，但并不是历史性的建筑物。它们通常有着较高的层高，较小的地面，里面的工作间距离外围墙也较近。由于“灵活适应”型建筑物的层高较高，所以有利于铺设管道、安置电

▲ 带有附加建筑物的外立面，格兰特县法院。兰开斯特市，威斯康星州。经过深思熟虑，社区决定在附近位置建造一个相联系的建筑，更新并扩大它的历史法院，这样可以保存一个有价值的标志性建筑形象。建筑师：艾尔斯联合事务所。摄影：Franz Halls

▲ 更新后的室内空间，这个穹顶是社区标志性建筑形象。格兰特县法院，兰开斯特市，威斯康星州。建筑师：艾尔斯联合事务所。摄影：Franz Halls

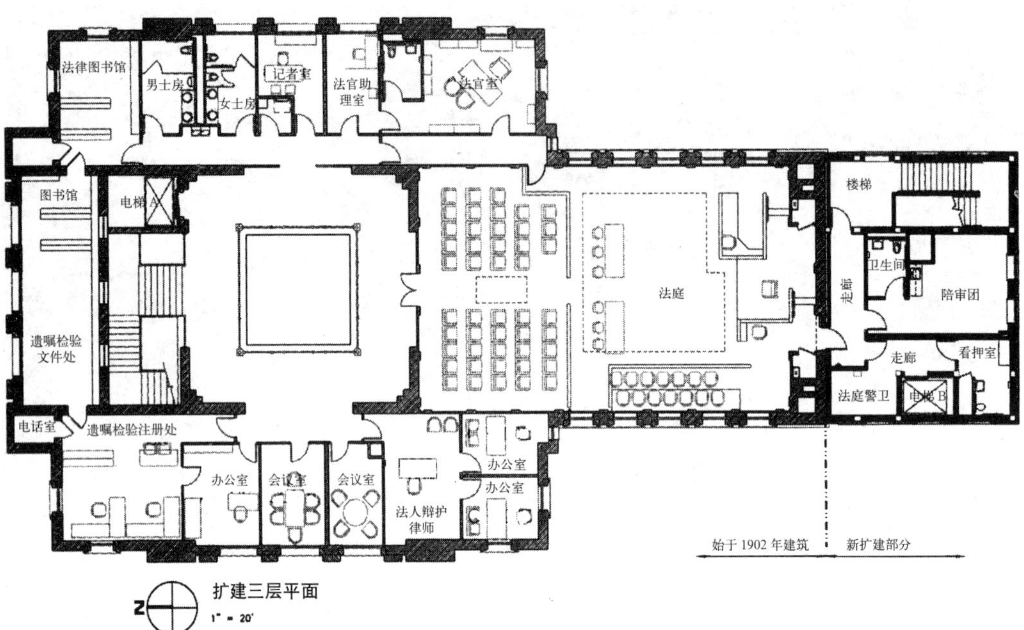
法律图书馆
男士房
女士房
记者室
法官助理室
法官室
图书馆
电梯A
遗嘱检验文件处
法庭
楼梯
卫生间
走廊
陪审团
走廊
看押室
法庭警卫
电梯B
电话室
遗嘱检验注册处
办公室
会议室
会议室
法人辩护律师
办公室
办公室
始于1902年建筑
新扩建部分
扩建三层平面
1" = 20'

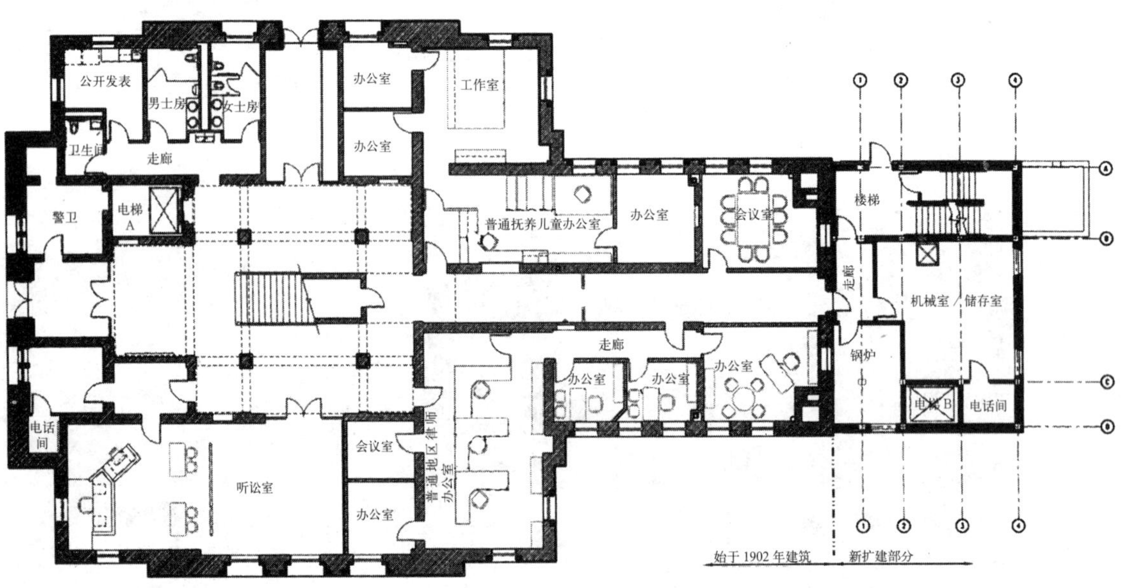
公开发表
男士房
女士房
卫生间
走廊
办公室
办公室
工作室
警卫
电梯A
普通抚养儿童办公室
办公室
会议室
楼梯
走廊
机械室／储存室
钢炉
走廊
办公室
办公室
办公室
电梯B
电话间
电话间
听讼室
会议室
办公室
普通地区律师办公室
始于1902年建筑
新扩建部分
扩建一层平面
1" = 20'

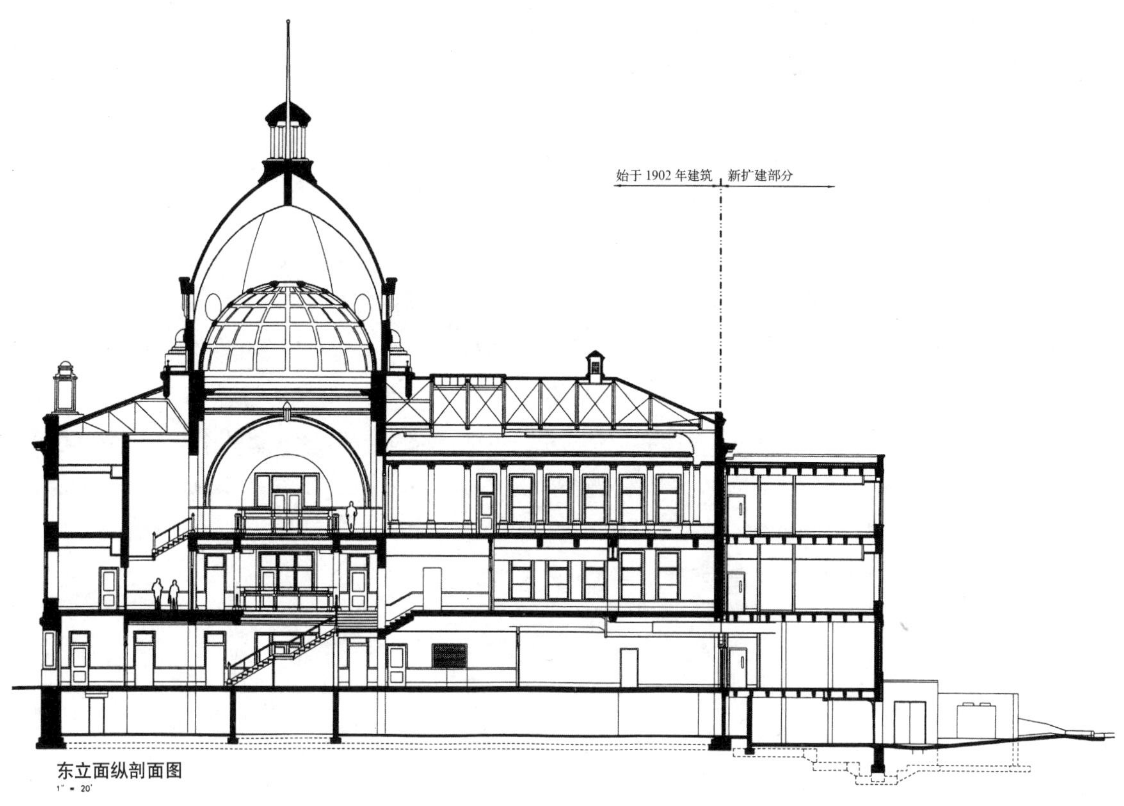

路、安设数据 / 通信电缆等工作的进行。一般情况下，由于顶棚较深，可以设计活地板或者分散布置设备。

在大型工程中，安装活地板不失为一个明智之举。活地板最低可以达到 6 ～ 8 英尺高，在一些新建筑物里经常使用到。另外，也可以把顶棚的深度设计得很大，以满足多种用途。不过，顶棚最低也要高过窗户的上沿。在一些狭小的建筑物里，顶棚吊顶要接近外墙和心墙，以便于作为铺设各种管道的通道。在这些建筑物里，支柱和墙壁上的贴条也可以用来安装插座。原有的或者新的楼梯井可以用作竖井。

如果必须更换电梯，原有的电梯升降机井可以用作管道井，或者也可以当作安装电力、数据 / 通信系统的地方。如果对立面设计有比较高的期望值，垂直的电梯部分可以与建筑立面设计与改造进行整体设计。

▲ 剖面，表达了新的附加建筑与老建筑之间的关系。格兰特县法院，兰开斯特市，威斯康星州。建筑师：艾尔斯联合事务所

◀◀ 附加建筑平面，表达其建筑布局与更新后空间。格兰特县法院，兰开斯特市，威斯康星州。建筑师：艾尔斯联合事务所

适应性改造

适应性改造是指想方设法把一座标准的普通办公楼改造成一座法院，这比把法院改造成普通办公楼要困难得多，在一定程度上是一个很具挑战性的工作。法院建筑（包括法庭、陪审团室等）需要有宽阔的空间，高敞的层距，在现存的普通办公楼里，很少有建筑物能够满足这些要求。而且，大多数建筑物在人员流通方面也不能达到要求，没有合适的电梯设备、出口等。

许多现有的建筑物要想改造成法院需要进行大规模的修建，这在经济上是不现实的。如果要想扩大结构面积、增加底板载重量，就要对建筑物的整体结构进行大的调整，这其中包括：对楼板骨架、支柱大小甚至地基进行调整。所以一般情况下，混凝土结构的建筑物不适于做这种改造。

当决定对现有建筑物进行改造后，应该制定一份建筑物工程报告书，其中主要记录该建筑物的当前状况。这份报告还应该对建筑物进行评估，确定其数据上的不足和功能上的缺陷。如果由于历史原因或是其他一些客观原因，必须使用某个不符合要求的建筑物来做法院建筑，那么负责设计规划的工作人员应该和法院方面就设计数据等问题进行讨论研究。

第 5 章

成人罪犯改造机构

成人罪犯改造机构是用来拘禁那些不遵纪守法、对社会造成危害、并且已经被法院判处监禁处罚的人，保护社会不再受到他们的威胁。把罪犯关押在安全保险的机构里，这是对社会的第一层保护。另一层保护，则是对处于危险中的青少年以及所有民众采用一整套戒备方案，遏制住潜在的犯罪动机。

总之，建立这些机构的核心目的就是纠正违法犯罪分子的错误行为，帮助他们重新成为遵纪守法、建设性的公民，重返社会，从而达到维护社会安全的目的。因此，监禁机构的工作重点则应该放在帮助罪犯改造这一点上。绝大多数犯罪分子在经过一定时间的服刑后将重返社会，这一点是毫无疑问的。如果他们具备一定的文化水平、良好的职业和生活技能，那么他们也就更容易成为遵纪守法、有建设性的公民。现代化的劳改机构能为犯罪分子提供这样的机会，帮助他们掌握这些有用的技能。

关于哪种改造计划才能有效的发挥作用，不同的专家有不同的观点。然而，所有的专家都认可一点，就是改造机构的任务是多面性的——一方面机构需要将犯罪分子拘禁在一个安全的地方，另一方面机构还须为犯罪分子提供自我发展的机会。另外，机构还要与当地的社区保持紧密联系，对那些刑满释放人员进行监控。所以，劳改机构里通常设有社区基本组成部分。

美国劳改协会（ACA）已经制定了相应的管理标准，其中大多数标准是关于管理、组织、程序方面的问题，这些与机构的建筑设计关系紧密。[1]

劳改机构应该是安全并且人道的机构，服刑人员的人身权利应该得到尊重，为此，这一套管理标准明确制定了基本的规定。并且，还要求决策者了解他们的服务范畴，其中包括食品、医疗、教育以及职业技能的培训等。

方案要求

劳改机构的主要任务就是为服刑人员提供住所，并且为他们提供基本的生活服务和日常工作服务。住宿问题是一个劳改机构的核心问题，住宿区所占的面积也远远大与其他活动所占有的面积。

对服刑人员来讲，主要的生活服务即食品、洗熨和医疗；主要的日常工作服务即教育（综合教育和职业教育）、生产劳动、休闲娱乐、宗教信仰方面的服务（在某些机构里，还包括对挥霍财产进行教育等一些特殊事项）。

劳改机构的规模比监禁机构大，工作复

1 Excellent complementary information can be found in the compilation of essays on specialized subjects by leading planning and design experts in Leonard R. Witke, ed., *Planning and Design Guide for Secure Adult and Juvenile Facilities* (Lanham, Md.: American Correctional Association, 1998), Peter C.Krasnow, *Correctional Facilities Design and Detailing* (New York: McGraw-Hill, 1998), Provides the most exhaustive architectural guidance.

▲ 联邦劳改所。埃斯蒂尔，南加利福尼亚。建筑师：LS3P。摄影：戈登·申克

杂性也大得多。一般情况下，劳改机构里面的服刑人员往往被判处较长的徒刑，他们在白天要做一些有意义的工作。另外，由于服刑人员要在监狱呆上数年时间，机构需要有专门人员对他们进行常规性的医疗，并且要有处理其他事务的能力。

除此以外，机构的管理部门还有很多其他的工作任务，比如接收罪犯、帮助罪犯适应监狱环境、转移罪犯、对探视人员的管理等。其实，管理部门本身就是一个重要的工作环节。该部门应该配备训练有素的综合型工作人员，以及大型综合设备。

主要工作、组织方面的概念

现如今，劳改机构的规划设计越来越受到一些理念的影响，这其中包括：对关押人员进行分类和隔离；多种多样的监督方法；给关押人员提供的集中型/分散型服务等。

对关押人员进行分类和隔离

正如监禁机构一样，劳改机构根据罪犯的性别、身体情况、精神情况、危险指数、犯罪史以及起某些特殊因素，对关押人员进行合理化的分类。这种划分体系承认了关押人员在很多方面不尽相同，对他们进行隔离的目的是防止他们彼此之间互相伤害，甚至有时对自身造成伤害。

由于罪犯在劳改机构里往往被关押相对较长时间，所以对他们进行分类和隔离也就显得更加重要了。如果不对他们进行必要的分类和隔离，那么罪犯经过长时间的关押，很有可能会在他们中间形成一种危险的“罪犯文化”。那些大型的、未分类的罪犯团体是最难驾驭和管理的。

所以在某些大型劳改机构里，对不同的服刑人员团体，有不同的安全等级（低级、中级、高级），这一点也就显得很正常了。安全级别有所不同，住宿种类也相应变化。

直接监督和间接监督

自从 20 世纪 60 年代末期开始，出现了几种监督理念。这些理念进一步补充了原有的分类原则，并且体现了一种思想，即把一个大群体划分为数个小群体。这些小群体可以安排在一个住宿单元或住宿群里，每个住宿单元或住宿群里可以容纳 20 多人。一般 2 ～ 3 个住宿群组成一个住宿单元。

直接监督是指狱警不在控制室里监督，而在住宿群里面的开放工作室执行看管任务。这种管理方式使得狱警和关押人员之间没有任何障碍，狱警可以直接监视犯人的行为，直接对他们进行管理，并且当发生某些状况时，也可以方便地纠正犯人的错误行为。

这种监督方式的优势在于，一个训练有素的狱警通过直接监督，可以使犯人对他们逐渐产生信任感，有利于他们的思想改造。另外，这种直接监督有利于防患于未然，这样可以减少人员使用、提高工作效率，由此削减了许多不必要的开支。

间接监督，反之，是指狱警位于封闭的控制室里，通过监视器对关押人员进行监督。狱警可以清楚地看到所有住宿群里面的情况，监视犯人的一举一动。如果发生某些状况，狱警可以迅速呼叫监察卫队进入住宿群解决问题。一般情况下，一个封闭的控制室可以同时监控两个或两个以上的住宿群。

交替监督，是指狱警间歇性地巡视牢房，或者进入牢房对犯人进行监督。

在劳改机构里，对不同危险等级的犯人就要使用不同的监督方式。从狱警的直接监督到使用远程监督设备（诸如闭路电视装备和视频装备等），都会涉及。

集中型运作方式和分散型运作方式

机构中犯人的住宿与他们的日常生活以及其他活动之间的协调性问题，是劳改机构中最重要的问题。相对于监禁机构来讲，劳改机构在这个问题上遇到的难题要更大一些，这是由犯人的数量决定的。犯人越多，他们所需要的住宿、日常生活等活动空间就越大。详见第 124 页图（不同种类的布局方案）。

有的方案需要集中型的运作方式，比如其中一种方案就要求犯人在用餐时间从住宿区里出来，走到食堂用餐（这里的食堂往往

▲ 从居住区域的角度观察间接监督站。杰克逊劳改所，布莱克里弗福尔斯市，威斯康星州，建筑师：文丘里建筑师事务所。摄影：詹姆斯·莫里尔，JJ图片公司

▶ 从间接监督站的角度观察办公室。杰克逊劳改所，布莱克里弗福尔斯市，威斯康星州，建筑师：文丘里建筑师事务所。摄影：詹姆斯·莫里尔，JJ图片公司

鸟瞰。表示了相对于居住单元建筑的配套建筑。表示了在安全范围之外的职员停车，管理以及其他配套设施。杰克逊劳改所，布莱克里弗福尔斯市，威斯康星州，建筑师：文丘里建筑师事务所。摄影：詹姆斯·莫里尔，JJ 图片公司

从中央控制塔楼角度看杰克逊劳改所，跨越了其居住单元的户外娱乐区。杰克逊劳改所，布莱克里弗福尔斯市，威斯康星州，建筑师：文丘里建筑师事务所。摄影：詹姆斯·莫里尔，JJ 图片公司

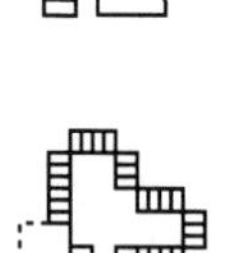

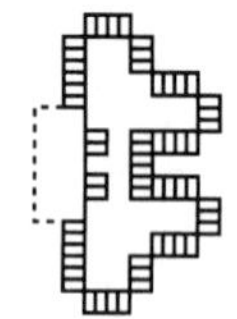

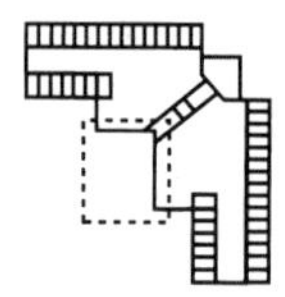

距厨房较近，距住宿区较远）。当犯人的日常生活以及其他活动量相对较大，并且机构有足够的空间时，往往采用这种方式。

而其他的方式正好相反。在大部分时间里，犯人的所有的日常活动都在住宿区进行。

地点和空间

住宿区——普通犯人住宿区

犯人的住宿方式是多种多样的。对那些危险等级属于低等或中等的犯人，可以让他们几个人住在一个牢房里，这样可以大大提高成本效率。这些犯人不需要过于严密的监督，他们可以共同使用卫生间、淋浴房。

对那些高危险等级的犯人，则需要把他们安置在单人牢房，每个牢房都有独立的抽水马桶和卫生间。这种牢房一般设计成直线型，每时每刻都有狱警监督。大部分的工作（包括每天的医疗检查、律师探视等）都要在牢房里进行。

近年来，大部分关押中等危险等级犯人的监狱都采用了一种较为流行的住宿方式。单人牢房和双人牢房都围着一个公共空地建造，这块空地则可以充当犯人的日间活动室。牢房一般设计成上下两层，中间有一个夹层通道。每个牢房都有狱警通过直接监督和间接监督对其进行管理。

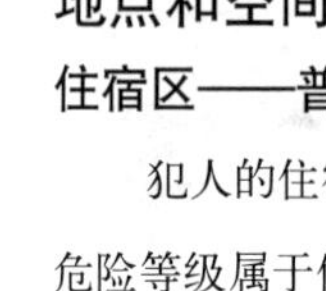

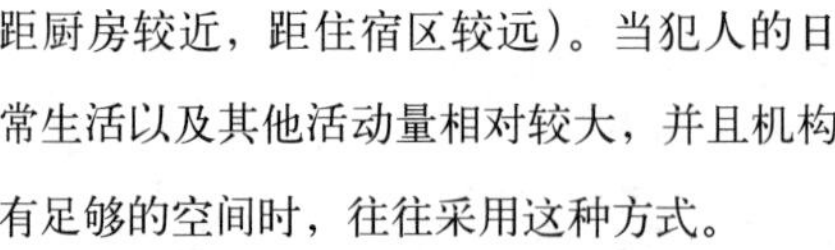

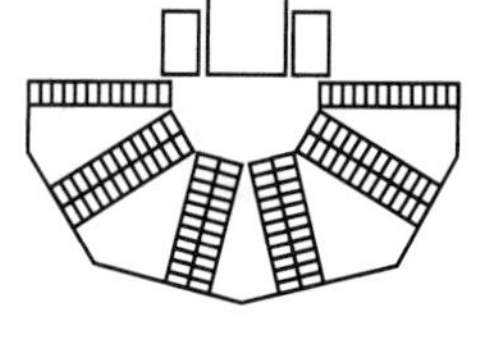

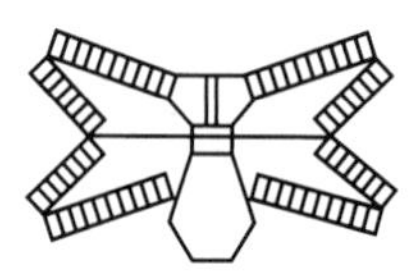

六种监狱住宅单元示例。此六种住宅单元的共同特点是：尽管每个住宅单元和休息室的联系不同，但均面向外侧，围绕成为一个整体。从上至下分别为：三组式三角形住宅单元；并行式双“L”形住宅单元；对开式“L”形住宅单元；放射线形住宅单元（双层走廊）；改良式领结型住宅单元；背对背式三角形住宅单元

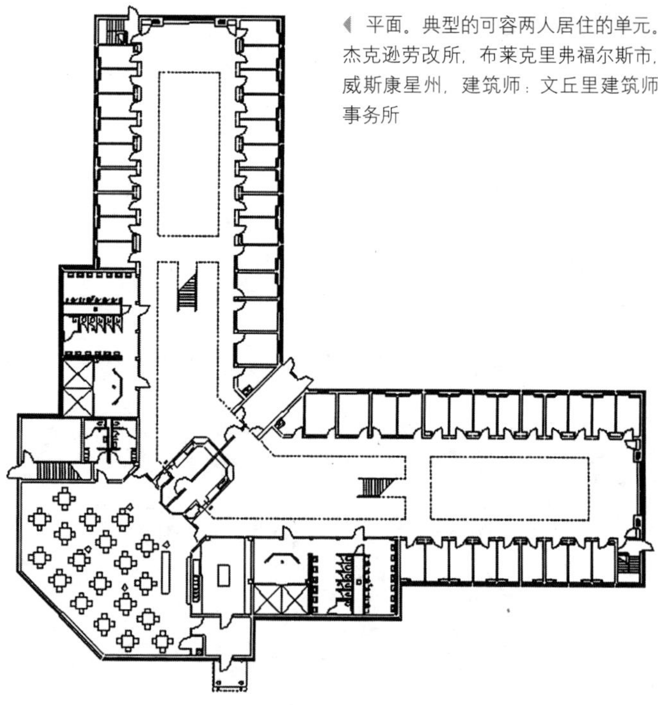

平面。典型的可容两人居住的单元。杰克逊劳改所，布莱克里弗福尔斯市，威斯康星州，建筑师：文丘里建筑师事务所

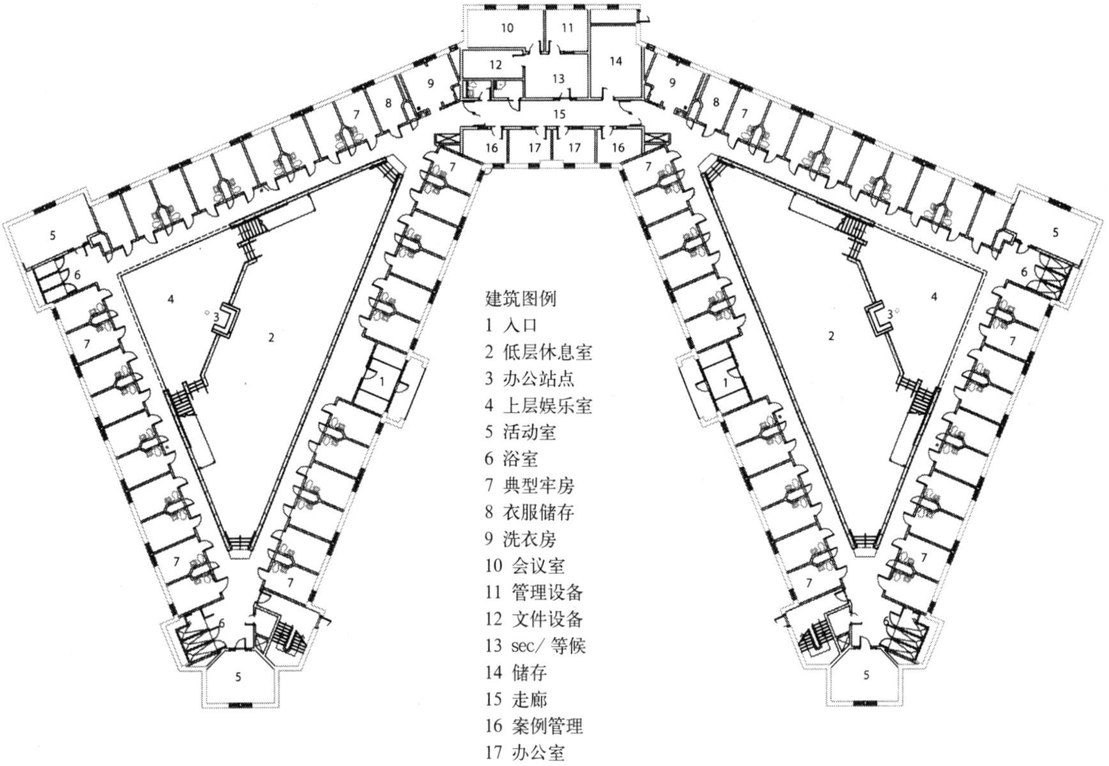

建筑图例

1 入口
2 低层休息室
3 办公站点
4 上层娱乐室
5 活动室
6 浴室
7 典型牢房
8 衣服储存
9 洗衣房
10 会议室
11 管理设备
12 文件设备
13 sec/ 等候
14 储存
15 走廊
16 案例管理
17 办公室

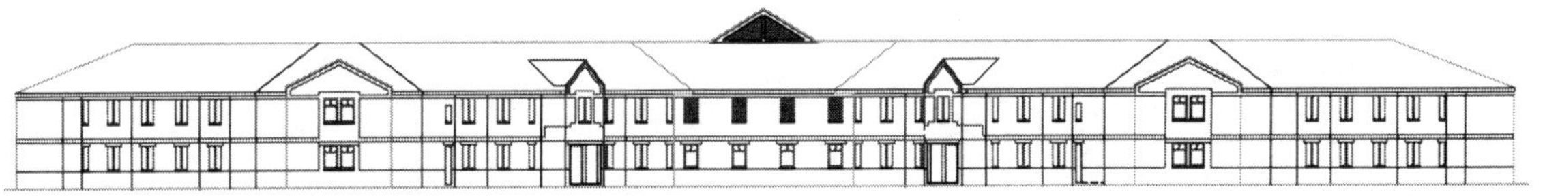

中级安全居住建筑，可容纳 128 个普通居住单元

0　10　20　30　40 英尺

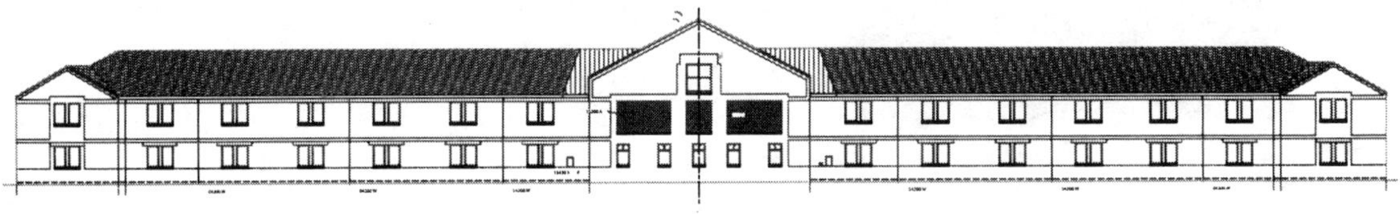

▲ 平面，典型的中级安全居住单元。联邦劳改所，埃斯蒂尔，南加利福尼亚州。建筑师：LS3P

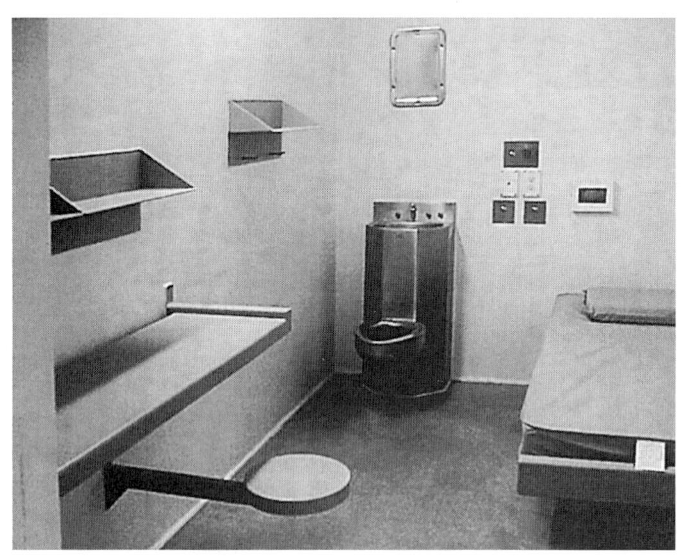

▲ 典型的单人居住单元。图里弗斯劳改所。尤马蒂拉市，俄勒冈州。摄影：查尔斯·史密斯

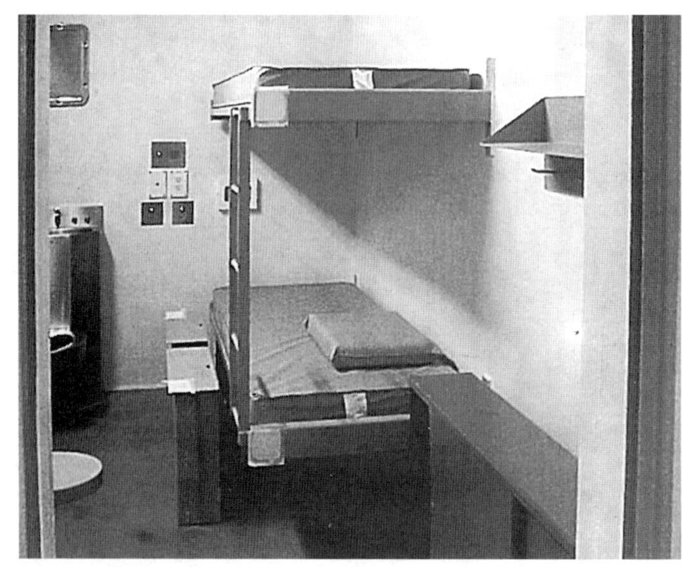

▲ 典型的双人居住单元。图里弗斯劳改所。尤马蒂拉市，俄勒冈州。摄影：查尔斯·史密斯

牢房

单人牢房的面积不应小于 75 ～ 80 平方英尺，里面至少应该配备有床、写字桌、储衣间。有的牢房里还有独立卫生间和马桶。另外，还要有朝户外开的窗户来吸收自然光线。当然，也可以在门上安装玻璃，以采纳从休息室里透进来的光线。

从多种角度考虑，这种单人牢房都可以称得上是最理想的牢房。在单人牢房里，犯人可以拥有个人空间，这样既有利于环境的标准化，也有利于工作人员对整体情况进行有力的控制。而且，当需要对不同类别犯人进行调整时也更加方便。

休息室

一般情况下，休息室的面积按照每人至少 35 平方英尺的标准来计算，顶棚一般较高，上面安装有天窗，可以采纳自然光线。在劳改机构里，休息室的功用比较有限，主要是用来让犯人做一些消极的娱乐活动（诸如谈话、看电视等）相反，在监禁机构和采用分散型服务方式的机构里，休息室的用途就较多，比如犯人用餐等许多活动都要在这里进行。休息室里使用的桌椅有的是固定的，有的是可以移动的。

如果需要对牢房进行直接监督，休息室里就要设置一个狱警工作站，面积大约 40 平方英尺的，配备有通信、管理设备。狱警工作站的位置应该合理，要让里面的狱警可以清楚地看到每一个牢房的情况。

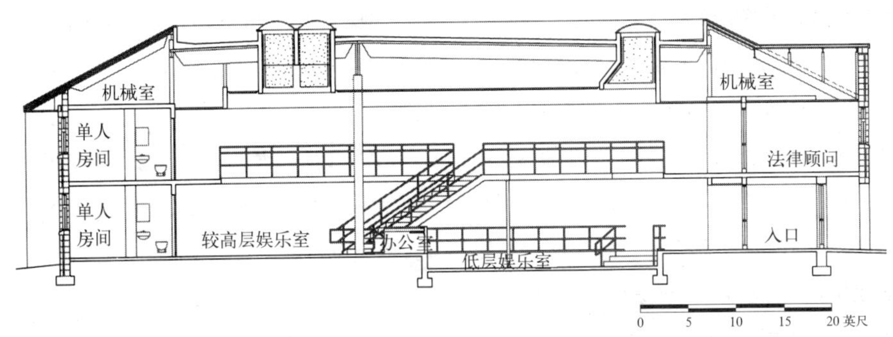

◀ 剖面。典型的中等安全级别居住单元。联邦劳改所，埃斯蒂尔，南加利福尼亚。建筑师：LS3P

淋浴房

每层的牢房都要有一个浴室，一般情况下，每 8 个人一个喷头，还要有专门擦干身子的地方。另外，有必要设置一些屏风，既保护了犯人的隐私，也方便异性狱警的工作。

办公室和日常工作地点

如果把两个或两个以上的牢房合在一起进行管理，则需要有专门的办公室或工作地点供管理人员使用。管理人员小组内通常包括一个组长、一个社会工作者、两个或多个顾问、书记员，以及罪犯行为矫正员等。每个社会工作者和顾问都应该有不小于 100 平方英尺的办公室，另外，还应该准备一些额外的办公室，以供一些周期性来访的专家使用。有时候，还要在休息室的附近设计一个多功能室，墙壁要用玻璃嵌板，目的是方便工作人员对里面犯人的行为进行监督。

住宿区——特殊犯人住宿区

在对建筑物结构进行规划设计时，要考虑到里面犯人的性别、健康状况、身体 / 心智能力、文化层次等种种因素的差异可能造成的问题。在大多数情况下，为了避免发生问题，只需对平时的方式方法进行调整，而不用重新设计建筑物结构。不过有的时候，当涉及诸如住宿、暴力性侵犯等事情时，就应该发展出新的设计策略。

对于三种犯罪人员需要特殊的考虑和合适的安排，他们是身体上有残疾的犯人、年老体弱犯人和女性罪犯。

▲ 公开的，在夜间有直接监督站点的居住房间单元。联邦劳改所，埃斯蒂尔，南加利福尼亚。建筑师：LS3P。摄影：戈登·申克

有关身体上有残疾的犯人

劳改机构的工作应该遵守《美国残疾人法案（1990年）》（ADA），尤其是由建筑交通无障碍管理委员会制定的第12款《无障碍方针》这一条款。任何一个机构中的所有公共区域、公用设施——从停车场、入口处到残疾人专用牢房——都要做到“无障碍”，能够保证残疾人（有行走障碍、听觉障碍、视觉障碍的人群）“无障碍”的通行。

要想真正达到“无障碍”的标准，那么机构中至少要有2%的牢房是为残疾人准备的。另外，如果需要有某些特殊功能室（比如医疗卫生室、纪律训练室等），那么也至少要有一间房间是用来满足这种用途的。

在“无障碍”牢房里，需要有足够大的空间供轮椅方便活动，在马桶旁也要安装拉手。在床边至少要空出36平方英尺的面积安置轮椅。除非犯人是由安全机构工作人员专门管理，一般情况下“无障碍”牢房应该设置在“无障碍通道”上。

有关年老体弱的犯人

不是每个犯人在数年的服刑后都能重获自由，所以很多人随着时间的流逝变得年老体衰。现在，越来越多的机构已经面临这样的问题，即如何处理年老体弱的关押人员。当一个人的年龄增大，随之而来的会有很多身体上的变化，诸如听力和视力变差；易患心脑血管疾病；容易跌倒并易折断骨头；泌尿系统容易出现问题等等。另外，他们还有可能出现抑郁、消沉等一系列心理疾病（包括阿尔茨海默疾病），这些也是需要关注的问题。

老年犯人的牢房与其他犯人的牢房应该是彼此隔离的，或者，也可以设计成这种形式，即起居室在一起，卫生间、洗浴室的面积较大所以在另外的地方。另外，在选择地板、墙壁和顶棚的材料时，也要注意防滑、防强光反射等问题，并且要尽量注意不阻挡声音的传播。对于一些身体状况有较严重问题的犯人，则要提供必要的医疗措施，帮助他们解决生活上的问题。

有关女性犯人

20世纪80年代以来，毒品传播愈演愈烈，越来越多的人开始使用毒品。而且，国家法律对犯人的判处相对更加严厉，自从那时起，女性犯罪人员的数量便开始多了起来。对于一些危险的女性犯人，必须采取和对待男性犯人一样的管理方法和手段，不过，由于女性犯人的特殊性，也要注意保护她们的隐私。

设计女性罪犯牢房的时候，要尽量减少工作人员和犯人之间不恰当接触的机会，防止发生性侵犯事故。卧室、淋浴室和洗手间都要有必要的安全设计，目的是在工作人员对她们进行监督时保护她们的隐私。淋浴间需要有隔墙、门、屏风等设备。有的牢房配备有洗手间和盥洗室，在这样的房间里也要有专门的设施来保障犯人之间的隐私不受侵犯。

安全级别最低的食物服务楼。联邦劳改所，埃斯蒂尔，南加利福尼亚。建筑师：LS3P。摄影：戈登·申克

在某个罪犯团体中，如果类别划分合理，并且自律原则可行，可以让她们居住在多人（2～6人）的牢房里。多人牢房通常配有淋浴区，这样可以减少犯人到处移动的机会，相对更加安全。休息室、座椅的安排也要满足这种居住方式。

给犯人提供的服务

给犯人提供的主要服务包括食品供应、衣物洗熨、身体/心理健康医疗等。所以，需要设计一些方便合理的办公地点做此用途。负责食品供应和衣物洗熨的办公地点就涉到电力传送、机械设备以及管道铺设的问题。在负责医疗的办公地点，如何处理好空气的流通则是一个重点。

在决定服务设施的规模、设计服务设施的布局时，要考虑到建筑物的整体结构以及在使用年限内可能发生的变化，以保证服务设施能够跟得上这个机构的要求。食品供应、衣物洗熨和身体/心理健康医疗这三种服务设施的设计是最难做到精准无误的。

食品供应服务

制造食品的方式多种多样，不同的制作方式则需要有不同面积、规模的冷冻库和储存室，这些冷冻库和储存室一般位于机构内部，有时也可以位于外部。通常大批量物品要储藏在位于机构中心的仓库里，通过运输设备运往所需地点。由于经常要把物品从加工地点运进运出，所以在设计时要预留出足够大的空间方便操作，另外，还不能有遮蔽物影响管理人员对其进行监控。

通常食品加工这项工作是由犯人来做的，这就给他们提供了一些做违规行为的机会，比如暗自交换违禁品、破坏机器设备等。所以，设计师应该合理设计这个地点、采用过硬的机器设备，防止产生人员拥挤等威胁安全的情况。

▲ 服务区。安全级别最低的餐厅。联邦劳改所，埃斯蒂尔，南加利福尼亚。建筑师：LS3P。摄影：戈登·申克

▲ 餐厅。最低安全级别的餐厅。联邦劳改所，埃斯蒂尔，南加利福尼亚。建筑师：LS3P。摄影：戈登·申克

衣物洗熨服务

就像食品制作工作一样，衣物洗熨工作也通常是由犯人来完成的。这样，既可以在经济上节省开支，又可以让犯人有事可做，有利于对他们进行管理。装在洗衣车里的衣物在牢房和洗衣室、干衣室之间来来回回、往返不停，一定要有工作人员的严格监督，避免携带违禁物。有时候，在犯人休息室里也会配备一个洗衣机和干衣机，这种情况在女性牢房比较常见。不过，还是集中型的衣物洗熨室更加方便合理。

身体／心理健康医疗

有时候一些机构在医疗药品的供应方面也面临着很大的考验，尤其是当老弱病残犯人的数量大大增长，再加上机构内部的医务室规模不够大、装备不齐全的时候，机构就面临着更大的难题。

医务室里一般都应设有候诊室（用来将不同病症的病人进行初步的分离）、门诊室、检查室和治疗室，检查室和治疗室里应该配备有卫生的流动水和氧气瓶等。另外，还要设有临床观察室，里面的病床数量应该按犯人的总数合理的安排。

医务室要既可以成为门诊部，又可以成为住院部，这点十分重要。对于一些身患传染病的病人来说，必须至少给他们设立一间专门的隔离室，并且该隔离室还应该能够阻断病毒在空气中的传播。另外，还需要设有一个实验室、一个药房，以及一个能够储存

干净 / 受污染医疗用品的储存间。

随着科技的发展，在未来的医务室里也会出现越来越多的音频、视频设备，协助医务人员与外界的医学诊断专家、疾病治疗专家进行远程交流。

医务室的面积不宜局促，应该给医务人员提供足够的空间以便他们正常地工作。无论是常驻医师、合同医生、护士还是心理健康专家，都应为他们提供宽敞的办公室和会议室，并且这些办公地点既要做到功能齐全，又要在外观上使人感到舒适愉快。另外，医务室里还要配备相应的能够支持显示技术的仪器，还要有合理的照明控制系统。

犯人的活动

劳改机构一直把帮助罪犯“重新做人”当作自己的最终目标，所以它给犯人安排的各种活动也是以这个目标作为指引的。其中的一些活动，诸如娱乐活动和宗教活动，主要是为了保证犯人在监狱期间的日常生活质量；而另一些活动，诸如学习教育和工作技能培训，则是为了犯人刑满释放后能有一技之长。这些为犯人安排的活动，有的可以在多功能区域进行，而有的则必须要在专门场所进行，有的还需要某些特殊的装备。

教育活动

在罪犯中通常有一个普遍问题，就是他们在不同程度上缺乏知识、缺少教养，所以要给他们提供受教育的机会。通常教育活动要在教室里进行，教室里应该配备有讲台、课桌椅，以及一些基本教具，比如视频、音频录像机和电视等。另外，有的机构还有专门的计算机房供他们学习使用计算机。

教室的大小、数量一般视师生比例而定，也可以参考该机构的教学目标和教师资源。每间教室最好能够采纳自然光线，而且还要便于执法工作人员的监控。

综合图书馆应该设在教室的附近，面积宽敞，适宜摆放各种书籍、报刊、杂志以及视听材料，供犯人学习和娱乐休闲之用。另外，根据法律规定，还要单独设有一个专门存放法律书籍的图书馆。图书馆的布局和设计都不能影响执法人员对犯人的监控。在教育活动地点也要设有卫生间，由此尽量控制犯人的活动空间。

如果可能还可以设计一个多媒体中心，利用它给整个监禁机构（包括犯人牢房）讲文化知识、广播重要通知等。在未来的几年里，这种广播媒体和远程教育活动很有可能得到大力发展。

负责基础教育的工作人员要有独立的办公室，每个办公室里要装备有标准办公桌、办公椅、书架、储物柜以及一些桌上办公设备。另外，还要有一个公共办公区域，这个区域也可作为储物之用。

职业培训

职业培训的目的是教给犯人一些实用的职业技能，一直以来劳改机构通常把自动机

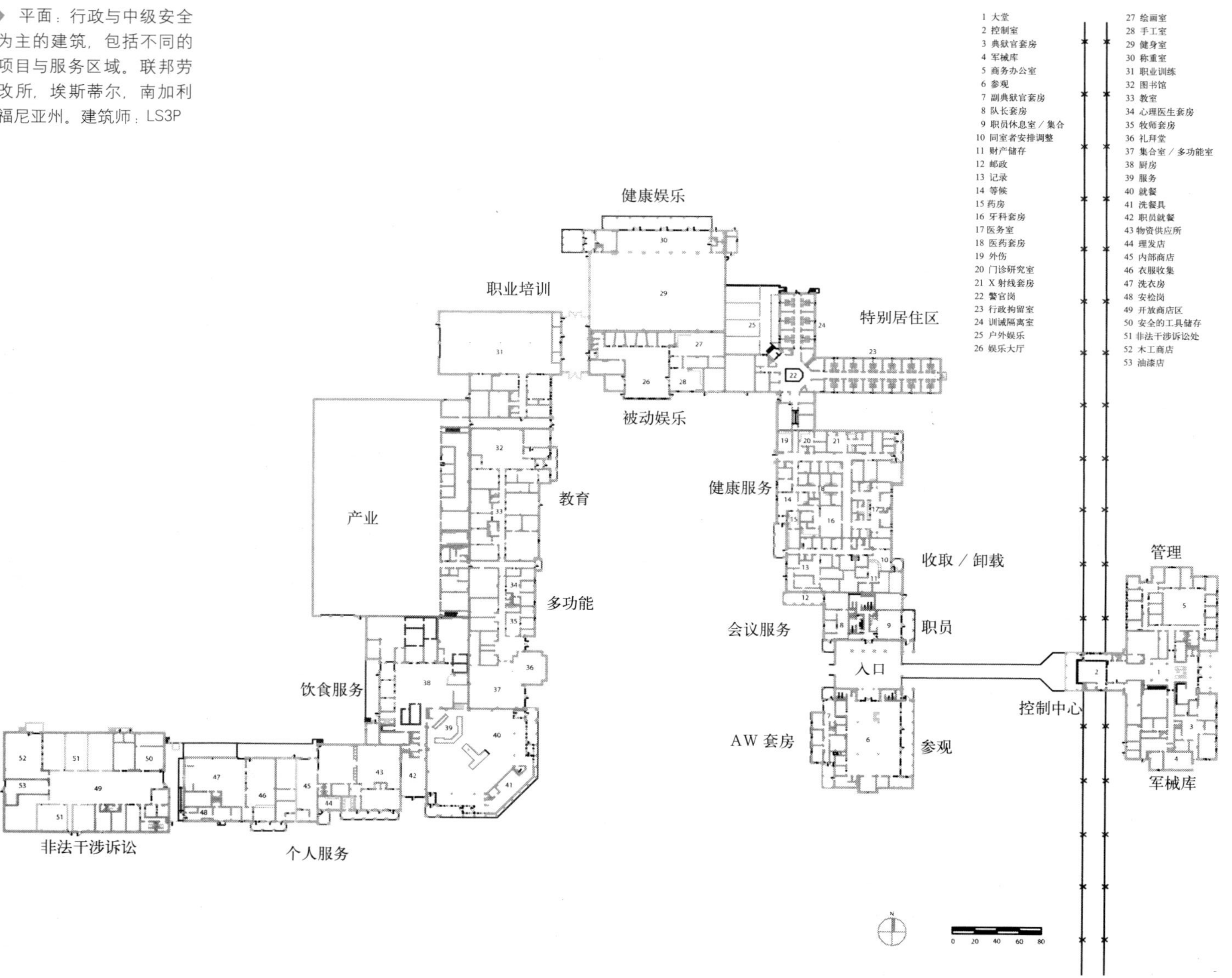

▶ 平面：行政与中级安全为主的建筑，包括不同的项目与服务区域。联邦劳改所，埃斯蒂尔，南加利福尼亚州。建筑师：LS3P

械、焊接工艺和木工工艺作为主要培训课程。近几年来，又开设了一些新科目，比如计算机的使用以及相关技术。这种培训课程的多样化表明了现代劳改机构正在努力为犯人提供更多的、更符合就业市场要求的培训机会。

职业培训的具体内容不同，所需要的空间也有所区别。比如，机械、焊接工艺等需要较大的厂房，而计算机方面的培训课程则需要专门的计算机房。如果基础教育和职业技能培训这两项工作有交叉，可以使用一些公用的教室。

某些职业技能培训可能会涉及使用一些大型设备、仪器，而有的培训过程相对较脏，那么则应该把这样的培训基地设立在单独的建筑物里。另外，还要预留出宽敞的、易于调整的空间，便于以后培训内容发生变化之用。和负责基础教育的工作人员一样，负责职业技能培训的工作人员也要有他们自己的办公室以及相应的配套措施。

工业生产活动

劳改机构的工业生产活动主要是给那些从事产品制造的犯人提供工作机会。许多他们生产出的产品都会在共同市场上正常地销售或配销。对比犯人的其他活动，他们的工业生产活动需要更多的负责管理、监督的工作人员参与进来，而且他们的活动与外界的交流也最广泛。需要设计出货物运送地点、接收地点、原料储存地点等，这些地点通常比较宽敞，方便人员来来往往的活动。

▲ 培训中心。图里弗斯劳改所。尤马蒂拉市，俄勒冈州。摄影：查尔斯 · 史密斯

▲ 建筑贸易职业教育教室。东方女子收容、诊断与劳改中心，万达利亚市，密苏里州。建筑师：赫尔穆特 · 奥巴塔 · 卡萨鲍姆建筑师事务所。摄影：里克 · 比格尔

▶ 工业技术教室。东方女子收容、诊断与劳改中心，万达利亚市，密苏里州。建筑师：赫尔穆特·奥巴塔·卡萨鲍姆建筑师事务所。摄影：里克·比格尔

▼ 多功能房间。东方女子收容、诊断与劳改中心，万达利亚市，密苏里州。建筑师：赫尔穆特·奥巴塔·卡萨鲍姆建筑师事务所。摄影：里克·比格尔

生产活动有时需要大型的厂房，这些厂房必须要在执法人员的监控之下运作。执法人员有时呆在厂房里，有时在附近的办公室通过玻璃窗对他们进行监督。另外，犯人和执法人员各自要有独立的卫生间。

医疗保健

在入狱以前，许多犯人都曾经嗜酒成性，有的还有滥用其他药品的恶习，这样的犯人就容易患有精神失常或是行为失常。所以，机构要为他们提供长期的、精心的医疗服务，并且应该为这种服务提供独立的工作环境。治疗的最终目标是帮助这些犯人能够在自律的基础上意识到自己的错误行为并进行自我改正。所以，这个工作地点的设计也要尽量体现这一工作理念。

如果想使这种个人咨询以及不同规模的团体咨询活动能够形成体系，就需要有大量的相关工作人员、工作空间以及大量的多功能室，数目往往多于实际所提供的资源。

休闲娱乐

用来做休闲娱乐项目的空间包括室内的休息室和多功能室，也包括户外操场，其

▲ 非教会的小教堂建筑。埃斯蒂尔，南加利福尼亚。建筑师：LS3P。摄影：戈登·申克

中操场的面积必须足够大以便支持做一些户外运动和跑步活动。室内休息室一般用来做一些消极的活动（比如观看电视、读书等），桌面游戏（比如下棋和乒乓球等），或者艺术、手工方面的活动。这些屋子通常要有储存工具和材料的空间。

用来做室内休闲娱乐的最大的房间要算是标准规模的健身房了，里面要有标准面积的篮球场地、观众席，以及为参赛队员准备的衣帽间、洗手间和盥洗室。不管天气状况如何，在这里都可以正常举办运动会或团体集会。另外，这里应该预留出适当的空间用来储存体育用品和折叠椅。工作人员的办公室也要设立在附近，为的是随时对这里的情况进行监控。

户外的活动项目包括一些团体活动，比如棒球、垒球、篮球、排球和足球，另外还包括一些个人运动，比如走路、慢跑或举重。设计户外活动场地的面积和地点时要慎重，要和机构的其他设施相搭配，而且也要考虑到超过安全边界的区域。整个操场不能有被遮挡的部分，要能保证工作人员对整个区域进行监督。

宗教活动

犯人享有宗教信仰自由的权利。机构里要设有一个可以灵活应用的空间，能够让任何宗教派系的人员使用。在它的附近还要设有供监狱牧师或外来牧师使用的办公室。要保证犯人能够和牧师之间进行单独谈话，保护其个人隐私，而且还要尽量保证进行宗教礼仪的房间（小教堂）能够采纳自然光线。另外，这个从事宗教活动的地点要尽量设立在一些方便外来人进入的地方，以便那些社区专家和志愿者前来开展研讨会或组织一些其他活动，讨论有关机构整体宗教活动的问

▲ 参观区。斯内克里弗劳改所二部，安大略市，俄勒冈州。建筑师：赫尔穆特·奥巴塔·卡萨鲍姆建筑师事务所。摄影：菲莉斯·金

题。而且，还要设置一些储藏空间，用来存放宗教活动用品。

探监工作

探监活动即允许犯人与亲属、朋友，以及一些法律专家见面的活动。无论是接触型还是非接触型的探监，通常都要让他们在某些专门的安全地点见面。地点的选择是很重要的，这是因为要对所有来访者先进行安检，然后对他们在安全界限以内的一切活动都要进行监控。

接触型探监 通常要在房间里进行，房间的大小要能同时容纳一定数量的犯人和来访者，里面通常布置有桌椅。房间的面积、使用者的人数取决于机构的规模和安全防范能力。另外，要为犯人和来访者设计彼此独立的卫生间，防止发生违禁品的交换等行为，而且，在探监之后还要对犯人进行必要的搜身。

有时一些机构为了保证犯人及探监者的隐私，还会为他们设立一些单独的探监室，以及为夫妻或其他家庭成员准备的可供住宿的探监室。每个探监室都应该能够让人居住，并且如果有孩子到来，也要满足他们的要求。

非接触型探监 通常是对那些较为危险需要严加管理的罪犯所使用的。这种探监室是一种小型的用透明材料制成的探监棚，在探监者和犯人之间就形成了一道屏障。犯人和探监者身后的空间通常是开放的，这样更有利于工作人员对他们进行监督。另外，还有一些完全封闭型的探监室，这些主要用来供律师、牧师或其他需要保护隐私的人事和犯人进行交流之用。如果某个劳改机构里面关押着残疾罪犯，那就必须至少设计一个符合ADA标准的“无障碍”探监室，而且该探监室需要在罪犯和探监者两侧都有无障碍通道。

另外，有一些劳改机构已经采用了视频会议技术来协助远程探监活动，这无疑是对探监工作的一个提高。远程探监既对安全有保障又能节省人力物力，而且，这种方法还能方便那些住在较远地方的亲属，使他们能够和家人见面而不必再长途奔波。对探视者而言最合适的远程探视地点可以设在任何地方，可以在劳改机构内部、外部甚至离它很远的地方。

对犯人的接收、转移和释放工作

对犯人进行接收和长期的关押是有很多条文规定要求的，对于每一步都有专门的、经过周密计划的工作程序。而且在过程中还可能会出现很多变数，这都是需要加以考虑的。新接收的犯人身上往往体现出很大的差异，有年龄、性别、身体能力、智力能力以及健康状况等方面的差异，也有语言文化水平、危险程度和罪行轻重方面的差别，以及一些其他方面的因素。

有些罪犯在被关押进监狱接受刑罚之后，情绪激动易怒，有的甚至有自杀倾向。而有些罪犯则对他人的安全造成了威胁。所以一定要防止把这些危险的犯人关押在一起，而要进行合理的分离。这时候可以利用单人牢房来防止自杀等事件的发生。

和监禁机构的 intake 简便的程序所不同的是，劳改机构对犯人的接收程序要复杂的多，耗时耗力，通常需要许多天甚至是数周的时间。在犯人从受到严格监控的入口处进入临时牢房的过程中，工作人员对每一个新接收的犯人都要进行详细的检查，核实他 / 她的基本档案。然后，在犯人从临时牢房转入正式牢房并开始服刑之前还要办理一系列的手续，其中包括拍照以及相关的身份证明，体能和心智方面的评估，以及心理定位过程等等。

给犯人作体格检查、牙齿检查以及照射 X 光片也需要有专门的空间和仪器，有时有的机构还会和某些私有的医疗部门就有关实验室工作签署合同协议。对犯人进行心智评估时需要有专门的办公地点，要求既能保证犯人的个人隐私，又能对他进行有效的观察和必要的交谈。另外，每个劳改机构都应该至少设计出一个可用来做视频访问的房间，方便那些外地的专家对犯人作评估。

有时，给犯人做出正确的归类并把他们送往适当的牢房也需要相当一段时间的工作。所以所有的犯人接收工作区都要提供食品供应、衣物发放和衣物洗熨等服务，另外，还要有一些公用的休息室和娱乐室。在设计犯人的接收、转移和释放工作区的时候，每一步程序的衔接应该合理流畅，应该尽量减少押送犯人所用的时间和途中需要经过的距离。

管理工作

一般情况下，劳改机构的整体管理工作区应该设立在公共区域和机密区域之间，处于安全防范界限以外、机密区域以内。管理工作区的定位一般是由该机构的地理特性（例如是坐落在人口密集的城市还是偏远开阔的郊外等）及其总体哲学观念所决定的。

有些劳改机构把管理工作区安置在安全防范界限外的一幢单独的楼房里，这样安排比较有利于外界公众前来办理事情，对他们而言更加安全也更加方便。有些劳改机构则相反，他们把管理工作区设置在安全防范界限以内，挨着罪犯关押区。

在劳改机构里，可以把工作人员以某些特权人员使用的行人 / 车辆入口与公共入口相协调，合二为一。当然，也可以把他们设计成单独的部分。在接待区的附近一般要设计一套办公区域，主要供监狱长、副监狱长、负责犯人各种活动 / 服务的工作人员、公共信息处的工作人员，以及负责书记工作的工作人员所使用。而且，至少要设计一间会议室。

为了有效储存和管理罪犯的历史档案和当前档案，需要有相应的储藏间、工作站和各种设备，而且还要有足够的工作人员，在数量上要与该机构的规模相配。罪犯的档案是非常重要的。另外，与经营有关的办公区域里应该有专门的地方用来购买商品、签署合同和管理财务帐单等。

在劳改机构里，有一些部门经常会和来自机构外的私人服务团体打交道，这些部门往往来访者不断。所以，一定要注意采取措施保证这些部门里的工作人员的人身安全，比如可以在相应的区域上使用防弹材料。

在整个机构里，分散型地设有负责管理、培训狱警的专家和高级官员，应该给他们提供一些宽敞的办公室，每间办公室的面积大约在 120 平方英尺。而且，还要设计出供工作人员做简报使用的开阔的多功能厅，可以存放培训装备的培训教室、休息室、练习室以及带有淋浴室的衣帽间等。机构应该使用最新的培训技术，按时为负责劳改工作的狱警进行培训。另外，还要给工作人员设计出一些放松休息的空间，让他们能从紧张的工作中暂时缓解一下压力，这一点十分重要。

地点的选择和设计

选择劳改机构的地点需要涉及到很多因素，有正式以及非正式的政治行为，还有民间团体的一些有组织的活动，所以设计方案一定要做到清晰明确，而且要有说服力。

地点的选择

在选择地点时，需要考虑的标准主要有交通状况、土壤状况以及周边环境。

在技术方面需要考虑的问题有：选择的地点能否和附近的主要公路相通，该地点的土壤质量是否能够支持楼房的建造，该地的地形特点和排水系统，该地区特有的生态特点和生态不利条件是否会造成工程的损失，该地的气候条件，以及四周的视野是否开阔、是否能够从周围看到机构内部情况等。另外还有一点也相当重要，即是否能允许机构在未来的进一步发展。

此外，附近的现有公用事业以及即将修建的新的公用事业是否充足，也是一个重要问题。机构需要附近的基础设施来协助它保证内部人员的温饱问题，给他们提供一个温暖干燥的环境。

需要加以重视的另一个主要因素是附近的资源能否给犯人提供他们所需要的各种服务。要定期为犯人提供医疗和心理健康方面的检查，因此机构必将会和附近的医院或其他各种卫生保健机构产生联系，有时还要和一些医学专家组织保持联系。这些医学专家通常居住在附近，至多用一个白天的时间就可以到达。

同样，为了有效地在文化、职业方面给工作人员进行培训，机构可以邀请一些附近的教师或学校团体来进行，以弥补该机构在这方面的不足。而且，附近的社区和居住环境是否让机构管理人员和工作人员满意，这也是一个重要的因素。

▲ 格兰德瓦利女子狱所，基奇纳市，安大略省。建筑师：Kuwabara Payne McKenna Blumberg。摄影：斯蒂芬·埃万斯

地点设计

在地点设计方面有两个因素十分重要：一是安全边界的功能；二是从建筑外观上发展的各种方式以及通过边界来来回回的移动。

安全边界是由三部分相互结合共同形成的，其一是结实坚固的各种障碍物——比如墙壁、壕沟、栅栏等等；其二是采用了高科技和视觉监视设备的侦查系统，这一系统主要供那些负责站岗和巡逻的工作人员使用；其三是反应系统，如果犯人有越狱的企图，系统会马上作出反应，立即终止该行为的发生。安全边界方面的有关专家可以协助设计人员完成设计这方面的设计工作，他们可以估算出在某个指定位置可能存在的安全隐患，并且选用最经济有效的侦查技术来对这个地点进行侦查工作。所使用的技术有电缆系统、红外线系统、微波系统和食品监测系统。

在设计时，还要考虑到在夜间对屋顶、墙壁、缓冲地带、退台以及无人区的照明。不管周围使用的是坚固的墙壁还是留有间隙的栅栏，总而言之，都需要安装有高强度的照明系统，尤其要安装在柱子等处的高端。

穿越安全边界的往返活动范围比较广，所以在做地点设计时应该考虑到这一点以便未来可以应付自如。劳改机构要和外界发生很多交流，这一点往往是人们意识不到的。因此，这个机构通常需要设计有多个出入口：用来转移罪犯的行人出入口和车辆出入口，某些特权人员的出入口，专门给那些装载货物的大型卡车使用的出入口以及方便那些办理事务的普通公民进出的公共出入口。

在设计每一个出入口的时候，都要注意到它的位置、数量、大小、安全级别、布局、相关的标志和外观，要保证这些出入口能够独立发挥作用，并且相辅相成共同起到良好

▶ 囚犯居住组织的四种常用的概念图，建筑中的流线、服务设施以及其他的重要成分。在四种常用的概念图中有区别的特征是居住房间与娱乐区域及主要的开放空间之间的变化关系。关于不同的通道彻底广泛的有图示论述，见 Peter Krasnow，《劳改所建筑设计与细部》（纽约：McGraw-Hill，1998）

监狱 1
同室者居住封闭区娱乐庭院

监狱 2
中央庭院式居住区

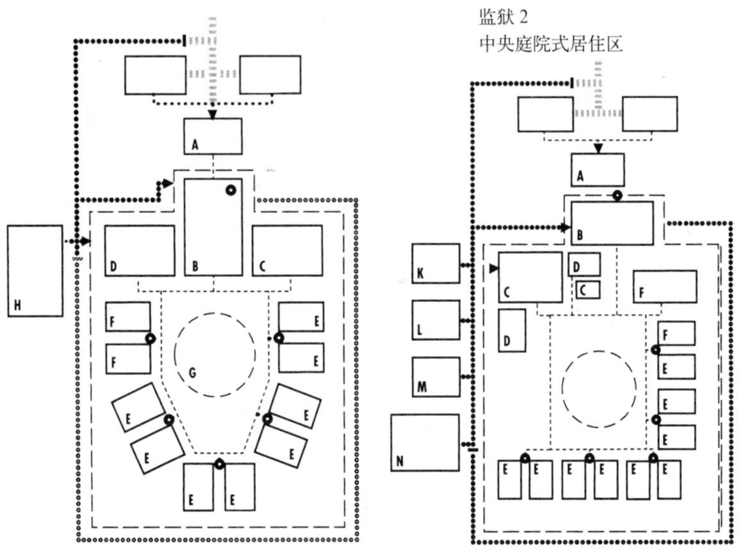

图例
A 管理建筑
B 活动／参观
C 教育／程序
D 服务
E 居住
F 特殊居住
G 户外娱乐
H 工程室

监狱 3
隐蔽娱乐式庭院

监狱 4
独立庭院式

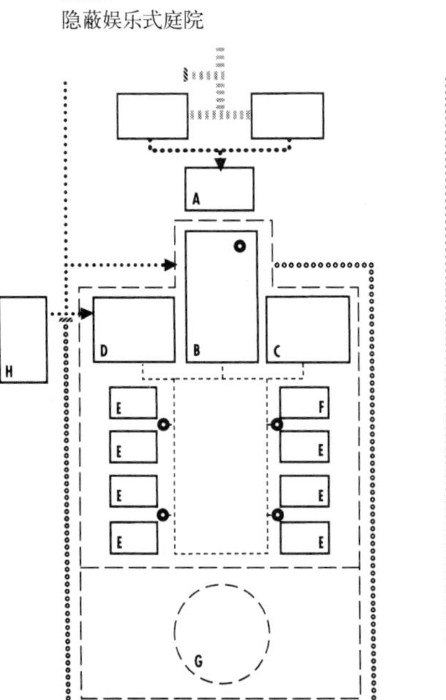

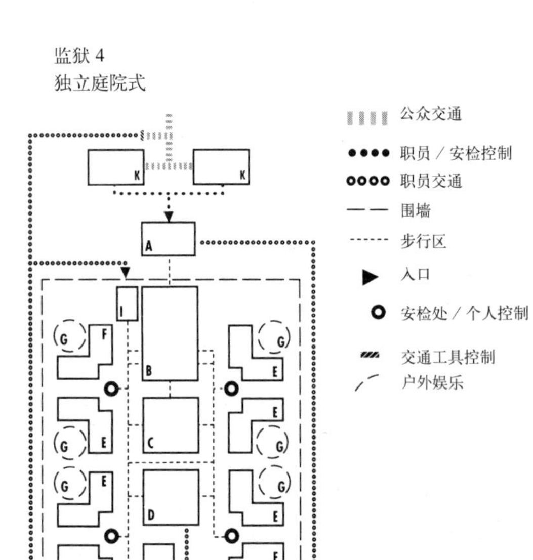

◀ 鸟瞰图。表明了在一个居住区学校的规划中，一个犯人居住区发展成为位于法院与服务大楼对面的村舍区。格兰德瓦利女子狱所，基奇纳市，安大略省。建筑师：Kuwabara Payne McKenna Blumberg。摄影：彼得 · 吉尔

的作用。设计时，还要做到合理有效的控制出入口周围的人流量和车流量。

劳改机构独特的设计要求

通常情况下，传统的劳改机构总给人一种冷酷笨重的感觉——厚重的高墙、锋利的钢丝网和高高的观望塔。这是监狱。当人们见到了现实生活中多处这样的建筑物，看到了好莱坞和其他文化企业里面多次出现这样的形象，这个想法就更加根深蒂固地种植在了人们的头脑里。而且在现实生活中，阿尔卡特拉斯岛*这个机构的形象已经在美国人民的心中永久地占据了一席之地。

而当今的设计师们面临着很多的问题，他们需要决定到底应该设计出怎样的形象。机构的外观是整个体系的一个象征，它向人们传递着法律的讯息。而且，机构和周边的社区也有所联系，它的建筑形象也要反映出这种联系。

与其他司法机构（诸如法院）不同的是，规模宏大的劳改机构的建筑设计要力求掩饰或伪装其本身的特性。

---

* 美国加利福尼亚州西部的一岩石岛屿，位于旧金山湾。1859 ~ 1933 年间它是一座军事监狱，1963 年以前为联邦监狱。现为一旅游胜地。此岛长期以来被称之为“岩石”。——译者注

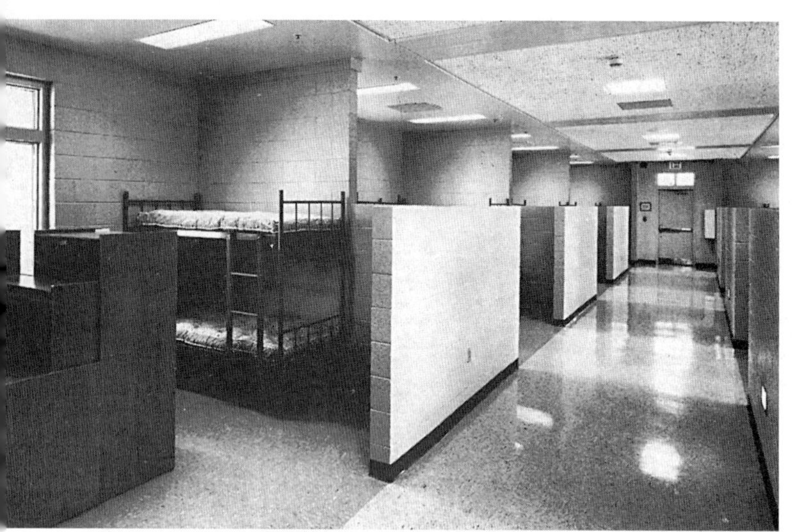

▲ 在安全系数最低大楼中的多用途居住房间。联邦劳改所，埃斯蒂尔，南加利福尼亚。建筑师：LS3P。摄影：戈登·申克

▲ 具有最高安全保证居住者的隔离房间，杰克逊劳改所，布莱克里弗福尔斯市，威斯康星州，建筑师：文丘里建筑师事务所。摄影：詹姆斯·莫里尔，JJ图片公司

建筑物的结构

机构建筑物的整体布局和结构安排要视内部罪犯的数目和分类而定。在确定劳改机构的整体布局和结构组织时，要考虑到犯罪的数量和分类方式，工作人员所使用的监管手段，以及犯人的住宿和其他活动之间的相互协调。

中危险等级的犯人大多住在住宿街区或住宿群里面；低危险等级的犯人住在多人间，有的也可以住在宿舍区；高危险等级的犯人住在单人间，而且还要把他们和其他的犯人住宿区隔离开来。

人员流动通道

在某些集中型结构的机构里，犯人每天都要去往各种服务中心或其他活动地点。在这种机构里，犯人的住宿区通常设计成分散的住宿街区或住宿群，而每个居住区都有通往各种服务中心和活动地点的人员流动通道。服务中心和活动地点有的位于同一楼房内部，有的则位于其他楼房里安全场地的位置。在一些较偏远的地方，很多劳改机构的楼房楼层不多，占地面积很大，所以里面水平方向上的人员流动通道数量较多而且分布较广。

犯人在机构内部流动需要走安全通道并且还要通过很多监控点，安全通道和监控点的大小规模视犯人的数量而定。有些机构里设计了双层或多层的通道，下层专门供犯人和狱警使用，上层供来访者和陪同他们的工作人员使用。

如果机构是高层建筑物，犯人被关押在多个楼层的牢房里，那么就需要在竖直方向上设计专用的电梯作为流动通道。

另外，分散型的机构同样也需要特殊的人员流动通道。不过，首先要以某些特权人员的行动和一些重要材料的运送为重，犯人的活动相对次要。而且，在设计通道和电梯时，要注意能够容纳大型的运货车，方便它们行动。

外部设计

很多的劳改机构都设立在偏远的地方，在这些面积广阔的地域上可以修建一些像大学那种类型的层数少、较低矮的建筑物。由于周围的地域基本都是空旷的平地，所以该建筑物的巡逻路和带电网的围墙就成为了这一地带的最高点。另外，也可以在警戒线以外或沿警戒线修建一座楼房，作为机构入口的检查点。

相反，在人口稠密空间有限的地方则应修建那种占地面积小、层数较多的建筑物。这些建筑物的比例、体量随之要做相应的调整，而且它们往往用墙壁当作警戒线，而不是使用栅栏。同样，在一些特殊群体比如低安全机构，妇女机构等其他机构里，墙壁的使用也很典型。

设计美观的墙壁能够成功的阻挡来自外部的视线，防止周边建筑物、公路或社区里的无关人员对机构内部进行窥探。如果有些地方使用的是栅栏，那么就应该再安装上单拱的、防止攀爬的网眼系统，或者可以选择带有锋利条双重栅栏。

警戒线外部

在警戒线外部或沿警戒线会设立有管理办公楼和安检中心，它们在外观上应该给人安全坚固的感觉，而且设计简明，方便办公和外人来访。入口大厅处的墙壁和门窗应该使用光亮的透明玻璃，有利于内部控制中心的工作人员监视公共区域和停车区。在警戒线以外的公共区域里，可以使用那种绝缘、防爆裂玻璃，而在控制中心，则一般使用有防攻击系数安全玻璃。

总之，从美学意义上要让警戒线以外的建筑物在外观上尽量接近普通建筑物，但与此同时，也要严格控制人们出入该建筑物。设计时需要注意的是，要让建筑物里面的工作人员能够从各个角度、方位（包括墙壁、房顶以及警戒线外围 50 英尺）对任何未经批准的人员进行监控，防止他们擅自出入建筑物。其他的某些部门（诸如商店、厂房和支持部门）也可以设计在警戒线以外，但是人员的进出也要受到严格的监控和限制。

警戒线内部

在警戒线内部，劳改机构的楼房窗户很少，并且尺寸也很小。这些用坚固材料修建的房屋通常样式一致，没有什么细节性的装饰。一般情况下，外部覆层材料多用泥瓦、

▶ 耐久材料的精巧用途，推敲比例与视觉趣味的细节设计。联邦劳改所，埃斯蒂尔，南加利福尼亚。建筑师：LS3P。摄影：戈登·申克

水泥、石材等相对坚固耐用的材料。大面积使用这种坚硬的材料使得建筑物整体呈现一种单一的色调，而且这种房屋的比例也不适用于其他种类的建筑物。

外部的门窗设计应该符合该机构内部在安全、功能问题上的要求。入口区域和大门需能经受得住来往人员的频繁使用，并且无论何种天气、季节都不会受影响。

在设计房顶、选择用材时，不仅要做到外观得体，而且还要尽可能地防止人员随意攀爬，减少可能被用来藏匿物品的空间。用来修建房顶的材料多种多样，但无论使用哪种材料、修建何样的屋顶，都应该设计有专门的通道，供工作人员对屋顶以及上面安装的设备作定期的维修。

所以，设计师就面临着很多挑战。他们需要在必要的时候对建筑物的比例作出适当的调整；恰当地调节建筑物单一的色调；合理安排建筑物的入口以及人员流动通道，把这些设施尽量设计得方便、舒适、安全。而在某些政治敏感地区，很多纳税人认为设计师将钱财用在了一些他们所谓的“虚饰”上，这无疑也给设计师增加了很大的压力。

内部设计

劳改机构建筑物内部的各个工作区的设计也都要秉承安全、耐用这两个宗旨。

安全方面的设计

安全是首要的要求。保证安全需要有两方面的条件：其一，在硬件方面需要有一些保障设施；其二，在软件方面还要营造一种氛围来对被关押人员的行为和思想做积极的引导和影响。

保障设施

为了保护社会安全，使其不遭受危险分子的威胁和破坏，同时也为了防止犯罪人员之间互相残害以及潜在自杀事件的发生，通常会把在劳改机构的外围设计并修建一道清晰明了的防线，里面是各种坚固的保障设施。详见第 11 章“安全系统”，里面就建筑材料和相关系统进行了讨论。

保障设施的设计与安排应该顺应机构日常运作的要求。在那些采用直接型管理方式的机构里，在设计实体屏障时有一点需要给予充分的重视，即要充分考虑工作人员与犯罪分子之间的接触。所以，内部空间的设计不仅应该满足这一点要求，而且还要维持促进工作的顺利进行。

在安全级别较高的劳改机构里，对一部分罪犯需要进行绝对性监控，即每天 23 小时关押于一级防范禁闭的单人牢房里，每周 5 小时户外活动时间。而在安全级别较低的劳改机构里，有的罪犯行将获释，对他们则根据具体情况采用不同的管理方式。

清晰明了的空间设计

劳改机构的内部设计应该简明易懂，便于人们理解。而且所有办公区域的界限也应该让人一目了然。

一般大型机构的室内设计特点比较突出，即经常采用一些重复性的结构，并且在空间设计上也经常交替出现宽敞高大的空间和狭小低矮的空间。走廊的长宽设计、办公区域之间的空间排列有时变化较大，所以要求做到过渡自然。转移可能包括人员从一处移往另一处，或在机构内部的空间中，从适合人的尺度空间转移到或大或小的空间尺度。

人员流通系统

流通系统和走廊的设计都要尽可能的简洁、有效。供犯人活动的走廊至少要 8 英尺宽，并且一般情况下采用树形设计，即避免使用十字路口，以免犯人转弯出错。另外，也不要设计类似壁橱、盲点以及其他阻碍视线的场所，以免发生拥堵或者藏匿的情况。在类似大学的机构里，经常需要在几个建筑物之间转移犯人，所以就必须设计有标志明确的走道。

在发生某些紧急情况时，所有的走廊以及相关区域都应该能够保证工作人员及时地对骚乱行为进行隔离和控制，并且在该区域关闭数小时后仍然能够对其进行常规的安全检查。

生活设施的设计

现实是严酷的。成百上千的人关押在这同一座建筑物里，有的要达到数十年之久。所以内部的生活条件（诸如卫生状况、均衡饮食）必须达到安全居住的标准。

声音和光线

劳改机构通常会使用坚硬的建筑材料，在这种环境下声音传播得很快。所以如果在设计时没有采用优良有效的声学控制，那么整个机构里必然将回荡着各种刺耳的重物撞

小别墅风格的居住组团。格兰德瓦利女子狱所，基奇纳市，安大略省。建筑师：Kuwabara Payne McKenna Blumberg。摄影：斯蒂芬·埃万斯

击声和人员杂音，这些势必会影响内部人员的工作和生活。详见第 8 章“照明和声学”。

控制住噪声源、把噪声源和其他容易受影响的区域相隔离、在噪声源周围使用隔离措施、安装能够吸收噪声的建筑材料，这些都是减少噪声、改善居住环境的有力举措。无论是犯人的牢房还是工作人员的办公地点，每个重要的工作区和居住区都有其独特的声学设计要求，方便工作人员进行机密的咨询等工作。

某些工作区域（例如教室或多功能厅）应该保证工作人员能够不受噪声影响而专心工作，以及保证工作组能够以正常的音量进行交谈。无论是进行教育活动还是医疗工作，都要有合适的环境，保证相关人员能够以适当的音量进行交流。一些容易损坏的隔声材料可以使用于顶棚和一些位置较高的墙壁上。

正如声音一样，光线这一因素在鉴定一座建筑物是否合格时也起着举足轻重的作用。美国 ACA 标准里规定每个犯人的牢房都应该能够接触到自然光线，自然光源与牢房的距离不得超过 20 英尺。虽然没有明确规定每个牢房都要有直接与户外连接的窗户，但至少要能从相邻的休息室里采纳到阳光。让犯人每天能够看到阳光的倾斜变化，

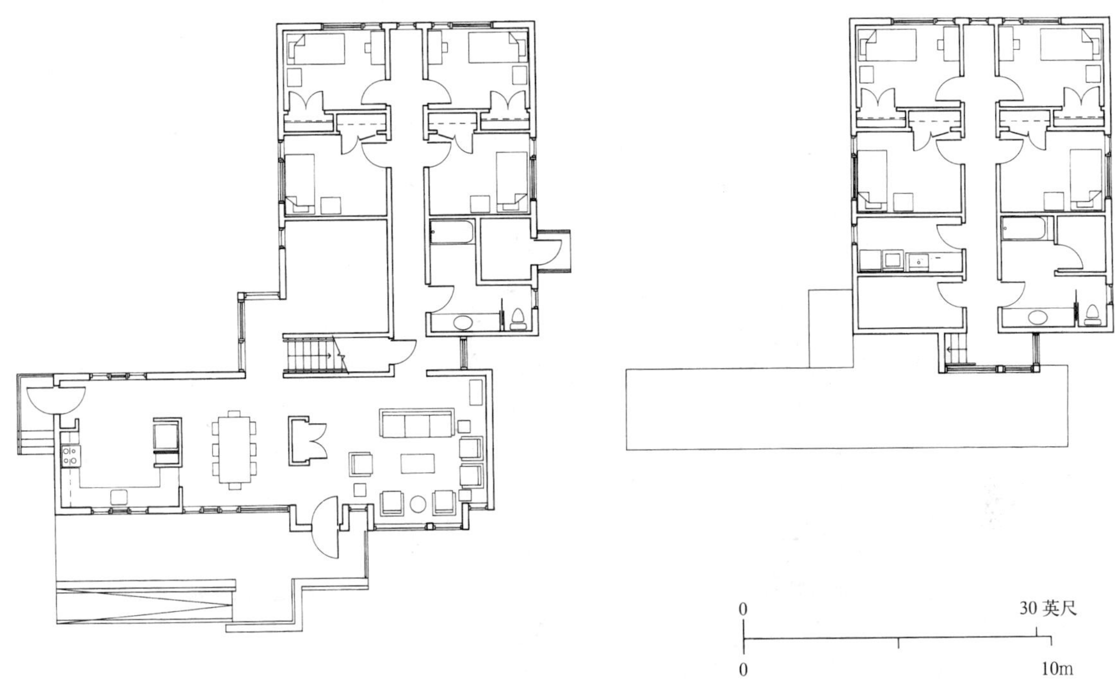

▲ 平面，住宅群里居住者。平面表明了公用与私密的空间，格兰德瓦利女子狱所，基奇纳市，安大略省。建筑师：Kuwabara Payne McKenna Blumberg

接触到自然环境，这对他们的身心均有好处。将自然光线和人工照明结合运用能够在节约电能的同时，有效地给建筑物提供高质量的照明。

在空间较高的地方，通常使用直接的人工照明方式；在空间较低的地方，则通常使用间接照明方式或任务照明方式。各种照明装置（无论是悬挂式、外置式还是嵌入式），如果是在犯人触及范围以内的，就应该选择结实耐用、不易损坏的材料。

为了消除阴沉黑暗的气氛，减缓压抑的情绪和潜在的危险，在设计时也应该注意色彩的使用以及光线的反射度等问题。大多数情况下，墙漆一般使用暖色调中比较淡雅的颜色，并且表面不能反光，金属表面则涂上颜色比较暗淡的漆。这样的布置对于大多数犯人都有好处，尤其是对一些视力衰退、情绪压抑的老年犯人更为有。如果剥夺了犯人享受自然光线的权力可能会造成相当重大的问题。

标准化设计

所谓的"标准化设计"意指在不削弱安全防范的前提下尽量使整体环境更加人性化。不过这种"标准化设计"并不适用于全体犯人，只是适用于在那些危险等级较低的犯人和部分即将获释的犯人。将犯人的牢房

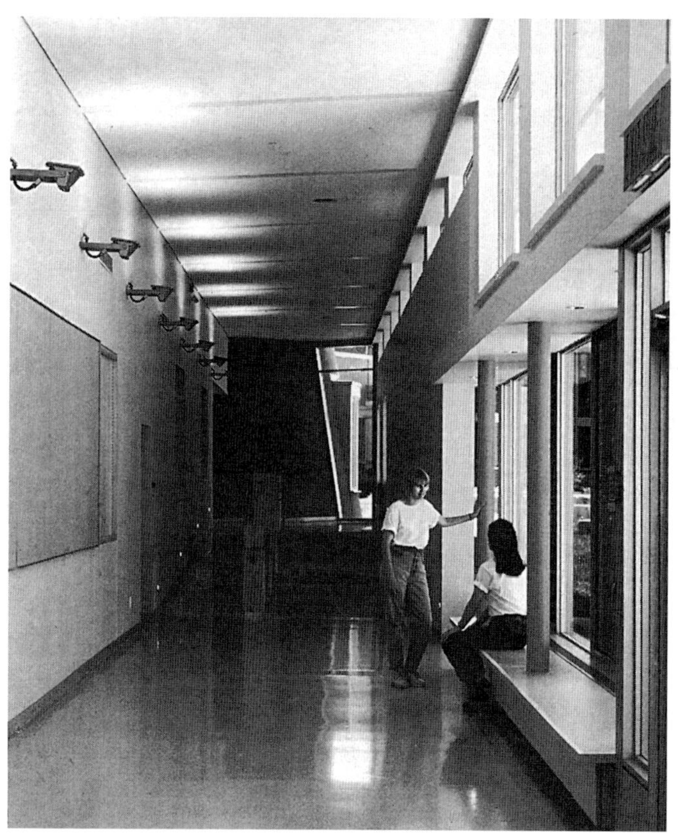

▲ 格兰德瓦利女子狱所，基奇纳市，安大略省。建筑师：Kuwabara Payne McKenna Blumberg。摄影：斯蒂芬·埃万斯

进行“标准化设计”通常包括铺设地毯、使用多种颜色和多种装饰材料（包括木器）、让犯人更多的接触自然光线和自然风景，以及配有更多的可移动家具等。

为工作人员的设计

和监禁机构一样，劳改机构中也有一部分岗位需要其工作人员对犯人进行连续不间断的视觉和听觉上的监视，时刻保持高度警惕，有些甚至隐藏着很大的风险。所以应该为劳改机构的工作人员以及相关专家提供合适的办公地点，保证整个机构、所有设备以及后备资源都处于最佳状态，便于他们进行工作。

舒适的休息地点、充足的自然光线、方便的储物间、淋浴室、健身房，这些都有助于让员工保持最佳的工作状态。

缺乏人性的空间自然会导致缺乏人性的行为。充满严格限制的环境仅仅能在初期见效，如果持续下去必然会加剧矛盾，这不是我们希望看到的。所以如果恶劣的环境引发了更加恶劣的行为，那么我们将不得不投入更多的人力物力来对局面进行控制，这样就不能达到我们预期的改造目的。

第 6 章

未成年人及家庭司法工作机构

所谓未成年人及家庭司法服务所涉及的领域十分广泛，它涵盖了多种机构类型。其中包括法院（主要进行调停、判决等程序）；监禁机构（主要负责案件审判前嫌疑人及案件判决后相关犯人的监禁工作）；教养所（主要负责管理罪行较为严重、服刑期较长的犯罪人员）。除此以外，还有很多其他类型的未成年人及家庭司法机构，其中既有正规机构也有非正规机构，负责处理相关的公开及私人事务。

服务范围

在一个司法管辖区域内提供的全部未成年人及家庭方案，通常称为“连续照管”。它包括预防方案、治疗和照管后服务。连续的概念是指针对每个儿童和许多家庭情况，能够采用适当水平的干预。一个和未成年人方案相联系的完整方案包括以下内容：

1. 非制度性计划，将青少年从居留方案转向社区照管（软禁，日间治疗，辅导，强化缓刑和照管后方案）。
2. 居留方案，包括收容所、寄养家庭、集体住所、以学校为依托的治疗和独立生活计划。需要离家照管时，理论上，应该提供一系列安全级别的措施，从适用于小组群的到适用于社会公共机构的。

通常，家庭和青少年服务的目标集中在几个方面：

- 用以家庭为中心或基于家庭的方式帮助青少年及其家庭组织好自己的生活。为了达到这个目标，青少年及其家庭计划通常采用监禁的替代方式，包括密集察看、居家禁闭，以及日间治疗（借此，青少年罪犯向这些治疗计划及服务汇报，但在晚上回家）。当需要居家治疗时，家庭成为这个治疗过程的组成部分。通常，安置青少年罪犯的机构和环境，给予青少年可被容许的最大限度自由，既能满足青少年自身的需求，又照顾到社区的安全要求；
- 基于地域性的服务，为当地公共性或私人性的计划提供支持，使青少年靠近家庭和当地的支持系统；
- 很多基于治疗的计划，为向基于社区和家庭的计划过渡提供了同等的便利。这些计划强调预防性和自愿性的计划，训练和自足；
- 职员与居民间的关系非常重要。居民的安全应是所有职员首先关注的问题，保安和行政工作人员用自己的努力为居民创造安全感；
- 资源的有效利用，提供多样化和多元化的计划和服务。

私人部门的角色

通常，私人部门主要为年纪较小、情节不甚严重的罪犯提供服务。一些州的私人机构为少女犯罪者提供大量床位，帮助她们远离国家监管体系。大部分私人组织不提供限制性极大的高安床。较难管教的青少年被安置在国家机构内。

一些最近的发展趋势

20 世纪七八十年代，许多未成年人收容所和培训机构的设计着重于教育和培训计划，教给未成年人一些重新进入社会所需要的技能。这个目标依然如故。但是，90 年代早期以来，人们普遍认为年纪较大的未成年人，14 ~ 16 岁左右的，违法情节更为严重。较之年纪较小的未成年人，一些年纪较大的未成年人更有可能犯下严重的罪行。这些趋势，结合一些法庭更为严厉的“三次打击”(three-strikes）审判方式以及一些机构的过度拥挤，使安全问题在未成年人司法机构的设计中显得尤为重要。

未成年人及家事法庭系统

未成年人及家事法庭的司法权限每个州之间会有不同。通常，这些法庭扮演着两个角色：早期介入，有效防止未成年人以牺牲品或罪犯的身份再次进入司法系统，同时介入到整个家庭单位。

美国大多数未成年人及家事法庭处理离婚案件、儿童监护权案件、儿童探望及抚养案件。很多法庭还处理依赖及过失问题，逃避、离家出走等青少年问题。某些处理和虐待、忽视儿童相关的案件（民事和刑事案件），未成年人处于危机中，需要照顾等，以及家庭关系相关的民事案件。

未成年人及家事法庭的权限可能还会包括监护权和收养行为的终止，刑事案件（包括家庭暴力）、堕胎案件、监护权案件，以及和有精神疾病和其他残疾儿童相关的案件。

▼ 昆斯区家庭法院与家庭办事处大楼。杰梅卡，纽约州。靠近鲁弗斯国王公园。具有外立面是透明玻璃而里面是等候区域的特征。建筑师：Pei Cobb, Freed/Gruzen Samton 建筑师联合事务所

◀ 昆斯区家庭法院与家庭办事处大楼。杰梅卡，纽约州。合成现状照片后的鸟瞰图。表明该大楼与周边建筑之间的相对位置。建筑师：Pei Cobb Freed/Gruzen Samton 建筑师联合事务所

此类法庭的结构也随地点不同而不同。在一些体系中，未成年人和家事法庭与其他法庭是截然分开的。在其他法庭中，法官既审理未成年人及家庭案件，又审理其他类的民事、刑事案件。在拥有专属未成年人及家事法庭的司法体系中，法官可以拥有单独处理未成年人及家庭案件的授权，或者他们可能会按照一个时间安排从其他司法指派中轮换过来，以处理此类案件。

与法庭相关的州级、县级司法机构的角色也随地点的不同而不同。法官可以运用他们强大的力量来扭转情势，通过要求承诺，重组家庭，迫使成年人合作等手段，此时，与法庭相关的州级、县级司法机构与法庭共同协作。法庭也会运用缓刑监督官来调查案件，并为青少年提供监督。

与普通法庭的区别

未成年人及家庭司法工作机构与普通的民事和刑事法庭在以下几个重要方面存在着差异。

- 通常来讲，诉讼程序较为“封闭”（也就是说，保持高度的机密性）。查阅档案和法庭记录受到很大的限制。很多州对在场的争端各方、受害人、证人以及法庭上的公众有着很重要的限制；
- 对安全性的要求很高。家庭及青少年的诉讼过程涉及很多个人问题和强烈的情感，非常容易受到情绪的控制，因而增加了风险性。在一场法庭听讼会上，经常有人被法庭庭谕所隔离。公众区域和开庭之前的安全措施非常重要。由职员对公众区域进行足够的监测与控制，对此区域当事人适

当隔离都是至关紧要的；

- 家庭法院体系的特点在于审理过程中社会服务机构和团体的出席。在家庭及青少年案件中，父亲、母亲、孩子、州政府以及其他机构分别拥有自己的辩护律师并不罕见；
- 和青少年及家庭案件相关的当事人数量很多，相应地，占用法庭公共区域的面积也较大。当事人的年龄跨度很大（从非常小的孩子到年纪较大的人），很多人对法庭体系全无了解。许多人试图干预整个审理过程，或直接地，或通过自我申述。这就增加了家事法庭对于自助区域及中心的需要，同时职员需要不停地对公众进行教育并为其提供帮助；
- 青少年和家事法庭有可能在晚上以及周末都正常工作。某些活动和支持服务必须全时段提供（例如，如有需要必须签订保护性协议）。

面积与空间

审判室与听审室

审判室

审判室通常用于各种不同的案例与事件，包括拘留与听审、审判、传讯、离婚案件、子女监护、赡养老人预审、与心理健康机构官方授权。

标准的审判室通常设计为一个法官或司法预审官员，一个法庭正式记录员或记录系统，个人安全保护人员，一个法庭秘书与一个起诉人。另外，经常有几个律师、父母、辩护者和监护人、职员、防护工作人员、鉴定官员。其他家庭成员，证人、口译者，有时有公众人员，媒体也经常列席。

在一些建筑中，审判室及听审室的面积被单独提供。规模大的法庭用来审判事件，包括具有大量的诉讼当事人成员与辩护律师的更复杂的案例；较小规模的法庭与听审室通常用于听审，包括附属、论证离婚案例与更多的个人事务。

从普通的法庭司法权限来讲，专门为未成年人和家庭法院的法庭设计是不同的，体现在以下几个方面：

无陪审团法庭：大多数未成年人和许多家庭法院的司法程序并不需要陪审团。法庭的规模因此减小，陪审团席位因此被忽略，而且陪审团全体成员也不需要在此做判断。

减小事件目击者席位：许多未成年人与家庭审判程序并不对所有的人公开，除了一些诉讼当事人例外，这些团体包括关系到州利益的有代表性的相关办事处、法院或一般儿童福利机构。在大多数州，关于未成年人与家庭案例有比较高级的保密标准。因此大多数法院有较小规模出席者席位要求。

附加团体的调节

在家庭法院中，许多诉讼程序包含有比传统的典型的犯罪或市民案例更多的参与团体，这些团体局限于一般的法庭权限中。在一些案例中，有五个或者更多不同独立，有代表性诉讼当事人并不是不普遍的现象，比如以下几点：

- 每个父母有辩护律师；
- 每个儿童有辩护律师；
- 调解诉讼当事人的辩护律师；
- 未成年人查看陈述或法庭相关的办事处；
- 社会工作者；
- 其他（调查者，拘留官员 / 监管成年人职员 / 或未成年人监管，法庭秘书，法律秘书等）。

这些团体应该提供独立,有区别的房间，这些房间应具有私人、保密的谈话不被监听。一般来讲，最低级别的原则是这样的房间要求在诉讼当事人或团体之间有大约 8 英尺的距离。

受害人与证人的隔离。被告面对原告的权利是美国法律一个重要原则。然而，在未成年人与家庭法院，为防止暴力与虐待，限制自由是被允许的，以减少被胁迫的机会。法院应该提供受害人与证人的隔离与监护，以加强安全感、保卫措施、公正性。

听审室

青少年和家庭法院使美国法院系统使用可选择的争论决定（ADR）、调停、安抚和转让可供选择的判决。

会议与预审室为谈判、会议和决定这些预审阶段提供适当的区域。使用者包括所有诉讼人。预审和 ADR/ 调停房间应该位于有适宜于独立的通道通往公众、职员、法庭和罪犯区域。预审和调停房间应该至少包括一个附加的自由房间，使诉讼人有可能从正式的预审到独立的空间来进行磋商与讨论。条款的制定应适合技术与设计的需要，以满足各种各样的青少年与成人使用者。

法院辅助部分

法官办公室

在大多数管辖区，法官办公室不仅仅用作法官的办公室和准备区，隔声至关重要。办公室的大小和位置应当能够用作小型会议室。办公室应当设有受控的通道，以便于诉讼当事人从法庭走到法官办公室，或直接向听证会或会议房间报告。

监管羁押区

少年法庭和家事法庭设施中，青少年和成年人、男性和女性的羁押区应当分离。那些通过同一环形走廊安全提审犯人系统提审未成年人和成年人的法庭应采取可行措施使未成年人与成年人彼此分离。所有的犯人监管区，包括提审犯人用的电梯和走廊，都应与建筑内公共的、司法的职员以及审判区保持视线和听觉隔离。

犯人提审系统、通道和羁押区的设计都应配有适当的太平门和控制点及监控设备。这些区域与司法长官办公室之间的通道，或与其他安全职员间的通道是很重要的。

羁押室的设计应满足国家和各州关于临

时羁押设施的标准。应配备有监禁报警器，现代通信设备及用于在审判中监视被告的闭路电视。未成年人的羁押区的设计应特别注意，要既能保证隔离又能保证连续监视。

法庭等候区

法庭外的等候区应当是开放的、安全的，并能够保证儿童、家庭和其他诉讼当事人安全。因为听证会可能延长时间，也可能有相关的工作（文件归档、采访等）会花费时间，所以等候的时间可能较长。成人和家长在等候区的空间和房间一定要注意并看管好自己的孩子，因为需要换尿布或哺乳。

律师－委托人会议室

应设有工作站和会谈室，既可用于预备听证会的准备工作以及律师－委托人之间关于辩护的讨论，也可为证人和受害人等不应出现在提审回廊和等候区的人提供场所。这些房间应当隔声，并可适用于不同的人群。同时这些房间应也当靠近法庭。每个法庭外应提供 2 ~ 4 间此类房间。

法院行政管理及法院区的职员

法院行政管理

法院的行政管理人员的日常工作包括提供案件日程表，协助法官处理行政事务，充当与州、国家和其他部门的联络人。靠近少年法庭和家事法庭的行政区域应靠近公共流通区。

一层、三层、五层平面。昆斯区家庭法院与家庭办事处大楼。杰梅卡，纽约州。邻接家庭办事处大楼，与普通等候区域在法庭外。建筑师：Pei Cobb Freed/Gruzen Samton 建筑师联合事务所

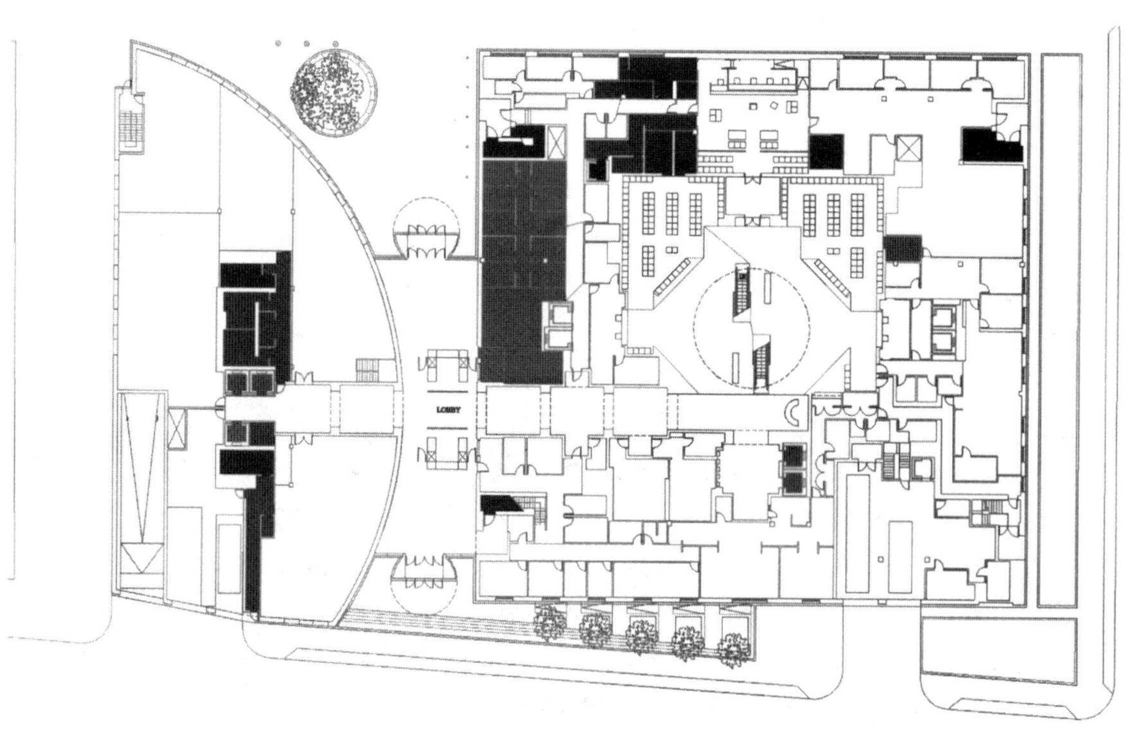

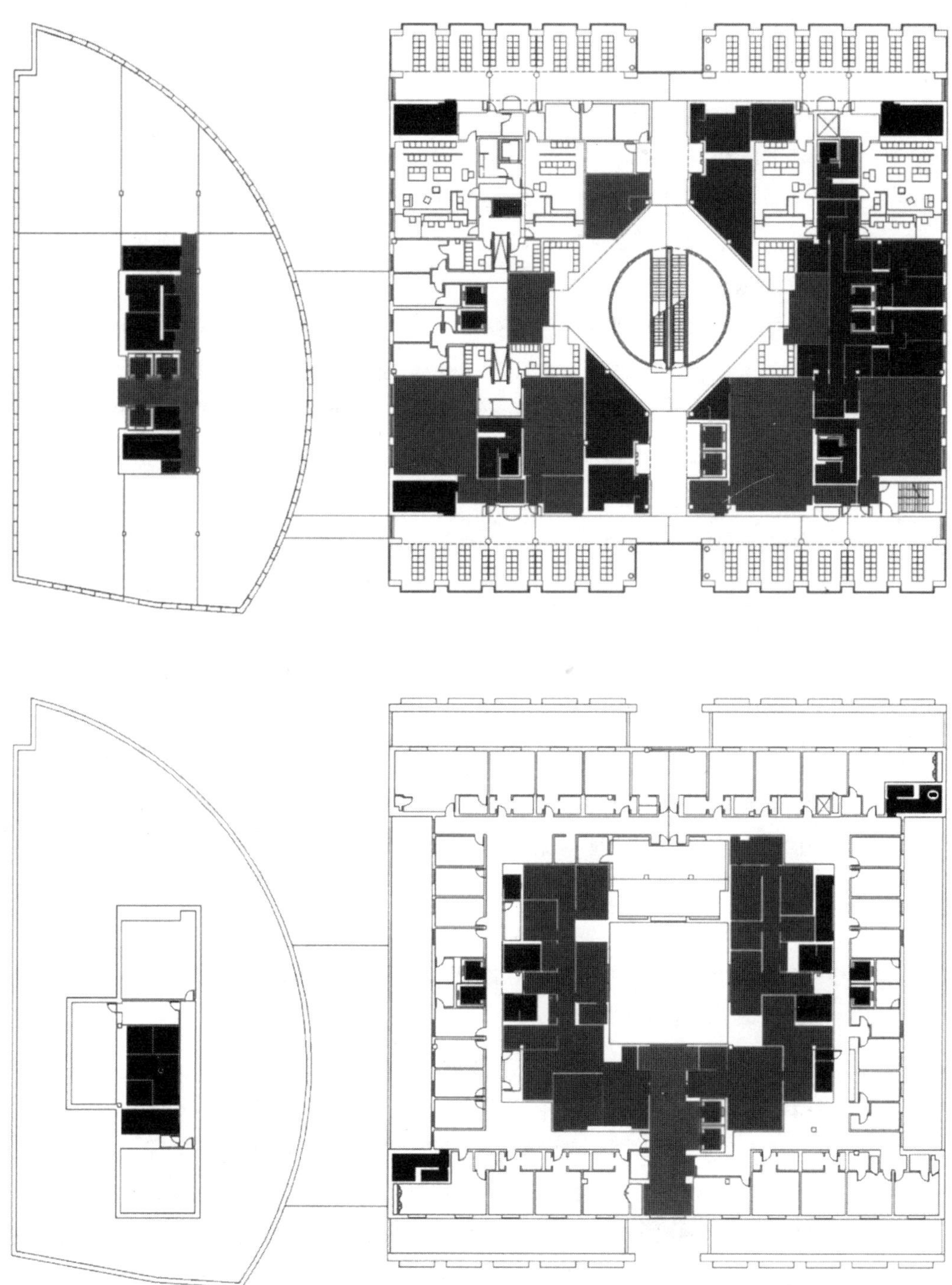

法院职员

用于职员工作的办公室应当支持先进的档案管理系统。少年法庭和家事法庭对档案的保密性和保留时间有特殊要求。因为使用了各种各样档案处理系统，所以可能导致与其他法院系统之间不同程度的自动化与综合化。

公共排队和等候区域

法院职员/少年和家事法庭职员工作区的设计应当是开放的、专业的、有条理的。办公室和工作区的设计应体现舒适与高效。对于公共区域（如柜台、等候/排队区、文档查阅区和工作室）的明确分隔及控制是必要的。

在大多数法院职员办公室中，工作站中的工作人员应位于能够看到前台，并能够随叫随到为前台提供帮助的位置。公共的排队和等候区的设计应能够提供快捷方便的服务和通道。在预先设计的供公众等候的区域，应同时规定排号或其他自动的排队制度。

自辩护诉讼人中心

少年和家事法庭倾向于具有较高比例的自辩护诉讼人。此类诉讼人的大量存在给工作人员的水平和法院的运作施加了相当大的压力。

自辩护诉讼人和受害者证人中心用于协助案件的当事人。自辩护诉讼人中心应设计有完备的通路通向那些熟悉法律要求、法律程序和法律文件的人。但是自辩护诉讼人中心的大部分使用者都会要求律师提供个人援助（通常是无偿服务）或其他志愿者提供援助。

自辩护诉讼人中心的建立应结合或独立于法律图书馆，并且公共访问终端和信息发布区的设计应易于到达和使用。

受害人／证人中心

一些法院建筑会向受害人和证人提供单独的报告和等候区，因为受害人和证人在听证会和露面之前、之间以及之后均应被彼此隔离。尽管这些中心原本是设计用来在行贿受贿案件中为受害人服务的，今天它们已经在多种案件中为受害人和证人服务，这些案件包括家庭暴力，儿童抚养案件听证会以及少年和其他家事案件。

该区域应当可达但不可见（以辅助其保护性能）。并且应当适用于儿童、老年人、残疾人以及志愿者的援助活动。还应设计单独的洗手间设施，以减少恐吓威胁的机会以及其他当事人的干扰。如有需要，受害人和证人将会护送至法庭及检察官办公室。

法院的相关机构

检察官办公室

许多少年法庭和家事法庭的建筑中都设有分办公室，其中典型的是检察官办公室，检察官及相关职员在该办公室中进行包括少年案件在内的轻案和重案起诉工作。办公室需注意保密性及安全性，并要求与建筑内的

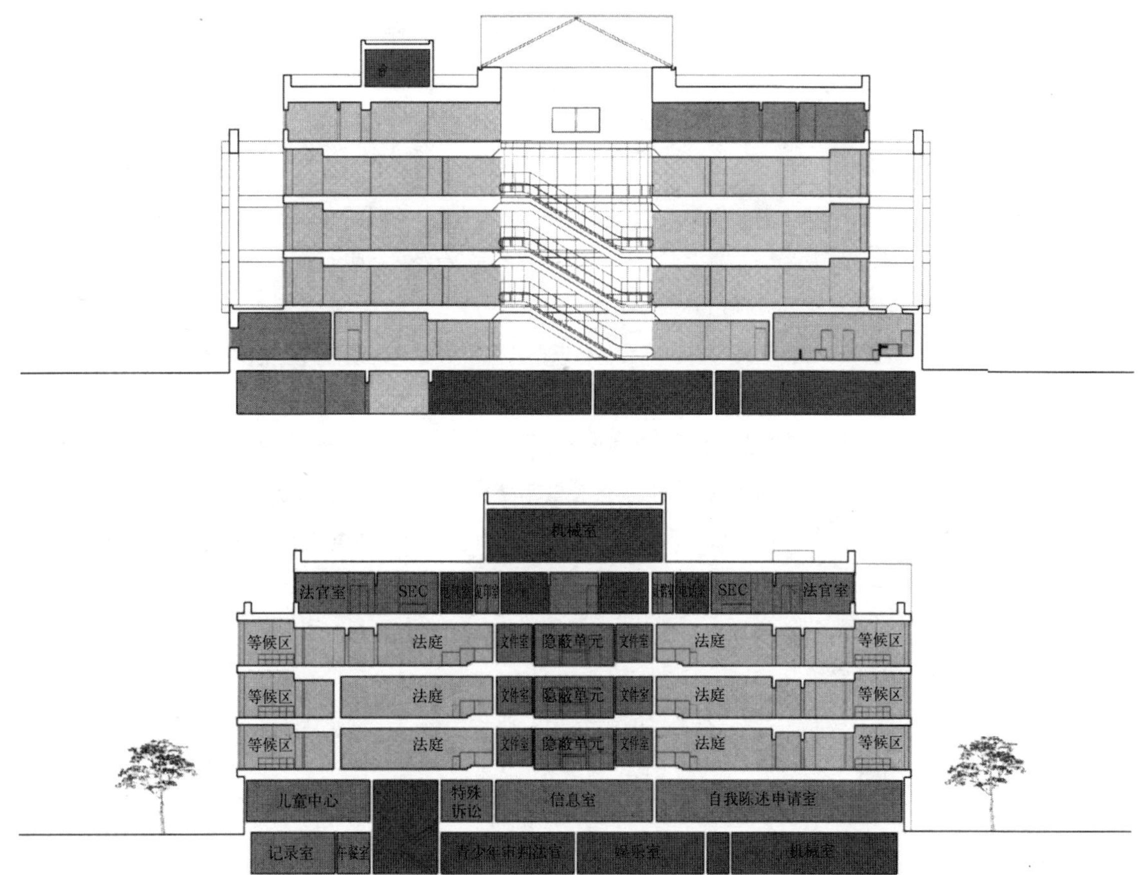

▲ 剖面。纽约州牙买加，昆士家庭法院及家庭机构设施中部分区域。一层为自我代表人员中心。建筑师：Pei Cobb/Freed/Gruzen Samton 建筑师联合事务所

一般公共区域明确隔离。

办公室内应为秘密访谈设立专用区，并为相关工作人员、档案和共享设备设立公共办公室和机动的工作区。特殊的空间应包括接待证人和证人宣誓作证的房间，一般访问者和执法人员的等候室以及受害人和证人的等候室。一般由一位接待员负责管理办公室的访问。

公设辩护律师办公室

有一些法院设有一个未成年群体公设辩护律师办公室，专为无力支付私人辩护律师的未成年人和成年人提供帮助。与检察官办公室中的工作人员一样，公设辩护律师办公室内的工作人员也应注意保密性，要求一个声音和视线隔离的安全环境。典型的设计应包括私人办公室、工作站、共

享的开放办公场所及会议场所，以及适当的等候区。

成人及未成年人缓刑、假释、审前预备会议和社团服务

少年法庭和家事法庭经常包括缓刑和其他监督部门负责监管工作。缓刑办公室应在法院开庭前后开放、工作人员管理办公室内外的监督和报告活动、私人办公室、会议/采访室、开放办公工作站及适当的办公室辅助区等常用于实现这些功能。

应设立隔离的等候区，并使其不受到公共区的干扰。法院建筑内的缓刑办公室其重要功能之一就是用于内部问讯；另外，须设置隔离的询问室，以能够接待6～8人为宜。

缓刑时常需进行毒品和酒精测试。服务于此类试验的小型实验室或其他场所是必要的。这样的场所应当安全、保密，其设计应满足所有可能用于测试的仪器设备。

其他机构

少年法庭和家事法庭应当为其他公共或私人机构提供场所。活动包括辩护程序、家事法庭咨询程序、社会服务和城市/国家顾问（儿童抚养案的检举）。这些机构应注意保密性，并需保证一个安全的环境。这些事务的代理人可能参与到诉讼之前、之中和之后的许多阶段中。

这些机构包含在建筑中，可使少年法庭和家事法庭中所涉及的家庭获得服务的过程得到简化，并能够促进家庭相关问题的多途径解决。分配给机构职员和程序的场所数量及场所类型应因地制宜，但它们通常构成少年法庭和家事法庭设计中一个重要的、正在增长的因素。

评估和引导中心（或儿童中心）最近已经在一些主要的少年法庭和家事法庭系统建立起来（如芝加哥和洛杉矶）。这些中心负责鉴定或在某些案件中处理精神失常的未成年人，当这些未成年人的家庭被法院系统涉及时，观察、游戏、测试、处理、询问和顾问咨询区，以及成人/家庭和孩子等候区（隔离及有时可见）都是必要的。同时还需要包括工作人员辅助区用作办公室、工作站、档案保存和仪器安置。

公共／建筑辅助功能

大厅

公众入口大厅将会给人以深刻地第一印象，并会在很大程度上影响使用者的期望。大厅设计应当包括安检功能，并且应当是开放的，吸引人的，易于管理的。安全人员应能够监控到大厅的各个角落，从而减少当事人威胁受害人或证人的机会。

在许多少年法庭和家事法庭建筑中，公共通道以及访问者的行动是受限的，一些诉讼案中来访人只能通过规定的通道通往法庭席位和审判室等候区。有时，当事人将会被直接带到专设等候区，以减少威胁的机会以及与其他人的不期而遇。

如不考虑工作人员的妨碍程度，大厅的

空间应当提高人群流动的效率以及对进入大厅的不同人群的过滤。来访者对该建筑可能熟悉也可能不熟悉。因此应设有建筑信息示意图和管理人员，帮助人们了解所要去的地方以及楼内的通道。同时还应有通晓多种语言的工作人员以及可为残障人士提供帮助的工作人员。

入口大厅相关或邻近的场所包括公共服务台、公共柜台、咨询处、公共等候区、休息室以及儿童等候区和/或日托式托儿所。

餐饮服务

因为儿童及相关的家庭为参加多种会议可能会在该建筑中停留较长时间，所以应当为楼内的来访者以及工作人员提供食品饮料。大的法院通常设有提供全面服务的自助餐厅，能够在人流高峰期时满足早餐和午餐的供应需求。在两餐之间的时间里，餐厅的座位和等候区应当对公众开放。还应设有自动售货机，提供饮料和快餐。

青少年感化中心

青少年感化中心类建筑与年轻人关怀服务在一个统一体系内。这类建筑通常用于待审少年的短期拘留，通常是审判前的几天或一到两个星期。短期拘留需重点强调的一点是对于可能处于焦虑情绪或危险状态的年轻人的管理。对处以几星期或几个月劳改的少年通常在少管所内管理，在一段较长的时期内通过一定的过程改造他们的行为和技术水平。

有些建筑的设计既能满足短期拘留的要求，也能够满足对犯人长期劳改的要求，尤其是在一些大城市。建筑的设计应同时考虑男女人群。劳改和处理过程进行的场所既可针对不同人群分开设计，也可设计在一起。

标准

对当地和州立少管所建筑的规划与设计应当符合少年专用建筑的安全标准，包括美国律师协会（American Bar Association，ABA），预防少年司法和少年犯罪国家咨询委员会（National Committee for juvenile justice and delinquency prevention，NAC），美国刑罚协会（American Correctional Association，ACA）以及涉及的州立的标准，规范条例和许可证要求。

这些标准为支持性的但非强制性的、基于安全性的规划与服务提供了指导方针。州

外立面。克罗斯罗德兹拘留中心，布鲁克林，纽约州。建筑师：卡普兰·麦克劳克林·迪亚兹/Goncher–Sput 建筑师联合事务所。摄影：波·帕克

的标准着重于对健康和安全，安置职工以及公共设施的要求。ABA和NAC标准则给出了对于不引人注目的、职员导向性的安全设施的参考意见。ACA标准更侧重于规划，政策和程序，同时也包括为个人空间中室内房间、休息室、活动场所和餐厅提供导则。一栋建筑可以不需要ACA的鉴定，但是通常需要州或者司法部门的许可证。

操作与组织方法

建筑大小与位置

美国仅有几处大型的青少年感化中心。大型的、集中的机构使得更大范围规划、专业服务以及规模经济效益成为可能。

提供100张或更少床位的建筑通常设计为每单元16张床一组或更少。对于小型、低等机构的广泛支持通常适用于本地服务的需要或是处于使青少年与家庭、社区保持较近距离的要求。较小环境更有利于有效处理，并且可减少对关押青少年的威胁。

监督与安全

一般来说，青少年感化中心建筑的设计是为了便于教员的直接监督以及教员与在押青少年之间的交流。大多数情况下，单层建筑和单居室房间是需要的。单个房间较之居住者各自的房间更有利于教员利用关禁闭（confinement of residents）作为行为管理的工具。

隔离与种族隔离

住宿场所的设计可达到各种安全级别。然而，由于服务少数人群及任务分派机动性的需要，许多青少年感化中心居住者房间和住房都达到了高安全级别。这给床位和住房分配带来了更大的灵活性，可根据不同安全级别和任务分派的需求变化进行调整适应。在安全框架内，设计上需加以强调的是要最小化安全环境的严厉性，尤其是对那些较低安全风险的被告。

服务交付选择

多种服务交付选择都被使用。很多情况下，建筑的中心位置会提供饮食服务、教育和娱乐项目，鉴于在押青少年对这些服务的行为被确信显著促进了正常意识。对有特殊要求的青少年，其饮食服务和教育过程常在休息室内进行。

场所与空间

公共厅

主公共厅在标准小时内对所有的工作人员、居住来访者和行政来访者来说，应当起到主要入口的作用；在来访者经过金属探测器的检查前大厅还应起到集散地的作用。

大厅应当设有接待员进行管理，负责检查来访者和引导来访者到达适当的区域，中心控制室应给予后援帮助。标准小时后，大厅应戒严并只允许工作人员出入。在较大的建筑物中，标准小时后来领走孩子的父母可以直接进入接收/检查厅(将会在下文讨论)，无需通过公共大厅。公共大厅应配备电话、休息室和舒适的座椅。

管理部门

管理者区域应设置办公室，训练和测试场所，以及其他工作人员需要的辅助功能。该区域应仅限工作人员出入，一般该区域位于保安周界外。

中心控制室

中心控制站应 24 小时有人。它负责控制通过保安周边的通道，监控生命安全和保安系统、关键控制和工作人员报到处，控制建筑内人数，紧急情况下作为通信中心。

在许多建筑中，中心控制室负责对特别关押/住宿房间进行直接监控和可视观察。它也负责对访问的直接监控。在小型建筑中，中控室可用于处理所有来电，尤其是傍晚或夜班时。应设有仅能从中控室内部进入的独立的卫生间和咖啡厅。

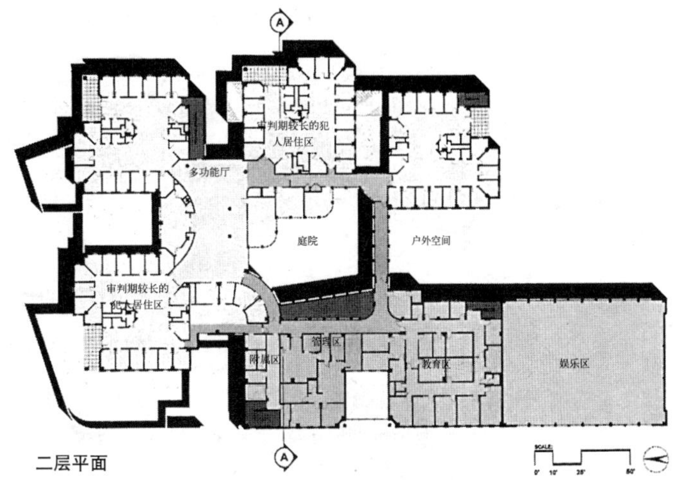

二层平面

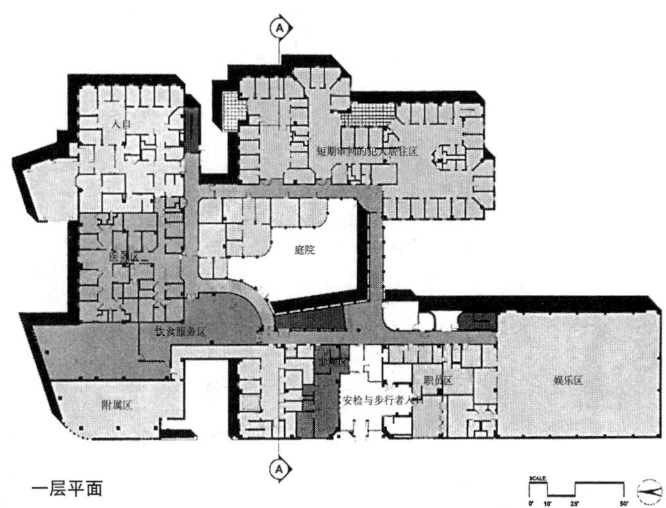

一层平面

接待/检查/释放

青少年感化中心内的接待/检查/释放区应用作主要入口点。通常的执法部门官员将青少年带入建筑设施，由工作人员负责必要的文书工作。与青少年的初次接触目的在于培养合作的态度以及通过减轻疑惑和焦虑，安抚青少年情绪。

所有被带入此区域的青少年都将经过检查并分配给合适的空间，包括在其他建筑中的空间，或在手续之后送回家中。在此地工作的工作人员一定要掌握尽可能多的信息以便作出正确的决定，如何分配空间，准入或是释放。此地的氛围应当能够减轻青少年在被传票过程中的焦虑情绪。

接收/检查/释放区应当位于建筑设

▲ 平面。表明了居住部分与在开敞的法庭庭院周围相关的建筑之间功能组织。克罗斯罗德兹拘留中心，布鲁克林，纽约州。建筑师：卡普兰·麦克劳克林·迪亚兹/Goncher–Sput 建筑师联合事务所

施外部，沿着保安周界以限制内部的活动。应为来访者、检查和医务人员以及家长 / 监护人提供通往公共大厅的直接通道。整个接受 / 检查 / 释放区在工作人员的工作柜台应当可见。中控室应监督并管理该区域的出入情况。

该区域的设计应避免以下通道的交叉：将被传票青少年带入建筑的路径、将青少年带入或带出少年法庭的路径以及他们被释放的路径。没有传票时，整个区域应戒严。

进入 / 分类过程中的住宿

青少年感化中心收纳的青少年要经过检查，并通过分类工作人员的评估，以决定合适的住宿或场所分配。青少年可能先安置在一间进入 / 分类单元，直到拘留听证会或分类评估完成并且住宿分配被确定。在有些地方，进入（适应）住宿占全部床位的 5% ~ 15%，并且应当同一般住宿区隔离。因为这类住宿是为刚进入建筑设施的青少年设计的，一般需设工作人员连续监督观察。

一般住宿

扣留听证会及分类检查后，扣留者被分配到长期居住单元。这类单元通常比成人拘留所和改造所小。单元大小通常达到 ACA 所倡导的安置员工标准或其他标准。8 ~ 16 张床位的单元很常见，并常常设计提供额外的灵活性以适应 8 个床位或更少床位的小组。住宿单元常组成在一起从而可以接纳扩大的服务程序（expanded programing）并达到高效地人员安置。

住宿单元位于建筑的保安周界内，它们由青少年管理人员监督，通过中控室后台支持以及在建筑内巡逻。大多数单元的设计都包括附近的用于各种服务和程序的场所。这就提高工作人员工作效率，并鼓励所有的居住者参与到活动中来。所有的住宿单元都设有休息室，用于一般的安静活动的场所。通常还设有用于暂停休息或特殊需求的房间，如有必要以及必要时供工作人员隔离青少年。

一般来说，青少年感化中心内的居住者每个工作日需参加 6 ~ 7 小时活动，晚上时间用于接待访客以及特殊活动。专设的活动可在住宿单元中或设在集中活动区。

教育 / 学习中心

多数机构要求在押青少年参与到教育活动中。这些活动可以包括学术的 、职业的和生活技巧科目和娱乐活动。

学术方面的活动常需与儿童公共学校的课业任务分派相适应。教员可以是拘留中心的工作人员也可以是当地学校的老师。与社区、学校系统的紧密联系有助于集中青少年的态度和方向。

用于这些项目的空间通常集中在一起，以便于工作人员观察、监督、提高效率。

◀ 居住单元的娱乐室。克罗斯罗德兹拘留中心，布鲁克林，纽约州。建筑师：卡普兰·麦克劳克林·迪亚兹/Goncher–Sput 建筑师联合事务所。摄影：波·帕克

▲ 标准的单人房间，克罗斯罗德兹拘留中心，布鲁克林，纽约州。建筑师：卡普兰·麦克劳克林·迪亚兹/Goncher–Sput 建筑师联合事务所。摄影：波·帕克

▼ 教室。克罗斯罗德兹拘留中心，布鲁克林，纽约州。建筑师：卡普兰·麦克劳克林·迪亚兹/Goncher–Sput 建筑师联合事务所。摄影：波·帕克

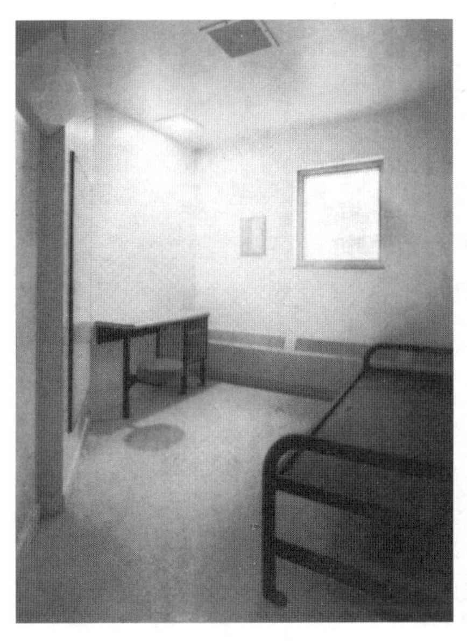

▲ 外立面。克罗斯罗德兹拘留中心，布鲁克林，纽约州。建筑师：卡普兰·麦克劳克林·迪亚兹/Goncher-Sput建筑师联合事务所。摄影：波·帕克

娱乐

鲜有例外，青少年感化中心的所有青少年都有需要参加娱乐活动，主动（室内或户外，如果天气条件允许）和被动（包括桌球游戏、棋盘游戏、文科和手工）娱乐活动。娱乐活动也可作为一种行为改造项目的方式。

娱乐活动每个工作日通常安排2～3小时，安排的时间随学术活动的时间有所变化。住宿单元内或其他体育馆或住宿青少年要去的室外区域要留有主动娱乐活动的空间，应有青少年管理者或护送人员陪同。

社会公益服务

青少年拘留改造提供接受咨询，社会公益服务和心理健康专业人士帮助的途径。社会公益服务人员管理分类评估和评定（可在接纳和进入区的会议室进行），处理和训练项目（在集中或分散的活动区域），以及危机处理和回复活动。

探视

青少年感化中心的青少年一般来说每星期允许其父母或监护人探视一或两次。主要

▲ 内部庭院。克罗斯罗德兹拘留中心，布鲁克林，纽约州。建筑师：卡普兰·麦克劳克林·迪亚兹 /Goncher–Sput 建筑师联合事务所。摄影：波·帕克

的探视时间通常安排在工作日的晚上或周末的白天，但是律师—客户和缓刑监督官可以在白天或晚上的任何时间探视。

在大多数此类设施中，团体探视（最多两人）和私人探视都是允许的。整个探视区应当在监督人员的视野范围内，并且应当作声音处理以提供一个放松的或教室类型的环境。

饮食服务

青少年感化中心提供的饮食服务通常包括全部一日三餐。在多数设施中，至少两餐中应必须包括热的主菜。晚上一般提供快餐。

食品可在当地或其他地方准备。许多情况下，饭菜会在规定的或赢利性的厨房准备好，然后送往青少年感化中心内的厨房配制或加热。其他情况下，食品会在一个主要的厨房准备，分送到一个或多个主要的食堂。

保健服务

所有进入检查 / 接待区的青少年均要接受医务人员的检查，以确定是否有急慢性健

康问题。多数青少年感化中心，用于医疗和牙医的场所都被集中化，并设计有通往接纳 / 检查区，进入住宿及一般住宿区的快速通道。候诊区应当在医疗人员或保安人员的监督视线范围内。进入保健区的活动应受到控制。病房的门应当安装玻璃，从而保证看护或监督站能够随时看到。

此类设施中的保健服务应符合社区保健服务的标准。政策和手续管理站（policies and procedures govern station）的医疗保健服务可以就地提供也可以在其他社区或指定的保健中心进行。所有的医疗区域应设计所有供残障人士出入和方便病人的病床［盖尼式床（Gurneys），装有轮子的金属担架用于转移病人］转移的通道。

大型青少年感化中心常常提供病床，用于传染病隔离和处理、外伤和诊断服务等的有限的、短期的看护。这些区域的设计应符合感化院（劳教所）保健中心的相关标准。它们需要分开清洁的和被污染的床单、被罩等棉织品的处理区，能够直接看到病床的护理和控制站以及通往体检和处理区的通道。

少年犯教养所

所有的州和某些较大的城市中心都建有一所或更多少年犯培训 / 教养所。这些教养所为那些罪行最严重的或青少年惯犯提供长期住宿。尽管大多数青少年改造项目强调拘禁的替换方案，如果可能，教养所将用于需要更高安全级别和处理的少年犯。教养所服务于 125 ~ 500 名各种类别的少年犯。这些建筑设施常常看似成人拘留所或感化院。

然而大多数少年犯教养所的内部更侧重于为教育、职业发展和自给自足提供一个安

▼ 位于偏远地区的一座有 54 张床位的未成年人服务中心。圣路易斯－奥比斯波县未成年人服务中心，圣路易斯－奥比斯波，加利福尼亚州。建筑师：帕特里克·沙利文联合事务所。摄影：尼克·惠勒

◀ 典型的住宅建筑。圣路易斯－奥比斯波县未成年人服务中心，圣路易斯－奥比斯波，加利福尼亚州。建筑师：帕特里克·沙利文联合事务所。摄影：尼克·惠勒

全稳固的环境。教养所的主要任务是引导少年犯重新融入社会。

标准

少年犯教养所的规划和设计应符合如下标准，包括美国律师协会（American Bar Association，ABA），预防少年司法和少年犯罪国家咨询委员会（National Committee for juvenile justice and delinquency prevention，NAC），美国刑罚协会（American Correctional Association，ACA）以及适用的州立的标准，规范条例和许可证要求。[1]

ACA 标准给出了对于个人区域要求，尤其是相关的室内、休息室、活动区和食堂的专门导则。甚至其出版物《ACA 少年犯教养所标准》的标题的着重点也放在了培训和教育上。

操作和组织方法

建筑大小与位置

即使容纳更多的人，少年犯教养所也会采用较小的住宿单元，从而能够促进更好的监督，增加与青少年的互动。ACA 标准支持能够容纳 25 人或 25 以下人数的住宿单元。许多建筑的设计都采用更小的单元。

监督和安全

少年犯教养所的设计应能够优化工作

1 一栋建筑可以不需要 ACA 的鉴定，但是通常需要州或者司法部门的许可证。

人员的直接监督以及少年犯与工作人员之间的沟通接触。工作人员直接位于住宿单元内的直接监督型单元是普遍的。由于单元内工作人员的长期在场，能减少单元内的冲突。

所有住宿和活动区的设计应使其从工作人员的位置看来一览无余，并且从多个相邻空间或走廊可以看到。

住宿场所的设计可达到各种安全级别。然而，由于任务分派机动性的需要，住宿单元通常设计达到高安全级别。在ACA的标准中，更为推荐单间宿舍，多人居住的宿舍最多可占20%。与拘留所一样，教养所通常使用个人房间，因为这种安排使工作人员更容易利用关禁闭作为行为管理工具。

在安全框架内，设计上需加以强调的是要最小化安全环境的严厉性，尤其是对那些较低安全风险的拘留者。

劳教活动

教养所内，对青少年进行的劳教活动应当在白天开展（从起床到休息），大多数活动都是集体活动。所有活动区的大小通常适合最大的使用群体，并能够在所有时段实现空间的有效利用。

服务交付设计

可引入多种服务交付选择。很多情况下，建筑的中心位置会提供饮食服务、教育和娱乐项目。与感化中心相似，许多教养所都会组织起来以支持青少年前往参加活动或离开活动（许多教养所都会将青少年组织起来前去参加活动和离开活动）。这类行动据了解有利于形成更加正常化的氛围。对有特殊要求的青少年，如有需要，其服务过程常在休息室内进行。

场所与空间

接待／准入

进入教养所包括从保安车进出暗门接到青少年。准入区应当靠近建筑的边界，并且被直接监控或由闭路监控设备（CCVE，close-circuit video equipment）进行监控。

接待／适应住宿单元

对刚进入教养所的青少年，其住宿在审查、评定和活动评估期间应予以隔离及观察。分级的初始决定将在进入教养所后的几天内作出。在最终分配前，根据住宿人的需要，他们可以监禁在临时住宿单元。进入教养所的人群中有各种各样的人。本着按需设计的原则，住宿单元的设计应能满足多类人群同住一室的需要，并能够适用于特殊人群。这些“专管区单元”通常包括许多物理、视觉和听觉相互隔离的住宿区（群）。每个住宿单元（群）又包括设有休息室、淋浴和辅助空间的单居室。也可结合其他设施，如用于访谈、训练活动和/或服务场所的设施。

接待/适应住宿单元的位置应靠近准入

和保健区。此单元与一般人群间的人群流动应当被控制。一个可满足新入住教养所青少年住宿、活动和测试 / 评估要求、设备齐全的单元更佳。

一般住宿

ACA 标准注解道："（住宿）单元是建筑内生活的基础，必须有利于建筑内工作人员和住宿者安全和健康。"

住宿单元包括起居室和休息室。休息室应紧靠卧室，或将其设计为一个独立区域，通常靠近管理员。根据所给空间的大小，休息室应被划分为安静区和活动区。其设计应促进青少年与工作人员的互动，并易于被监督人员观察监视。

辅助区域可包括多功能和集体房间，访问房间和法律顾问（咨询）办公室以及分散的教室。

对于需要保护和隔离的青少年，或因违法、犯罪记录或行为相关的原因而需要密切监视的青少年，用于特殊看管拘留的住宿单元也是需要的。

活动

教养所的培训项目包括学术的、职业的、专业的和专项活动（例如生活技巧、个人学习项目等）。

学术（学习）项目

在大多数州，少年教养所的少年犯被要求每天有大约 6 小时的上学时间。

教室的设计通常适合于小班上课（10 ~ 15 人或更少人数），并且卫生间位于教室附近以限制行动。教室的设计应当满足标准教室的环境要求，并应设计自然光线、受控的进出口以及用于视频会议和远程学习的技术支持。

▲ 在居住单元里，室内标高不同的娱乐室。圣路易斯－奥比斯波县未成年人服务中心，圣路易斯－奥比斯波，加利福尼亚州。建筑师：帕特里克·沙利文联合事务所。摄影：尼克·惠勒

职业训练项目

职业训练要求将理论学习场所或教室与实践实验室和培训场地相结合。职业训练项目场地的设计应适用于小班上课（10 ~ 15 人或更少人数），并且卫生间应位于实验室附近或与实验室相邻，以限制活动。

职业区域的设计也应满足职业安全与健康署（OSHA，Occupational Safety And Health Administration）对环境的要求和其他与通风、化学和有毒材料安全使用相关的标准。房间的设计应保证自然光线，受控的进

出口以及用于视频会议和远程学习的技术支持，并使房间能够从走廊直接监视以增强监督。工具要求安全保存。

增加项目

- **少年犯专业训练项目**。需要不同的场所用于组装活动，计算机维修或其他维修项目以及文字处理项目。
- **图书馆和法律图书馆通道**。场所应提供用于阅读和学习的书桌，同时提供监督人员或图书馆员的工作区域。书架应当较低，其排列放置应使工作人员便于监督。
- **宗教活动及服务**。所有集体集会/礼拜活动场所的设计都应保证监督的工作人员具有清晰的视线。如果建有小教堂，应将其位于居住者和志愿者易于到达的区域。所有的礼拜场所都对安全和保安、储存、安慰和监督有要求。

娱乐设施

在教养所及其他某些青少年改造机构里，多种娱乐设施、健身器材是必不可少的。因为不论是个人活动还是团队项目，不论是激励拓展还是障碍考验都司空见惯，另外负重锻炼以及其他常规性娱乐活动也都经常开展。

很多机构还会为接受教养人员提供一个或多个标准规模的室内健身馆，可以在这里进行全场型比赛或半场型比赛。户外娱乐健身场地也是必不可少的。此外，还可以设计出专门的场地，用来进行跳绳运动或是某些特殊活动。所以很有必要预留出一定的储物空间来存放这些设备用具。

在某些机构里，为了方便接受教养人员的活动，在他们住宿单元附近设计了一些小型的娱乐场地。还有一些机构，为接受教养

入口处立面。拉姆西县未成年人及家庭法院中心。圣保罗市，明尼苏达州。建筑师：沃尔德。摄影：乔治·海因里希

的人员提供了更为广阔的大型场地，铺设有跑道，还可以进行足球、棒球、橄榄球等运动。对于后者来讲，在场地周围必须安装门控围栏。另外，除了要有工作人员的直接监督外，还须在外围安装安全防护系统来进行辅助。大型场地通常可供多个住宿单元的教养人员使用，甚至可供教养所全体人员共同使用。

保健服务

教养所的保健区随安全级别和教养所规模的不同而变化。小型机构可只提供简单的护士站 / 体检区；而大型机构则可提供医院式的设施，包括住院区、门诊检查区和治疗区。

并且，医疗设施应设计为可通过视频和对外数据连接进行评估和诊断，这样就可以提供更好的服务，从而使病人不离开教养所也可以接受治疗。

餐饮服务

厨房的规模由住宿单元和需向在校人员提供的就餐时段数决定。餐饮服务辅助场所，包括储藏室、传送、清理和工作人员工作场所的规模和要求因各个建筑中服务交付选择的不同而相差很大。大多数教养所使用集中就餐区和自助餐厅式服务方式。

洗衣服务

洗衣和储存空间以及设备和供应需求随提供的换洗件数量的不同而改变。在中心洗衣房中，现代化的配送系统的应用增加并保证了供应品和化学药品使用的安全性。

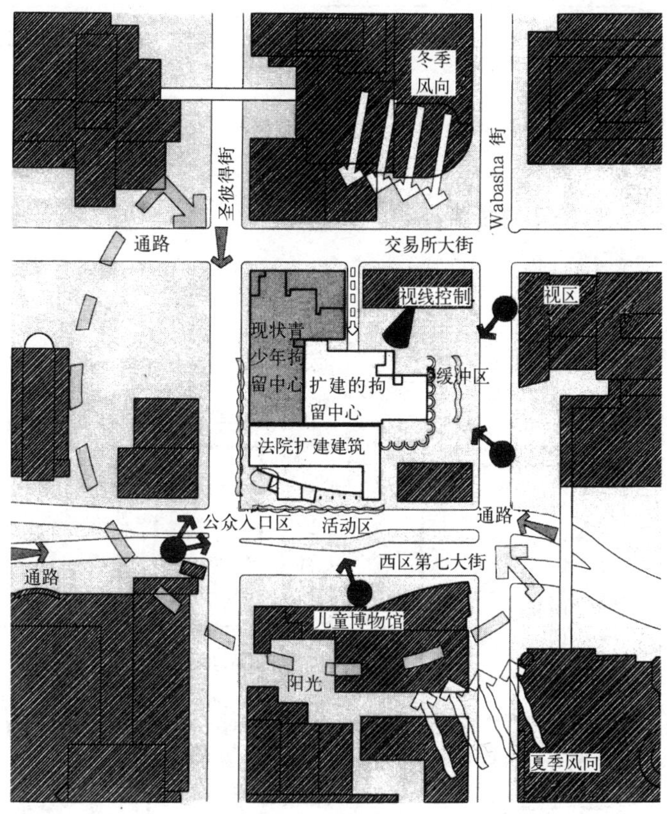

▲ 场地平面，表明与现存的未成年人拘留所区及街道网格之间的关系。拉姆西县未成年人及家庭法院中心，圣保罗市，明尼苏达州。建筑师：沃尔德

供应站和小卖铺服务

在一些地方，供应站和小卖铺服务被用作整个教养和正常化项目的一部分。

设计的独到之处

这三类区分开来的建筑——法院，青少年感化中心，青少年教养所——各具有其建筑设计方面的要求，同时又区别于用于成人的同类建筑。

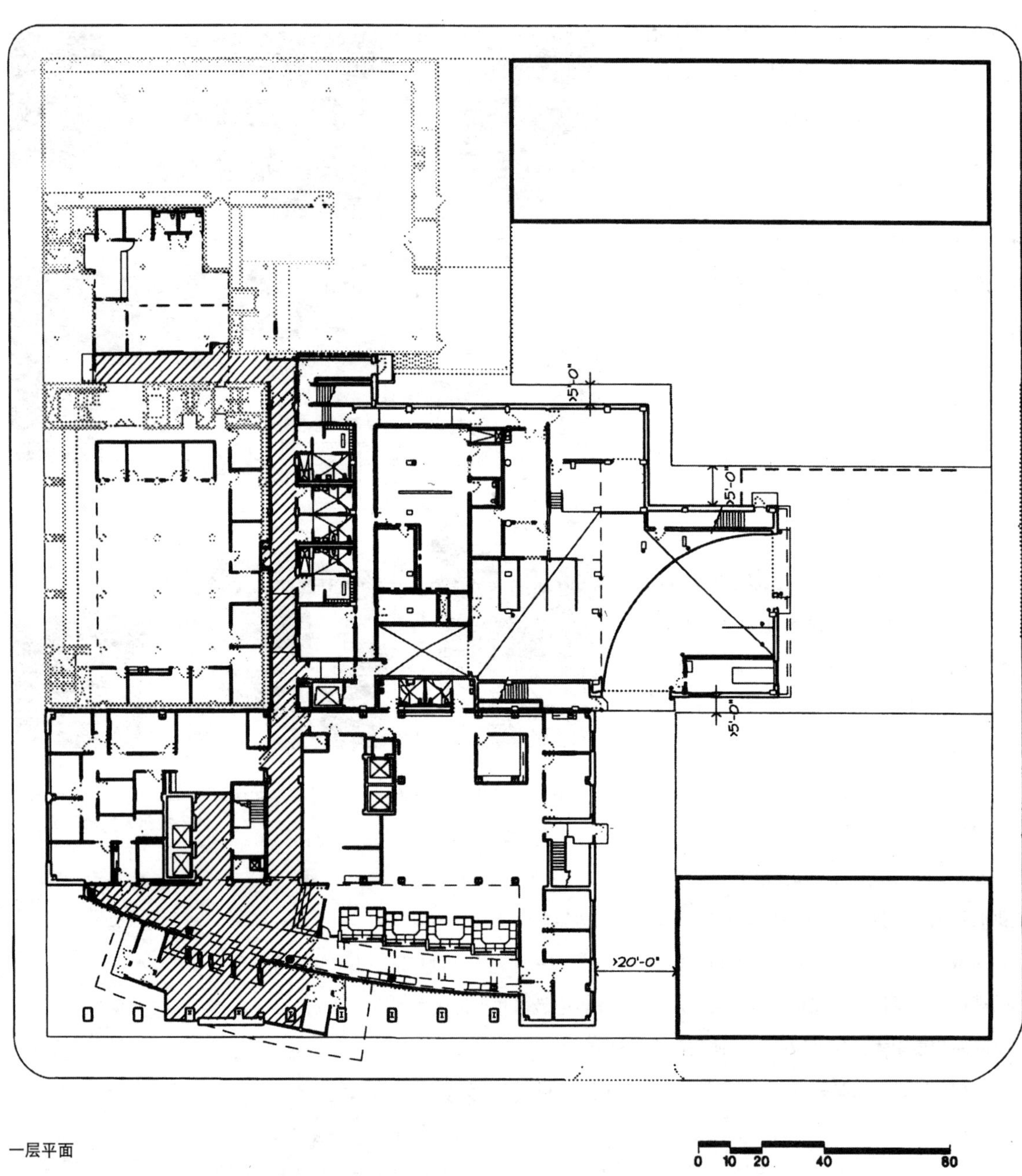

一层平面

0 10 20 40 80

▲ 平面，入口层及第四层，表明了法庭与拘留所之间的关系。拉姆西县未成年人及家庭法院中心。圣保罗市，明尼苏达州。建筑师：沃尔德

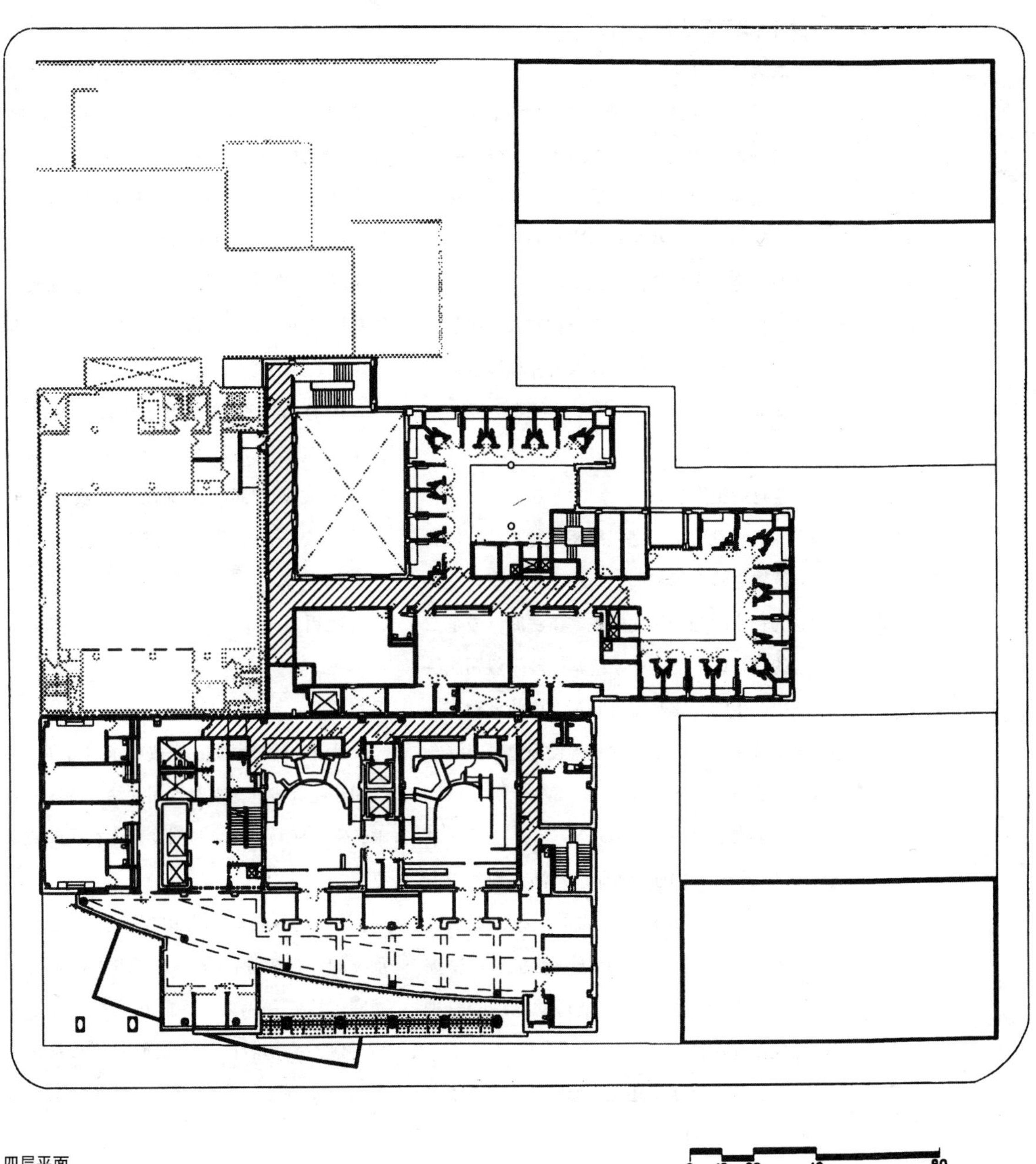

四层平面

少年和家事法庭

地点选择和设计

第 4 章“法院设施”中提到地点选择和设计的准则也与少年和家事法庭建筑相关。在这些准则中，邻近能够将人们送达建筑的公共交通系统以及为开私家车的人们提供良好的车道、充足的停车位尤其重要。地点设计同时也应预先考虑到晚上和周末时参加法院或法院相关活动的来往人流在该地点周围的交汇。

建筑物的组织状态

这些法院的司法组织系统与系统、位置与位置之间各不相同。一些系统拥有完全独立的和专门的少年法庭或家事法庭，或是二者的联合体。另一些系统则处理一般司法法庭中产生的少年和家事问题。由此导致在一些系统中，这些法院的基础设施建设以混合搭配的方式变化。

新建筑的规划和设计应当反映第 4 章“法院设施”中的概括原理，涉及到如下方面：法院布局和法院楼层的组织，底层或靠近底层处大容量公共场所的位置，受控的、为公众、私人和安全行动提供的三种方式循环路径。

另外，除了上述主要原则外还有几点第 4 章给出的设计原则应当加以考虑：(1) 所涉及的使用者的特殊性质；(2) 存在的增加的安全风险；(3) 适应未来不断变化的运作情况的灵活性需求。

不同用户群

几乎所有的少年和家事法庭都服务于多种用户，包括儿童、家庭成员、工作员工、法官、执法人员和服务人群。

用户既有单个前来的，也有两个或多个结伴而来的。一般峰值时间在上午 8 ～ 10 点间以及下午 1 点后，但是在周末和傍晚可能有相当多的活动。非常规时间的活动是此类建筑独具的特色。

所有公共交通方式通往该地点和该建筑的道路以及停车场地在一天中的任何时间或晚上都应当确保照明良好，开放并且安全。建筑物的进口、停车场和公共场所都应设计明确的路标，方便所有人使用。

保安要求

少年和家事法庭的保安要求通常高于一般司法法庭或其他限制性司法法庭的保安要求。家庭成员之间争吵引发暴力行为的威胁更大。

“庭前等待时间”的保安措施是非常重要的，存在特有的、可识别的风险时段。观察、控制和隔离等手段在这些时段是必须手段。来访者区的控制可能要求将接待人员分派到专门的等待区接待公共来访者和涉案人员。

公共入口处的安检站应当能够应对人数众多的情况，包括儿童，以保证人群不会过分拥堵。应设有三向公众 / 私人 / 保安环路系统，并且监视或保安措施应遍及建筑以及朝向门外停车场的建筑入口。所有区域都应当能够保持可见和可控，包括外部通道。

对未来变化的适应性

少年和家事法庭建筑的设计应适应操作和司法权随时间的变化。应能适应该地点和建筑内的变更和扩展情况。

案件司法权的变更可能包括当前不需要陪审团的法庭和建筑内日后可能需要陪审员(和陪审席、陪审团考量室)。每年都有越来越多的案件和人参与到少年和家事法庭的诉讼程序中。因此，建筑的设计应预先考虑未来的活动，从而设计出更加开阔、能适应更多公众和工作人员的、法庭和听证会室更大的法院建筑。

外部设计

少年和家事法庭建筑应传达一种欢迎的建筑风格。建筑的比例应当适合周围的物理环境并能反映社区在诉讼程序中的角色。比例和图案应尊重广大的使用者，应当平易近人而不是令人害怕。

建筑的设计也可反映法院专有的司法权。如果是少年拘留案件的审理，建筑物应突出庄严感和法律体系。如果是离婚和儿童抚养案，其设计则应为家庭导向性的，并应特别注意为案件当事人及其家庭成员提供分隔的场所。

▲ 在安全玻璃外墙内的入口交通大堂。拉姆西县未成年人及家庭法院中心。圣保罗市，明尼苏达州。建筑师：沃尔德。摄影：乔治·海因里希

内部设计

公共场所

如同第 4 章所讨论的一般司法法庭的公共场所一样，少年和家事法庭的入口大厅、走廊和等候区易于采取降低成本的措施，因为它们通常不考虑出租场地。大厅、走廊和等候区的设计应光线充足，空间开阔。这些区域的高人流量也要求是用持久耐用的材料和涂料。

▶ 法庭外的等候区域。拉姆西县未成年人及家庭法院中心。圣保罗市，明尼苏达州。建筑师：沃尔德。摄影：乔治·海因里希

大厅和公共走廊区域通常为儿童提供艺术展的机会。

路标应当易于看见，能被使用英语和使用其他主要语种的人理解。触摸屏系统可用于补充其他信息系统，比如显示某天内听证会的时间表安排；但是它们不能作为进入建筑的人可以依赖的主要指导来源。公共信息咨询台应使穿过安检站的访问者易于看到。

受害者／证人隔离和等待区。隔离和受控的等待区对于在案件审理前、审理中和审理后停留在建筑内的受害者和证人是必要的。这些隔离的等候区须具备适应各类案件和当事人的能力。家具大小和座位安排应考虑到儿童的需要。

等候区的位置应考虑光线和视线的舒适度，以及声音的控制和安全性。向内朝向中厅或一层与二层间带有栏杆和瞭望台的夹楼层的家庭和儿童等候区可能存在过度吵闹和不安全的风险。

受害人／证人等候区应当便于保安人员监视，并且楼内穿制服的工作人员也可起到制止暴力行为的作用。律师与客户交换意见用的小型会议场所应位于等候区附近。

宣判场所

法庭的图案对于少年和家事法庭建筑很重要。它应当“庄严而无压迫感”[1]。在过去的20年中，许多少年法庭被设计为“起居室式”法庭——低顶、放松，像一间会议室。一些现在的法官认为这一设计并未发挥作用，在严重的少年案件和有争执的家事案件审理过程中尤为明显。他们相信，是庄严的建筑和法庭对作出有分量的决定有所帮

1 Hunter Hurst, *Shaping a New Order in the Court: A Sourcebook for Juvenile and Family Court Design* (Pittsburgh, Pa.: National Center for Juvenile Justice, 1992)pp.3-5.

助，而不是“起居室”式法庭。

在从属案件（与少年犯罪案件相比）的审理过程中，法院和听证会室设计使人感到安全、不会受到侵犯并且使威胁感最小化，这一点尤其重要。

无论法庭席位设置在中央还是边角，都应适合少年和家事法庭，并取决于司法权和法官、法庭的偏好。

法庭布局。法庭布局应当让所有当事人能够彼此看到、听到。法官席、证人席和辩护律师席的所有座位之间保持清晰的视线。但设计不应强迫受害人、证人和被告人进行直接的目光交流。

法官助理应位于法官旁边，在便于到达和交谈的距离内。法院书记官的位置应允许法院书记官与证人席、律师席和法官之间保持清晰的视线，并且法庭应容许简单的设备移动，如果法院书记官必须要更换位置。应当为公众、法官、工作人员和在押人员（成人或青少年）分别提供入口。

▲ 法庭，中央陈设有法官席及为某个案例诉讼当事人所准备的长凳与桌子，拉姆西县未成年人及家庭法院中心。圣保罗市，明尼苏达州。建筑师：沃尔德。摄影：乔治·海因里希

可达性。少年和家事法庭应能够接待各种体形、年龄和身体状况的人。因此法庭的设计必须考虑身体特征的最大可能范围。使用者的这些差异影响到法庭和个人区域的大小和比例以及材料选择。因为可能有低龄儿童参与，证人席的设计和人体工程学必须能够应对不同身体大小及相应的视线。

法庭设计应满足，并且在某些方面超过，第 11 节（Section 11）“联邦残障法案环境无障碍导则”中总结的残疾人可达性要求。法庭中多数位置（包括证人席、公共区域和辩护律师席）的设计应既便于成人也便于儿童。位置应适应各类身体、精神残疾以及弱势群体。

技术。应提供合适的音频和食品仪器（扩音器，音频 / 视频会议、远程宣誓作证以及展示证物）。这些系统对于少年和家事法庭是重要的，尤其在庭外远程儿童作证的证词可能被允许时。声音系统和室内声学的设计必须支持小孩子的小声发言。

▶ 鸟瞰，韦斯特·瓦利未成年人娱乐中心。Rancho Cucamonga 市，加利福尼亚州。建筑师：帕特里克·沙利文联合事务所

▼ 场地平面。韦斯特·瓦利未成年人娱乐中心。Rancho Cucamonga 市，加利福尼亚州。建筑师：帕特里克·沙利文联合事务所

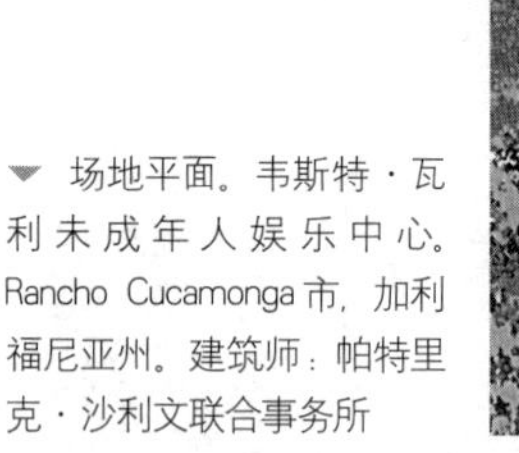

少年感化中心建筑和教养所

尽管有保安设施，少年感化中心建筑外表看来与成人感化中心相比其机构性稍弱。设计鼓励少年在辅导员或工作人员的适当观察和监督下集合在一起。即使是按照高安全标准设计的建筑，保安措施也倾向于弱的强迫性。

地点选择和设计

第 3 章“成年罪犯拘留所”中提到与少年感化院和教养所相关的地点选择和设计的标准。尤其是少年感化院地点的选择，不应远离需包括社区资源和非住宅设施的教育活动。建筑应当靠近或在社区中心。对于教养所，相对来说与家庭和社区资源联系较少，可考虑将其位于较远的位置。

建筑布局

20 张床或床位更少的少年感化院通常设计为单层建筑。这样，通往各区域的通路

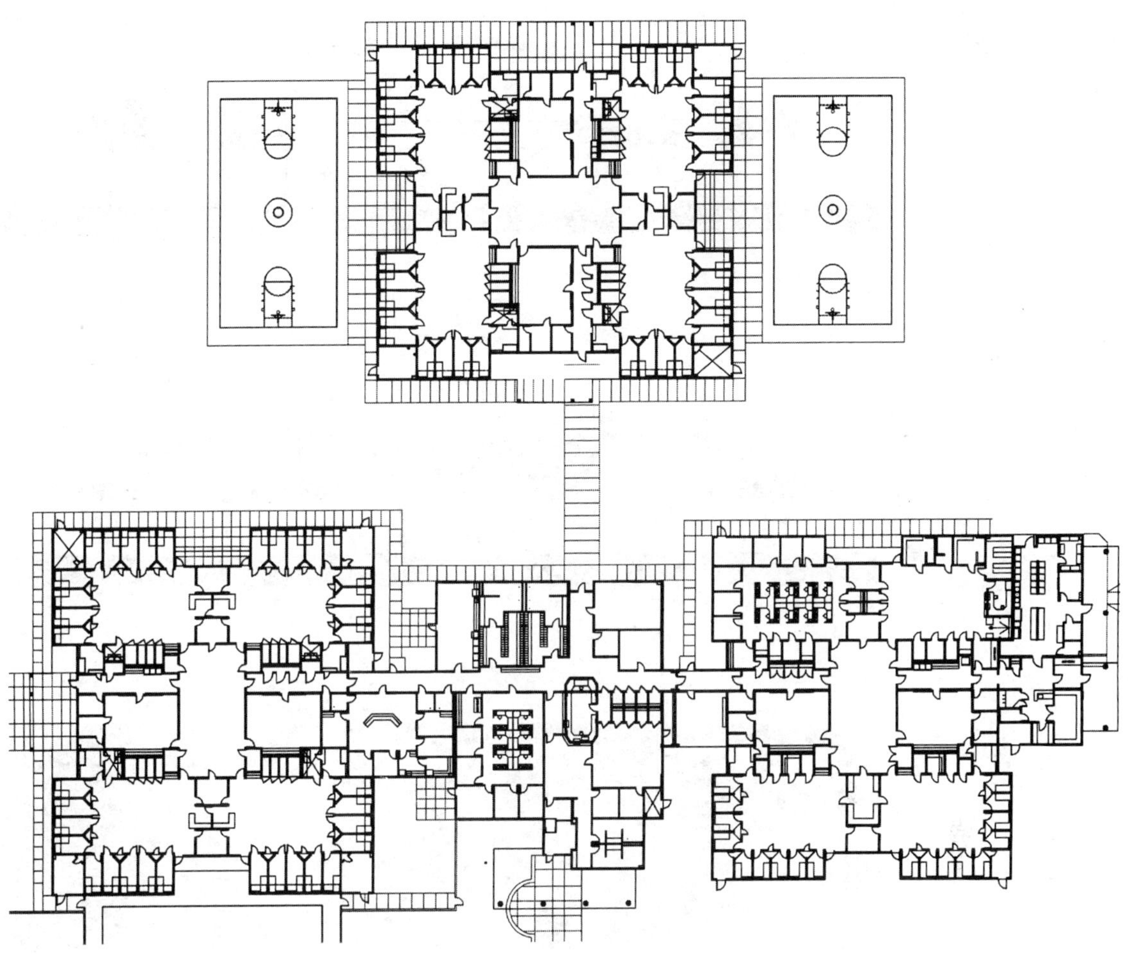

很简单,但是该地点的底座(地基)占地很大。也有很多少年感化院设计为多层建筑。住宿单元可以是分开、多层的也可以按行列安排。在这些单元，安静休息室可位于各层，而活动区则位于中间层。建筑底座在这些布局中可以较小。在这些情况下，服务和辅助功能可位于其他层。

大多数州的教养所可设计为校园复合体或作为单独的建筑。单层建筑更佳。

住所

早期少年感化院类似于监狱和拘留所，休息室控制中心周围设有双侧负荷走廊。今天，少年犯住宿单元一般有三种主要布局——密集式、线形和联合式。

密集式。典型的密集式布局将休息室场所布置在住宿室（宿舍）前方。密集式

▲ 密集的居住组团平面，该平面带有室内教室与活动空间。每两个组团有直间监督站，附近有户外娱乐设施。韦斯特・瓦利未成年人娱乐中心。Rancho Cucamonga 市，加利福尼亚州。建筑师：帕特里克・沙利文联合事务所

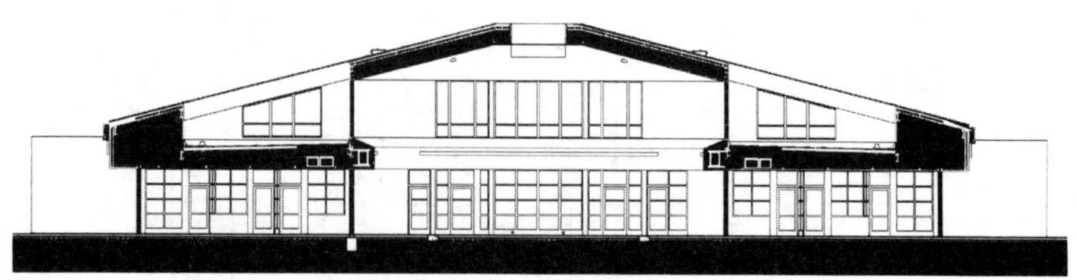

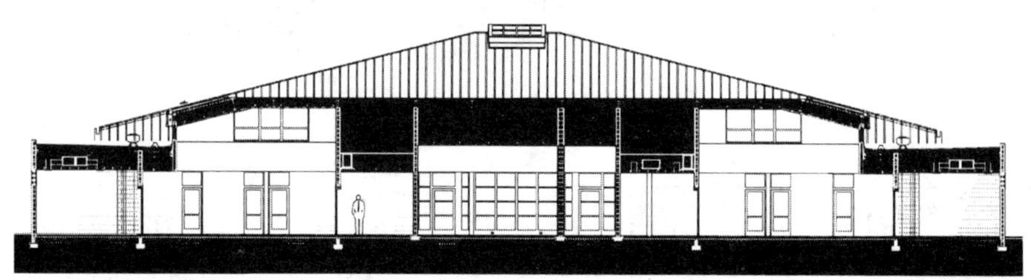

▶ 标准的密集居住组团的剖面。韦斯特·瓦利未成年人娱乐中心。Rancho Cucamonga市，加利福尼亚州。建筑师：帕特里克·沙利文联合事务所

▶ 居住空间的中央多功能房间的室内布置，在二层周边的墙上和屋顶有自然采光。韦斯特·瓦利未成年人娱乐中心。Rancho Cucamonga市，加利福尼亚州。建筑师：帕特里克·沙利文联合事务所。摄影：尼克·惠勒

设计将三或四个小型住宿单元（房间和休息室，带有活动娱乐区）布置在中心活动区和一个主要控制或工作人员站的周围。这种布局使工作人员既能进行监管又能够与个人和集体进行互动交流。在夜班时，这种布局能够让工作人员直接看到各个宿舍的门。密集式设计主要关心的是能否隔离活动在其他群体之外的少年。而线性布置使得监视更难。

线形。线形设计理念的设计特点是将住宿单元沿循环走廊布局为单个或成双的区域。住宿单元可在一层或分离的层，或重叠。休息室可与宿舍在同层，也可在其他层。中心的循环区域通常在入口层。

联合式。建筑常被设计为将多种住宿单元混合在一起，这取决于住宿的人数和监管程度，以及其他的分类要求。

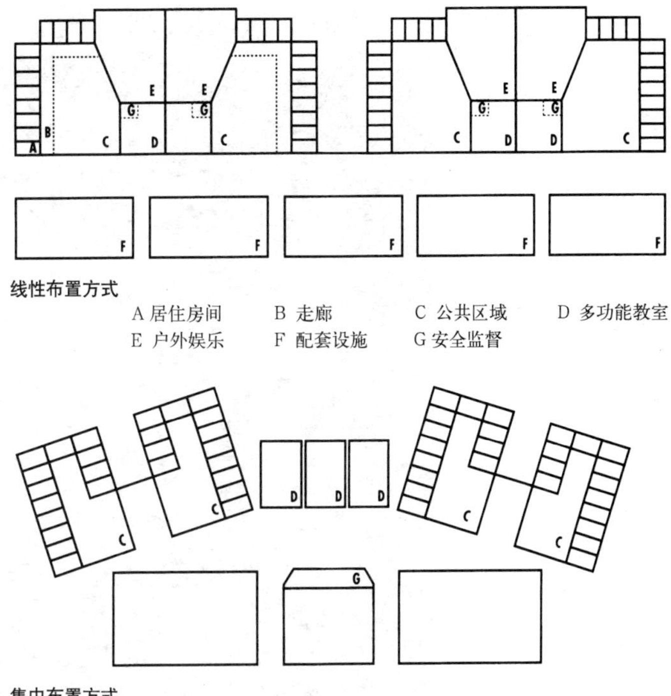

▲ 未成年人居住空间的典型单元设计概念。居住单元通常是线形布置的，集中式或联合式

外部设计

青少年司法建筑与成人用建筑设施相比更带有居住的性质和规模。尽管已设计建造了大型的设施，现在的许多建筑设施也建有分组或密集的建筑，将小型的学校和校园规划集合在一起。许多看起来像特殊功能的学校，并提供基于社区的服务。

此类建筑很少将大量混凝土用于外部建筑。虽然需要设置安全关卡，但是通常建筑力求使其不显得压迫。建筑材料应为砖、石或混凝土，但成块和垫块比较小并且层高低，通常带有倾斜的屋檐、窗户和天窗以引入自然光线。

城市和乡村青少年司法建筑通常集合多种功能，包括住宿和以社区为基础的劳教活动，既有对内也有对外的关注。一个建筑在公共方面应体现纪律和秩序，特别是当包括法庭功能时，还应体现法庭的庄严与可靠。相反的，工作人员区和青少年关押区的设计则更应体现开放和透明感。非城区较小型的用于短期拘留的建筑，其设计的开放性是很重要的，尤其对于用于 14 岁以下青少年的短期拘留的建筑。

用于重犯，特别是 14 ～ 16 岁间的青少年的高安全建筑设施有不同的主题和标准。

▶ 鸟瞰。地区青年拘留中心模型，佐治亚州，未成年人法院部。建筑师：帕特里克·沙利文联合事务所

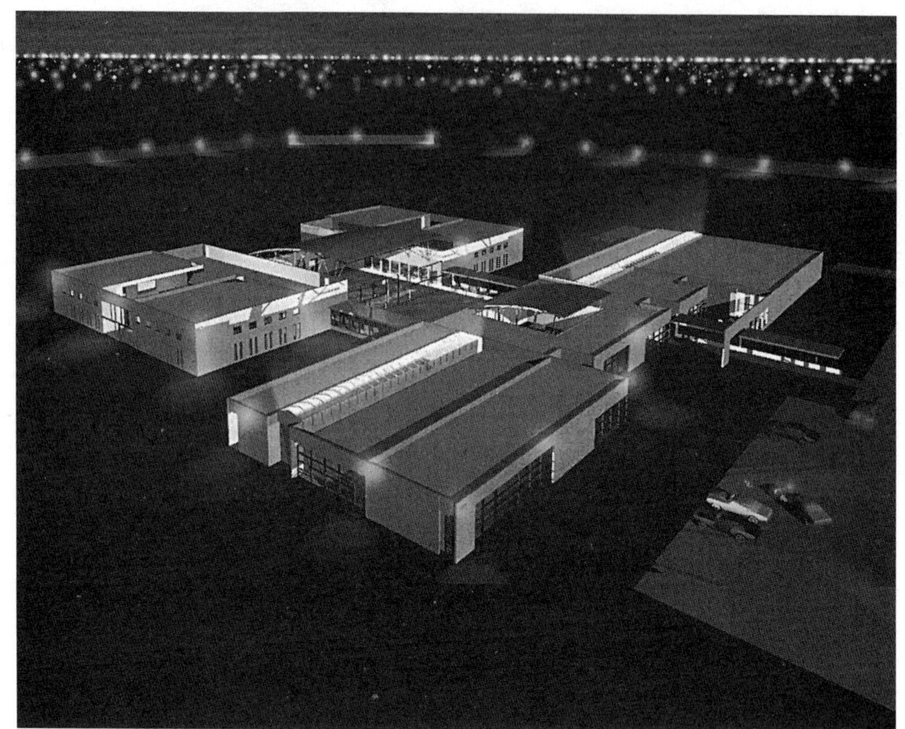

▼ 外立面研究。展现了该法院低层建筑的特征。地区青年拘留中心模型，佐治亚州，未成年人法院部。建筑师：帕特里克·沙利文联合事务所

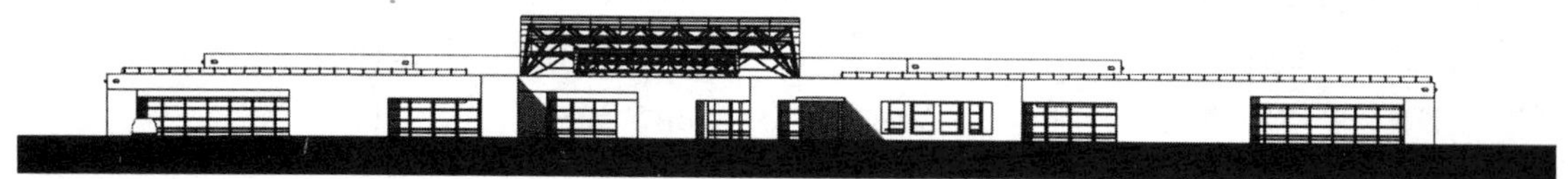

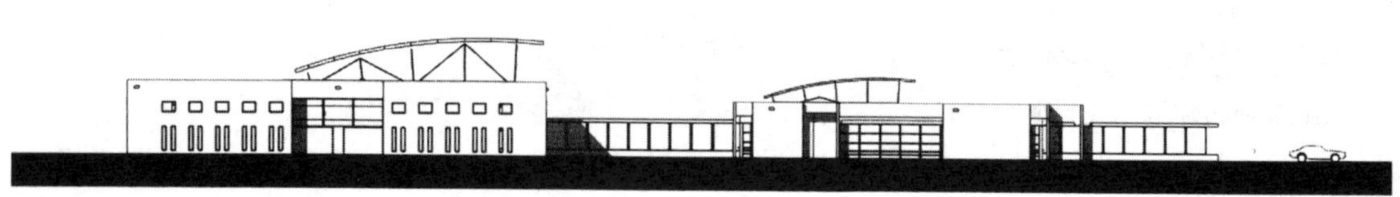

围绕合适的建筑方案仍存在激烈的争论。

内部设计

青少年司法建筑的设计和设备应使自杀机会最小化。当青少年不总是处于工作人员监管的场所，如宿舍和浴室，这一条很严格。家具、照明、采暖、通风和空调（HVAC）设备间和护栅；浴室装置；管道护栏和格栅；以及其他所有安装在青少年司法建筑内的设施和元素都需经过仔细挑选和安装。

防自杀设计的特殊要求包括如下几点[1]：

- 内部没有栏杆或窗户；
- 固定物需安全安装，装置无裂缝或突起物；
- 门上用可移动或可拆卸折页插销；
- 安全安装换气铁窗，不大于 1/8 英寸，其边框与周围墙面平齐；
- 封在散流器和通风口上的格栅应足够用于通风但应能防止儿童将手指或衣服塞入；
- 凹入式淋浴喷头；
- 床没有孔槽或突起；
- 喷泉式饮水机没有突起的水嘴外壳（保护装置）或排水槽；
- 一碰即倒的安全钩；
- 穿衣镜不易破碎，安装与墙面平齐；
- 下水管道封闭，不可到达。

专家提示，设计应“避免任何表面，边缘，固定物或装置可用于连接或悬挂”。还有一系列其他关键点须加以强调[2]：

- 毛巾架应采用球铰或锯齿扣，而不是下拉式挂钩或短棍；
- 床、桌子表面和架子应当没有尖锐边缘，并能防止连接；且床应完全封闭在下；
- 轻固定件应为隐式且不可改动；
- 室内的门把手、水龙头、消防自动喷头和门硬件应设计为隐式，其设计应避免连接及轻载重下的破坏。

标准设计

美国律师协会（ABA）支持的标准和理念推荐，在青少年司法建筑内鼓励一种社区和个人空间感。这可通过如下标准设计技术实现：

- 通过空间特征、房间户型、光照、楼层、顶棚高度等的变化可强调建筑中不同部分的区别；
- 允许更换家具布局。家具布局不应为均一颜色和样式，不同房间之间应有所变化；
- 墙、地板、家具、窗帘、遮阳板和涂料的

---

1 Kenneth Ricci, Laura Maiello, and Shelly Zaviek, “Juvenile-Housing,” in Leonard R. Witke, ed., *Planning and Design Guide for Secure Adult and Juvenile Facilities*(Lanham, Md.: American Correctional Association,1998).

2 Patrick Sullivan, “Violent Kids: Environmental Responses/Architectural Challenges,” *Journal of the Environmental Design Research Association* 30(1999), p.8.See also David Lester and Bruce Danto, *Suicide behind Bars: Prediction and Prevention* (Lanham, Md.: American Correctional Association, 1993)and the work of Randall Atlas. The ACA has produced several instructional videos, inchuding “Suicide in Juvenile Justice Facilities: The Preventable Tragedy Video” (1990).Joseph R. Rowan, Diane Geiman, and Denise Flannery have developed *Suicide Prevention in Custody: Self-Instructional Course*(Lanham, Md.: American Correctional Association, 1991).

▶ 户外休闲区域。外立面研究。展现了该法院低层建筑的特征。地区青年拘留中心，佐治亚州，未成年人法院部。建筑师：帕特里克·沙利文联合事务所

设计采用各式各样的纹理、颜色和样式。

建筑内的标准环境通常是最为稳定的，是青少年寄宿者曾经经历过的。

个人宿舍应具有35平方英尺的开放空间，没有家具阻碍，并且最短维度应大于（等于）7英尺宽。应通过外墙上的窗户或室内其他小于20英尺的源直接提供自然光。典型的宿舍应配置一张床、一张配有合适座椅的书桌，当然也有不配有桌椅、只提供床位的房间。

所有生活区（宿舍、休息室、活动区）的自然光是一个重要的配置。标准设计配置可包括地毯、木制家具、窗帘及可增设的电视和娱乐设备。所有配置都应设计为经久耐用，沉重并且舒适，带有不易移动的固体结构和构件。在安全级别和活动目标允许的地方，过去十年中建成的一些建筑中配置了可移动的床，彩色的主墙和多种样式的地毯。

▶ 克拉马斯福尔斯县法院，克拉马斯福尔斯市，俄勒冈州。建筑师：卡普兰・麦克劳克林・迪亚兹与詹姆斯・D・马特森设计。摄影：迈克尔・奥卡拉汉

▼ 法庭。克拉马斯福尔斯县法院，克拉马斯福尔斯市，俄勒冈州。建筑师：卡普兰・麦克劳克林・迪亚兹与詹姆斯・D・马特森。摄影：迈克尔・奥卡拉汉

▲ 道格拉斯县监狱，劳伦斯市，堪萨斯州。建筑师：特雷纳，P.A.。摄影：史蒂夫 · 斯沃韦尔建筑图片公司

◀ 公共入口大厅。道格拉斯县监狱，劳伦斯市，堪萨斯州。建筑师：特雷纳，P.A.。摄影：史蒂夫·斯沃韦尔建筑图片公司

▼ 具有直接监督站点的居住房间娱乐室。道格拉斯县监狱，劳伦斯市，堪萨斯州。建筑师：特雷纳，P.A.。摄影：史蒂夫·斯沃韦尔建筑图片公司

▲ 纽约州青年社区。小路易斯・戈塞特居住中心，兰辛市，纽约州。建筑师：帕特里克・沙利文联合事务所。摄影：尼克・惠勒／惠勒图片社

◀ 居住单元休息室。纽约州青年社区。小路易斯・戈塞特居住中心，兰辛市，纽约州。建筑师：帕特里克・沙利文联合事务所。摄影：尼克・惠勒／惠勒图片社

▲ 标准卧室。纽约州青年社区。小路易斯 · 戈塞特居住中心，兰辛市，纽约州。
建筑师：帕特里克 · 沙利文联合事务所。摄影：尼克 · 惠勒／惠勒图片社

EXIT

◀ 日托服务中心。安大略省级警察总部。建筑师：Salter Farrow Pilon 建筑设计公司/Dunlop Farrow 公司。摄影：Design Archives/鲍勃·伯利

▶ 公共入口大厅。安大略省级警察总部。建筑师：Salter Farrow Pilon 建筑设计公司/Dunlop Farrow 公司。摄影：Design Archives /鲍勃·伯利

▼ 执法博物馆。安大略省级警察总部。建筑师：Salter Farrow Pilon 建筑设计公司/Dunlop Farrow 公司。摄影：Design Archives/鲍勃·伯利

▲ 安大略省级警察总部。建筑师：Salter Farrow Pilon 建筑设计公司/Dunlop Farrow 公司。摄影：Design Archives/鲍勃·伯利

◀ 法律图书馆。爱德华·W·布鲁克法院。波士顿市，马萨诸塞州。建筑师：Kallman McKinnell Wood。摄影：史蒂夫·罗森塔尔

▶ 法官房间。爱德华·W·布鲁克法院。波士顿市，马萨诸塞州。建筑师：Kallman McKinnell Wood。摄影：史蒂夫·罗森塔尔

▲ 法庭。爱德华·W·布鲁克法院。波士顿市，马萨诸塞州。建筑师：Kallman McKinnell Wood。摄影：史蒂夫·罗森塔尔

▶ 从楼厅俯瞰入口圆形大厅。爱德华·W·布鲁克法院。波士顿市，马萨诸塞州。建筑师：Kallman McKinnell Wood。摄影：Peter Vanderwarker

▲ 爱德华·W·布鲁克法院。波士顿市，马萨诸塞州。建筑师：Kallman McKinnell Wood。摄影：史蒂夫·罗森塔尔

◀ 中庭。爱德华·W·布鲁克法院。波士顿市，马萨诸塞州。建筑师：Kallman McKinnell Wood。摄影：Peter Vanderwarker

▲ 具有强烈城市地标特征的新22层大楼。卡尔·B·斯托克斯美国联邦法院。克利夫兰市，俄亥俄州。建筑师：Kallman McKinnell Wood。摄影：罗伯特·本森

▲ 格兰德瓦利女子狱所。基奇纳市，安大略省。建筑师：Kuwabara Payne McKenna Blumberg。摄影：斯蒂芬·埃万斯

▶ 室内。格兰德瓦利女子狱所。基奇纳市，安大略省。建筑师：Kuwabara Payne McKenna Blumberg。摄影：斯蒂芬·埃万斯

▲ 教室。格兰德瓦利女子狱所。基奇纳市，安大略省。建筑师：Kuwabara Payne McKenna Blumberg。摄影：斯蒂芬·埃万斯

▲ 标准的居住单元门廊。基奇纳市，安大略省。建筑师：Kuwabara Payne McKenna Blumberg。摄影：斯蒂芬·埃万斯

第 7 章

多用户建筑

多用户建筑是一类可用于不同司法程序的建筑，其内部也经常有其他租赁者共同使用，或是在同一个屋檐下或在相距很近共处一室的基础上他们可被考虑为同一项目的一部分。术语“multi use”（多用途）和“mixed use”（混合用途）有时用于称呼这一类建筑。我们更倾向于“multi-occupant”（多用户）这一术语。

在美国联邦，州和地区级别上，多用户司法建筑的建造有很长久的传统。数不胜数的联邦建筑及包括法院，也包括其他政府办公室，例如，通常包括一所美国邮局。在许多国家，政府的所在地是一个同时为县治安官、监狱、市长或其他当选官员的办公室，或许甚至为消防部门同时提供空间的法院。

近年来许多此类多用户建筑以累积的方式发展起来。这样的建筑可能始于 19 世纪时为单一用途设计的结构，但在随后的几十年中被扩增并且被多次内部改组。有一些补缀（分块聚集）在一起的建筑或空间群，可能是由于预算和其他资源限制而临时代用的。

较老版本的多用户建筑尺度上趋向于小型或中型。他们被设计为进行简单的活动，相应的服务于小型社区。今天，一些多用户建筑可达到相当大的尺度，并且它们的多种元素设计和建造通常一次完成，或作为主计划的子部分并根据时间表分阶段发展。

▲ 拉克利德县政府中心，莱巴嫩市，密苏里州。建筑师：ASAI 建筑事务所。摄影：建筑摄影有限公司

缺乏设计指南

没有规划和设计指南类文件直接关注多用户建筑。事实上所有的设计指南资源都在其分散的各元素方面、在逐一建设的基础上强调司法系统，分散的元素包括执法部门、成人拘留所、法院、感化院、青少年和家事法庭。正如前几章所言，每一系列的此类文件只关注一种主要的建筑类型或另一种，操作方面则通常在具体议题上被加以强调。

强调专项（如保安、法庭、技术等）的补充性导则可以找到，但同样因关注点和通用性不同而变化很大。当面对一个多用户建筑设计的挑战时，设计决策者通常无法依靠个人经验和项目特有的情况进行设计。

技术与特性的挑战

缺乏设计导则方面的文献是不幸的，因为多用户建筑会带来严肃的挑战，既有技术方面的也有与特性相关的。首先这个简单的问题“当不同司法程序在同一屋檐下并行时会发生什么？”其内容就涉及从不同建材和建造方法的各个方面到司法建筑应当如何建造这个有争议的话题。

技术挑战

不同多用户建筑可能有不同的建造方法以符合多种多样的建筑系统。建筑内的每一类型的用户都有其特有的程序需求，须适合不同的法规与标准。

一个建筑的一部分可能需要最先进的无线电通信设施从而在24/7的基础上支持技术密集型操作流程，而其他部分则仍主要由钢筋混凝土结构构成。一个工程的一部分可能需要防爆外墙修整；另一部分可能只需要按照办公室建筑的标准设计。一种情况下可能需要综合的建筑系统控制，而另一种情况下则需要独立的控制。当不同用户单独为其所享有的操作流程和维护付费，每一家用户都可要求自己所需的控制系统。

当不同用户一定要适合已存在的用以容纳他们的建筑时，或当他们需要进入一个已经存在建筑物的地点时，技术挑战可能更复杂。如果今后多用户联合体中一或多种元素较之其他元素以更快或欠指导性的速度发展，复杂程度可能增加。发展的问题和适应性设计对于某种元素应优先考虑。

如要准确计算多用户工程造价，较之普通工程需要更多具体的费用估计。已经不止一项工程陷入了费用变更的困境，由于其单部工程的费用被资金来源所误算或误解。

特性挑战

设计者需询问：

- 什么类型的用户相邻是合适的？
- 是否所有可能的用户联合都需同等考虑？
- 法庭和警察，比如说，是否应当相互临近？
- 当不同用户在同一建筑内，且可能共用一层，应当由谁管理环境？
- 当其被公众感知时，由谁或者什么决定建筑的特点？
- 当建筑有多种特征时是否有什么不同之处？抑或是根本没有明显特点？

选择合适的相邻用户问题对于司法的政府三级部门来说是至关重要的。其作为一个独立、公平的机构的权力可通过其在同一实体建筑内增强或削弱。当法院与其他司法以及司法相关的、或非司法业务一起加入到多用户联合体中时，最后所得的工程方案也许能够成功地在系统的工作运行中向公众灌输信心，也许不能。

在决定何类建筑应被建造、该建筑细节方面应当如何计划和设计时，用户间不同联合体的适当性应加以权衡。其他问题包括功能性、费用和方便度以及一个项目的专用循环通道，从建筑选址到地方政治。理想情况下，所有上述考虑在规划和设计阶段都应被解决以形成一个和谐的整体，与所有可接受的司法观念相符。

多用户建筑的典型式样

典型的多用户建筑包括一种或更多种联合体的类型，如下所示：

- 仅有司法用户；
- 司法用户及与司法相关的用户；
- 司法用户与来自公共部门的非司法用户；
- 司法用户与来自私营部门的非司法用户。

仅有司法用户

仅有司法用户的多用户建筑将两种或更多种主要的司法工作联合在同一栋建筑内或使其紧邻，作为同一个工程中的一部分。感化院和拘留所的联合并不稀奇。有些工程将成人同狱犯人、男性和女性、青少年囚犯和所有安全类别的同狱犯人，甚至是来自不同联邦、州和地方司法管辖区的犯人混合关押在一起。

最常见的仅有司法用户的联合体包括法院、执法机关和拘留所。执法机关监禁被拘留的犯人需要有监狱或牢房，如何能将犯人安全、经济地带入和带离刑事案件法庭，这已引发了关于是否应将法庭和监狱建造在同一位置的讨论和争议。

在这种联合（法院、执法机关、拘留所）下，各种元素的相对大小对于建筑整体风格的各个方面均有不可忽视的影响，从其技术需求到其形象。由于各元素的大小可变化，可能性的范围可以从一个极端——以法院为主，执法机关和拘留所作为辅助性的次要角色，到相反的另一个极端——监狱占绝对主导地位，仅有很小的法院成分。在某些情况下，法院则被其他用户所淹没，到了其外部不再具有建筑学可辨性的程度。

在各元素大小大致相同的情况下，该工程的建筑特征可能特别具有挑战性。常见的建筑学的解决方案倾向于强调在一个整体内部其他方面被统一的各元素其各自单独的外观。当法院的工作与监狱和执法机关的工作在同一地点却不相邻的时候，这是容易实现的。描述法院和监狱之间关系的一张经典的图示就是威尼斯的“叹息之桥”，在图中一座连接桥将两个主要元素连接在一起，用以来回押送犯人。

司法用户及与司法相关的用户

通常成为主要项目元素的司法相关的用户在法院、青少年和家事法庭中表现得很明显。这些用户包括检察官，公设辩护律师和缓刑监督官。这些相关专业人员的人数，以及他们工作的保密性质，使他们必须作为独立的用户对待，需要空间，通常需要大量空间，并且与建筑的其他部分相分离。

青少年和家事司法建筑倾向于包括多种程序元素。单一工程中的不同用户可包括法院，用于不同性别和不同安全级别犯人的住所，教育用建筑，用于滥用药品和心理咨询

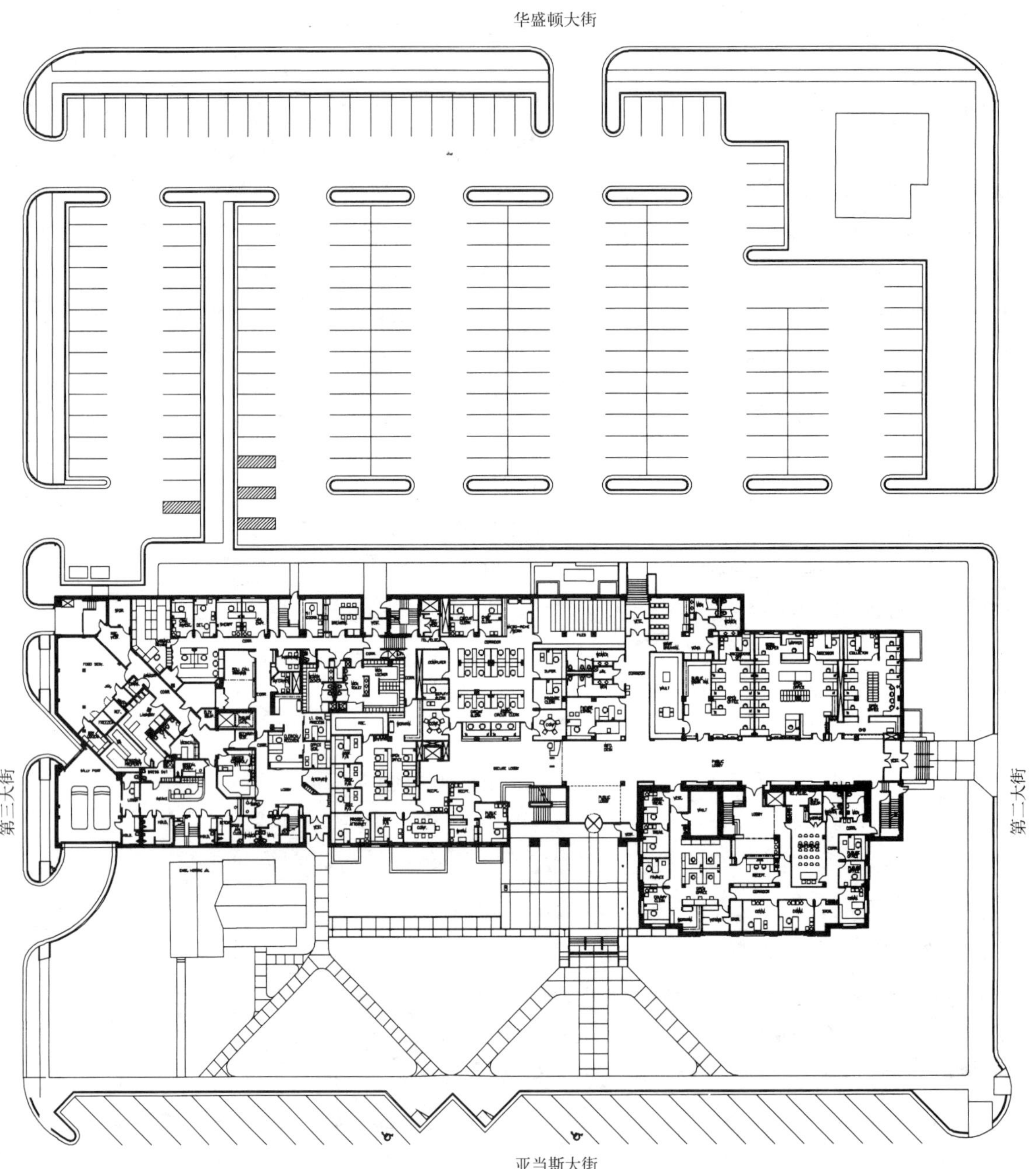
华盛顿大街
第三大街
第二大街
亚当斯大街

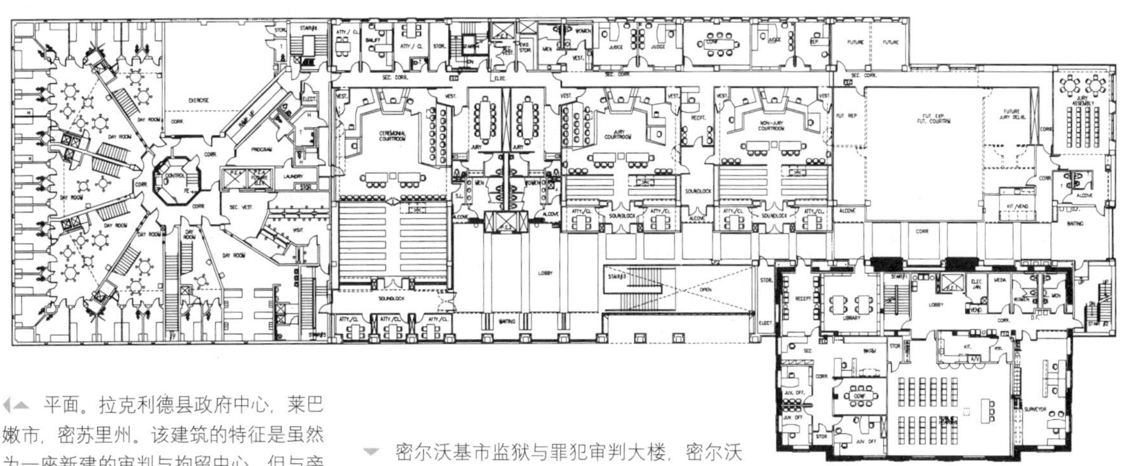

◀▲ 平面。拉克利德县政府中心，莱巴嫩市，密苏里州。该建筑的特征是虽然为一座新建的审判与拘留中心，但与旁边一座 20 世纪 20 年代所建的法院融为一体。建筑师：ASAI 建筑事务所

▼ 密尔沃基市监狱与罪犯审判大楼，密尔沃基市，威斯康星州。把不同的建筑连接在一起的天桥经常被用到，尤其是对于被监押的人从监押区到法庭的转移而言。建筑师：文丘里建筑师事务所。摄影：霍华德·卡普兰，建筑摄影有限公司

的独立处理中心，一家诊所以及类似部门。该建筑设施作为一个整体可按照校园布局发展为低层建筑，将不同的用户安排在不同的建筑中。某些建筑中的业务，以及某些情况下建筑本身可被私营承包人所管理和拥有。

含多个司法相关用户的工程中，其主要设计任务包括找到自由通道和限制性通道间合适的联合体，从而能够适用于混合用户群，用户群中也包括通常傍晚和周末时间来此建筑的单个市民和家庭。

司法用户与来自公共部门的非司法用户

司法业务的房间通常安排在其他不相关的公共部门用户旁边。其他政府机构的存在是很常见的。在联邦的级别上，法院建筑的办公室可出租给美国联邦政府总务管理局或退伍军人事务部。当法院的成分仍是主要的，工程整体的建筑风格可呈现一种司法的外观。

但是当司法部门的面积与公共部门用户的面积相形见绌时，该建筑就是一个政府中心而不是司法建筑了。当政府中心作为一座单独的宏大建筑或者是小建筑群发展建设时，它们作为地标的规模和显著性可能使城市设计的优先性成为首要重点。建筑设计除受司法影响以外，还受到其他影响。

在州和地方的级别上，将司法和其他公共部门的用户混在一起通常更具有多样性。一些执法机关的业务可能和消防部门在一起，它们可能包括紧急医疗服务部门（EMS，Emergency Medical Service Unit）和紧急行动

联邦大楼与法院，奥克兰市，加利福尼亚州。这座建筑的规模与位置，可容纳两打以上的联邦与州机构，成为天际线上一个显著的地标。建筑师：卡普兰·麦克劳克林·迪亚兹。摄影：Imperial Color Labs 有限公司（理查德·巴恩斯和尤·斯塔尔）

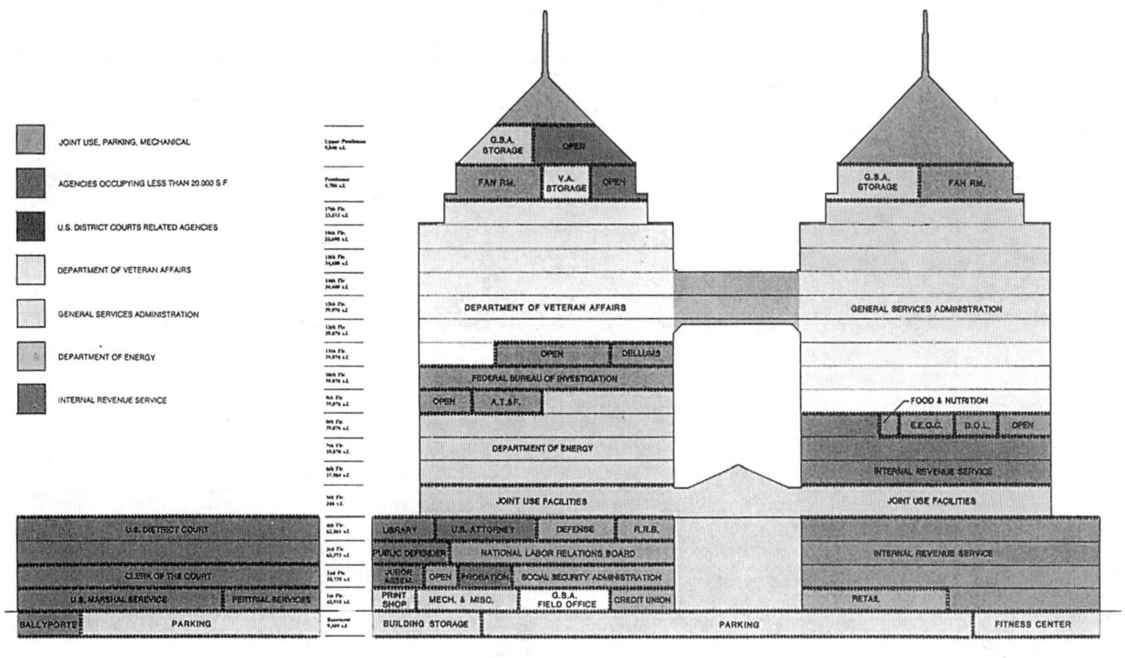

▲ 剖面，联邦大楼与法院，奥克兰市，加利福尼亚州。105 万平方英尺建筑总面积的近 15% 为美国行政法庭所用。建筑师：卡普兰·麦克劳克林·迪亚兹

◀ 场地平面。联邦大楼与法院，奥克兰市，加利福尼亚州。建筑师：卡普兰·麦克劳克林·迪亚兹

▶ 大洋城公共安全大楼与法院，大洋城，马里兰州。该大楼包括法庭、执法机构、少年犯服务机构、紧急、医疗机构和紧急事件处理中心。这个大楼是用来处理夏季旅游季节增长的事件，以及处理诸如飓风之类的自然灾害。紧急事件处理中心位于较高的地势以防止洪水的冲刷。建筑师：艾尔斯／圣／格罗斯。摄影：Alan Karchmer

▲ 拘留房间，大洋城公共安全大楼与法院，大洋城，马里兰州。建筑师：艾尔斯／圣／格罗斯。摄影：Alan Karchmer

◀ 法庭。大洋城公共安全大楼与法院，大洋城，马里兰州。建筑师：艾尔斯／圣／格罗斯。摄影：Alan Karchmer

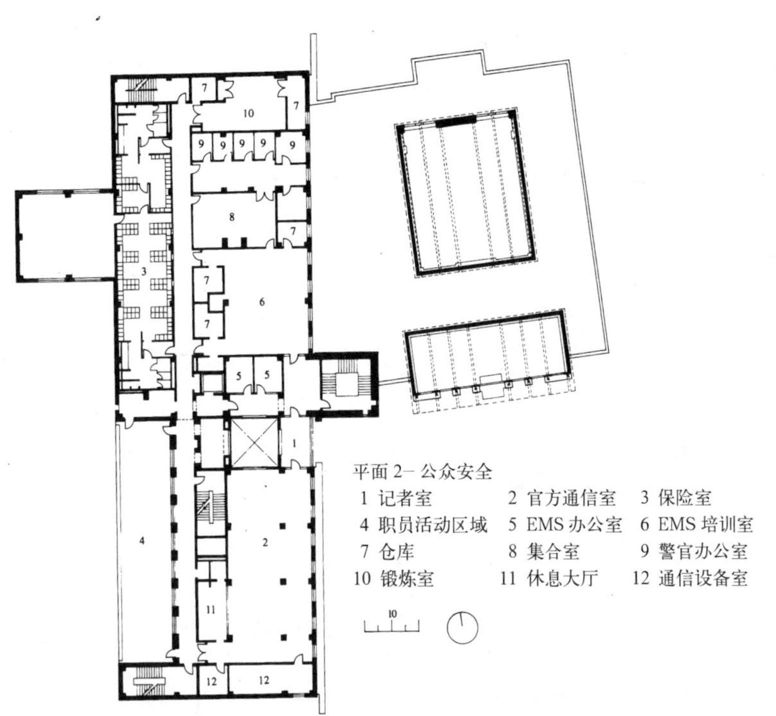

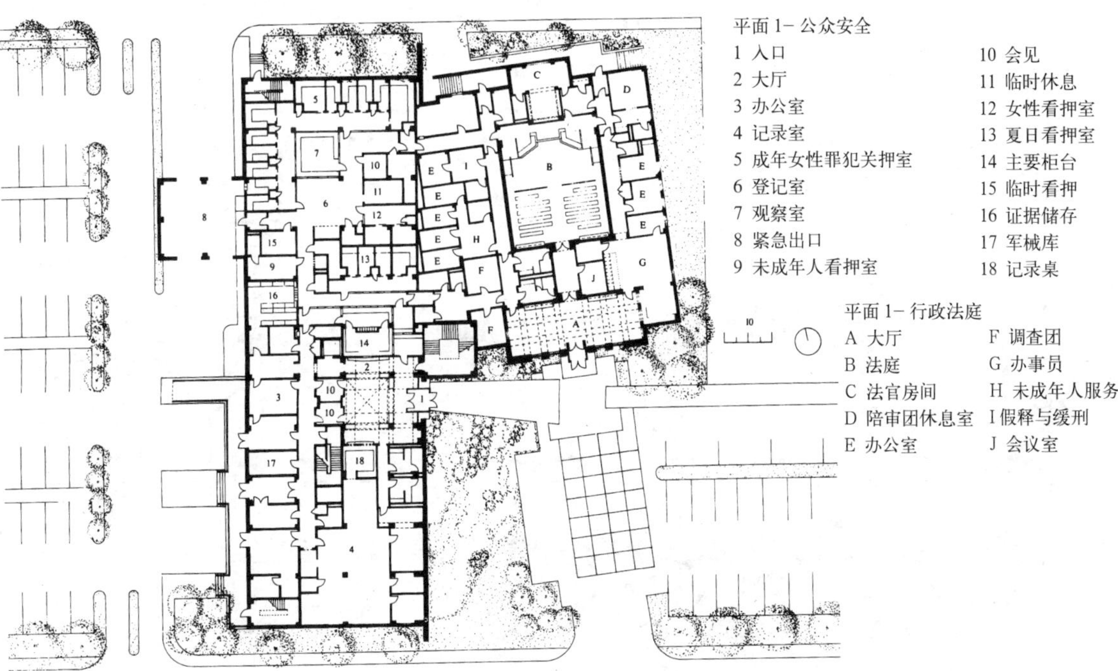

表达公共安全区域与行政法庭之间关系的平面。大洋城公共安全大楼与法院，大洋城，马里兰州。建筑师：艾尔斯／圣／格罗斯

中心（EOC，Emergency Operation Center）。

更典型的，法院、执法机关、拘留所的联合体，州、国家和／或市政府（如国家管理委员会和管理人，市议会和市长）以及公园和娱乐部、财政部、规划和分区部等机构可按照不同的比例分配办公室。

给规划和设计带来的挑战涵盖以下范围：从实现一致的建筑风格而不是混乱无序，到发展建造合适的分区的建筑服务基础设施以满足不同部门或机构的需求，这些机构中有些是按照 7/24/365 的模式运行的。建筑设施中的很大一部分可能只有白天才会正常营业，而其他的部分可能一直运转，永不停歇。

司法和与来自私营部门的非司法用户

最近设计的很多司法建筑都留有出租给私人用户的面积。一开始的规划中就既包括供出租的办公室，也包括零售的空间。这些空间可能被设计为将来可由司法或其他公共部门用户收回，也可能不这样设计。发展出

▼ 米德尔敦市警察总部，米德尔敦市，康涅狄格州。法律拘留部分的一层平面，设计成具有大量零售空间。建筑师：杰特·库克·杰普森建筑有限公司

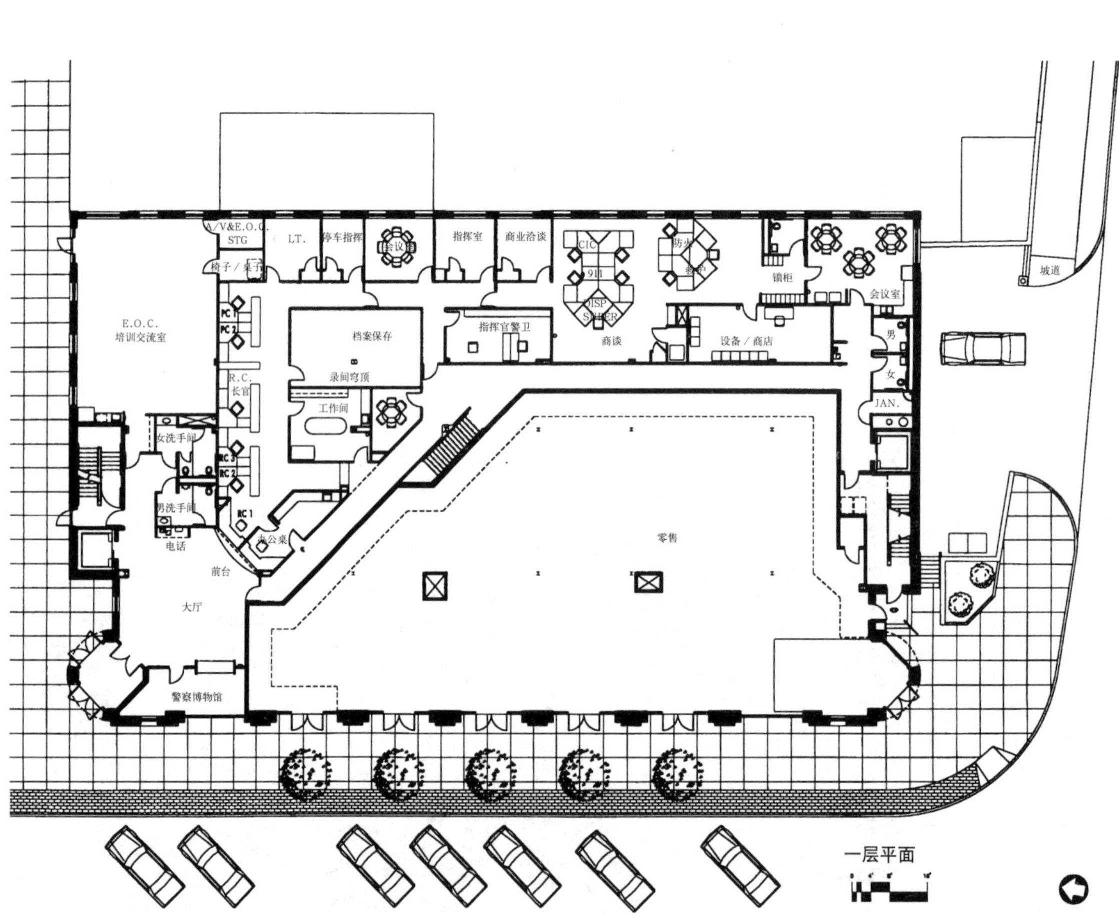

租空间可能是一种灵活应对司法业务增长扩大的方法。或者，私人承租人也可被当作是一个稳定的税收来源。

当私人部门的承租人被允许在正常营业时间后在建筑内穿梭并拥有建筑，那么就会存在额外的费用和安全问题。当出租空间在人行道层并且被限于主要面向沿建筑周界的空间，控制起来较为容易。这种情况下更需要费心考虑的设计问题可能包括外观。该任务可能是在保持建筑庄严的外观的同时，又要提供商业店面。

如果私营部门的出租空间位于上层，在高层的塔楼上，一个独立的、高成本的垂直通道核心可能是必需的，主要出于安全考虑。如果地下或附近的停车场也向私人承租者开放出租，未受监控的车上藏匿爆炸装置的可能性将会提高安全风险。

一些情况下，人们对项目财务中公私合伙契约的兴趣日渐增加。公共部门偶尔也发现与私营部门在出租和租购安排下一起工作是有利的。私营部门发展者，相应的，可能判断在多用户项目中鼓励更多的政府与私营活动联合是他们的利益所在，这些因素将使得这些混合的建筑类型的数量在未来的日子里增加。

未来的多用户司法建筑

多用户建筑将会继续以熟悉的和新颖的方式挑战设计决策者。面临这样的挑战将引起现有建筑的升级和扩建，以及新建筑的建设。

如果现有地点空间充足，足以容纳新建部分，挑战在于新的建筑物将与旧的建筑物同建在一地。开发新地点时，司法过程可能要在主设计的框架内运行，该设计要求多用户在一栋巨大的复杂建筑中或在分阶段建设的园区内。尚无某种多用户联合体被确认为主流的发展趋势，但是可合理的设想所有形式的多用户联合体都会向更为复杂的方向发展。

▲ 米德尔敦市警察总部，米德尔敦市，康涅狄格州。沿街零售铺面外立面。建筑师：杰特·库克·杰普森建筑有限公司。摄影：伍德拉夫/布朗图片处理

费用和便利设施

费用和便利设施是任何一个多用户工程所需考虑的问题。以往的传统知识认为将不同的业务放在一座独立的建筑中较之将其分别处理，可节省费用并提高效率。而现今这种观点可能符合现实，也可能不符合现实，这取决于特定的司法过程和同一座建筑中其他的设施。多用户建筑的建设和运作并不一定是效率最高或成本最低的。

便利设施也是一个困难和引起分歧的话题。到底方便了谁，方便到什么程度？律师和其他司法相关的专业人员认为便利的设施与普通市民所青睐的设施可能一致，也可能不一致。后者更关心司法建筑的公共交通是否良好，或更关心将不受欢迎的工程拒在小区外。

近年来兴起的将法院、青少年和家事司法设施结合在一起的“一站式采购”的概念力图在一个场所提供尽可能多的服务项目。司法界对于一站式采购方法的定义和希冀有不同的观点。当这种观念拓展到在同一地点包含其他公共服务时，结果就常常成为政府中心。

信息技术

未来的几年中可能出现新型的多用户建筑设施，因为信息技术持续影响着物理空间、时间和地理距离的概念。电子化处理信息的能力所带来的优势将会继续激发新的思考方式，以考虑何种程序业务和建筑设施需要关联在一起。

一种可能性是某些司法建筑设施将会组织化并更加广泛地分散在离散的网络中，而网络由集中的数据、记录或离线的作业流程设施支持。使用集中化的辅助设施使得减小某些建筑的规模成为可能。

简化或减小规模，反过来也使得设计师设计出合适的建筑概念及与背景相称的关系变得相对容易，并引发出全新的机遇，以还原司法专用建筑的区分性特征。

由于小型司法操作的分布式网络更具可行性，也可能出现对更多联合的抵消性趋势。司法和其他政府建筑可能日益被构想成为一个整体，乃至包括健康、教育、交通和文化活动在内的活动混合体，从而能够恰好维持社区的服务。

设计决策者面对的一个事实是，许多用于未来的建筑设施——如果不是其中的大部分——在当前已经以某种形式存在。现存的建筑结构单元的数量是这样一种情况，未来将要发展的许多司法程序将必须因循或依靠现有的建筑发展。至少，与适应性的再利用相关的技术问题将会成为主要关心的问题。

另一个事实是，将多用户建筑用于作为一个整体的司法和公正系统，对其固有的适合性的争论将会激烈化。这将是一个开放性的讨论，答案并不惟一。

第二部分

系统和问题

第 8 章

照明和声学

在一座司法建筑内，照明和音响的规划和设计一定要从工程的初始设计开始着手，这是因为建筑的规模、体积、配置和朝向对照明的需要产生主要的影响。同样，所有场所的基本特征——高度、体积和配置——会极大的改变音响的需求和情况。

此外，基本设计需求和照明、音响的基本设计需求紧密相关。例如：

- 照明控制须响应拘留所和感化院环境下安全和控制的操作需求；
- 照明控制须满足法院诉讼过程中变化的需求和特殊情况；
- 墙体建造须达到声学的目的，同时满足其他功能需求，包括安全和特定的建筑需要；
- 内部场地的音响设计必须支持预计将要在该场地进行的活动。音响系统通常设计为一个综合系统，并带有专门的音频 - 视频和数据 - 无线电系统。

下述章节总结了司法建筑设施中许多种情况下照明和音响的关键需求和初始设计概念。

◀ 圆形大厅，多用户司法机构中心，Aurora 市，科罗拉多州。Skidmore, Owings 和 Merrill, 华盛顿特区。摄影：Michael Griebel

照明系统

基本设计需求

照明系统的设计对几乎所有司法建筑的最初成本和全寿命成本都有不可忽视的影响。能耗、耐久性和维护，以及最初的固定设备价格均为影响因素。

由于司法设施特有的延长运作时间，其工作的紧急性质，正常和峰值时人们对高性能的需求以及紧急情况的发生，照明和采光须将舒适、低闪（reduced glare）的最优原则与灯光的品质相结合。

合适的照明设计：

- 有助于定义功能区域；
- 增强空间配置；
- 强调材料和表面性质；
- 在空间内建立视觉的层次，尤其突出活动和 / 或元素的特色。

司法建筑内典型的照明系统运用整合的系统，荧光灯、白炽灯和带有节能镇流器的氙气气体放电灯（HID）光源混用。白炽灯光源用于需高色彩再现性、需瞬时照明或其他光源不可使用的地方。

法庭、听证室、控制中心、通信中心和会议室，包括专为视频系统设计的房间，这些房间尤其需要合适的照明设计。在这些空间，场地照明不能过于明亮或者过于昏暗，灯光的色彩再现性以及表面发射能力（及环境中色彩的影响）都是至关重要的。

照明度

推荐的照明度（lighting levels）（照明度指被照表面上光量的测量值）已由IES（Illumination Engineering Society，照明工程协会）公布，适用于现代司法建筑中的多种空间和功能。

但照明设计不仅包括简单的计算，因为人的眼睛对颜色和照度对比均有反应。保证能够看见需要有基本的光量，但人的眼睛是对平均光强度起反应，而不是对视野区域内的总光强度起反应。因此，我们的视觉取决于对比度，而视觉的能力既取决于光的总量也取决于照明区与暗表面的相互关系。

不同人群和功能的照明需求不尽相同。为年龄在45岁以上的人群设计的建筑其设计应考虑中年和老年人变化的需求。随着眼睛的衰老，

- 需要更多光量以完成任务；
- 眼睛的晶状体有变黄趋势；
- 适应的过程变慢，使眼睛在由明到暗、由暗到明的变化中恢复，或调整适应猝发的光更加困难。

一般说来，照明度分成低、中和高级。201页的表格展示了不同司法建筑中的关键区域和空间，指出了作为照明度设计目标的典型区域。在很多情形下，应按照设计好的方案提供照明，该方案应将直接和间接光，环境照明与目标照明及日光结合起来，以提供适合的色彩再现性与光强（提供充分的对比度，避免产生光幕反射、耀眼的光等）。

重要房间的专用区域应提供聚光灯——比如对讲台应提供更强的照明，从而使得展示材料更易辨认。在需要进行人身识别或需要对手势、细微差别之处进行仔细观察时（如一组房间、法庭、听证室、讲台和探访区），设计理念应提供适合的、自然的色彩再现性。

建筑外部照明

一般而言，建筑外部照明的需求包括停车场、人行道和该场地的整体照明。区域照明度应充分高以保证良好的视线，照明度一般与商场中的照明相当或在其上，这是因为建筑与停车场之间和/或与公共交通区之间的通道应能为工作人员和公众提供一种安全感。

距离建筑（或围墙或其他类型边界）各侧25英尺范围内的地面空间应给予特别关注。这些区域内应没有遮蔽的植物及其他建筑元素，其照明应能为监督与防范擅自闯入提供良好的可视性。对于主要安全周边为围栏的司法建筑来说，这一点尤为重要。这些区域内照明用固定设备的安置方位应使其能够提供适合的光照，且避免漫反射（如进入房间或住房区之类）。

教管所和感化中心建筑的最后安全

推荐照明等级（根据面积所定）			
任务／活动	**照明面积（fc）**	**等级**	**注释**
活动／流通区域	10 ~ 20	低等	
控制室	20 ~ 30	低等——中等	多功能视频监视器
储存室	10 ~ 20	低等	
犯人牢房	5 ~ 30	极低——中等	夜间／白天
会议室／办公区域	30 ~ 50	中等	
法庭——观众席	30	中等	
法庭——诉讼区	50 ~ 90	中等——高等（见文中所示）	
精密工作区域	75 ~ 100	高等	细节工作

界线处应提供周边安全照明，这些建筑的安全周边通常由围墙或栅栏组成。这些区域的照明度应在2 ~ 6fc，并特别应设计为方便工作人员（和/或闭路录像装置，CCVE）在安全周边处或安全周边附近进行人身检查或识别。

在所有的外部装置中，在监管区域的工作人员（或仪器）视野范围内的光源，其固定设备的安装应避免刺眼的光，并最小化电压。溢出光，即泄露到设计区外无意识的照明灯光可能是一个严重问题，此时须考虑刺眼的光，因为典型的外部照明

▼ 室外入口。凯恩郡未成年人法院中心，日内瓦市，伊利诺伊州。怀特 & 公司与HDR合作。摄影：乔治·兰布罗斯

▲ 监狱犯人居住单元的室外照明效果。奥西奥拉郡拘留所大楼，基西米市，佛罗里达州。HLM 设计。摄影：斯科特·麦克唐纳·赫德里奇·布莱辛

可造成强烈的光。

内部照明

司法建筑包括许多独一无二的区域和功能（法庭、控制室 / 中心、交流中心、警戒塔及其他类似区域），这些区域需要专门的照明和控制。

保安需求带来额外的挑战。在允许狱犯进入的区域（特别是中级、高级保安级别的区域、或狱犯可不接受监管的通道）中，保安专用的固定设备及仪器的安装需兼顾安全的需要和照明的基本需要。由于照明固定设备可用作隐蔽区，从而固定设备通常设计为将坚固结实的镜头用安全扣件牢固地装配在钢架上。为使这样的镜头不易破损，制造商可能采用聚碳酸酯或其他相似的材料，但随使用时间的延长和受辐照时间的增加该材料会变黄。

初始设计与设施维护需格外小心，要选择合适的固定设备和照明设备分布方案：

- 提供良好的色彩；
- 提供分布照明和充足高亮间的合适平衡，使视觉更清晰；
- 要求低能耗；
- 能够在通常情况和紧急情况下服务，满足安全和紧急情况下的操作要求，尤其是紧急情况和逃生条件下的照明；
- 最小化或减少维护费用，并保证固定设施和灯泡的更换或维修方便；
- 允许固定设备和灯泡适度的标准化（避免废弃并减少需更换灯泡的数量和型号）。

狱犯关押和住宿的区域（囚室和宿舍）应提供最大程度的安全性，防范破坏者的壁灯或吊顶灯应采用节能的、长寿命的荧光灯。这些灯应设有夜间照明的回路，由住房控制人员控制或由程序控制开关配合手动修正（手动超迟控制装置）。

医疗区域的照明应满足医疗的需要及安全等级的需要。在检查室和病人看护、住宿的区域，固定设备的设计应同时满足安全性和照明的需要。

除需远程控制的地方，其他地方应采用本地开关控制满足安全性或操作。如同一区域预先设计要完成多项任务，应提供多级开关。

在法院建筑中，多个区域需要照明度在一定范围，由于空间的使用者可能从幼儿到长者，并且律师、证人、陪审员和法官的年龄跨度——所有需要看到、理解和对政局做出反应的人——可能是 60 岁或更大。一个案件中需要用到的证据可能从模糊不清的铅笔画到视频播放和再现，也可能会用到现场的和视频的证词。尤其在自然光条件下的法庭——有或没有由窗户或天窗提供的视野，照明控制、质量、强度和反射系数都是至关重要的。因为案件当事人的座位都位于诉讼区的四周，照明设计应满足多方向的需求——并且定向墙和顶棚照明设计必须从所有关键角度仔细研究。

另外，建筑师应使用照明以增强建筑的设计内涵。在法庭，法官席和法庭内其他关键区域象征性的重要意义须通过照明得到增强，尤其在一些当代法庭的布局中，使其不依赖于过去法庭中出现的传统建筑学设计（行列、取向、二轴对称和高度）时仍能获得合适的效果。

光反射系数值

在很多环境中，有效光线从墙壁、顶棚、地板和其他内部表面反射至作业表面。这在非直接系统中体现得尤为明显，该系统中很大一部分光线直接投射在顶棚或地板上。高反射系数抛光材料，如白色和灰白色表面，能最大程度的反射有效光线。当抛光材料的颜色越暗，它们将成比例的吸收更多落在其表面的光线。

从表面反射的光量能够并且应当在某种程度上伴随空间的专有功能及其类型而发生变化。205 页上的表格总结了表面反射系数通常的变化范围，而表面反射系数

▲ 法庭。凯恩郡未成年人法院中心，日内瓦市，伊利诺伊州。怀特 & 公司与 HDR 合作。摄影：乔治·兰布罗斯

◄ 录像会议室。在直接与间接照明设备支持下监视器，以及便携式电脑与 V&VOIP（通过互联网协议认可的声音与录像）系统的使用。技术与图像处理：DOAR 信息有限公司

在司法建筑中应予以考虑以达到光的有效利用。

由于司法建筑设施中 CRTs 和音频－视频设备的广泛应用，用于远程电信会议中心的专用标准应当与下述类型的房间相结合，包括法庭、听证室、交流控制中心和专用于电视会议及培训（陪审团聚集室、点名登记室及其他类似）。在这些区域，设计者不但应考虑到光反射系数值还应考虑到内部表面色彩的选择，这是因为色彩和色彩对比将会影响到文本的可阅读性和视频录像的性能。

专门设计的固定设备可以与法庭和公共空间相结合，尤其在历史上重要的革新或修缮工程中，在联邦法院、高等法院和最高法院，或在特有或专项的固定设备建设中费用合理的大型城市或乡村工程项目中。

控制

随着音频－视频系统使用的增加，负责司法建筑的建筑师一定要设计好多级开关和亮度调节。另外，能量消耗监控控制，包括采光、光电池、时钟和感应式传感器（红外或活动传感器），是 21 世纪司法建筑的一个重要特征。所有这些系统都应得到合适的运用，在建筑的早期设计阶段

推荐反射系数级别（表面类型*）		
表面	**反射系数（%）**	**典型材料**
地板	10 ~ 20	中等颜色及浅颜色的地毯 中等颜色及浅颜色的木材 中等颜色的瓷砖
工作台面	20 ~ 50**	浅颜色的木材 中等颜色及浅颜色的薄板
窗户遮挡物	30 ~ 50	中等颜色及浅颜色的织物 中等颜色及浅颜色的遮光物
墙壁	30 ~ 50	中等颜色及浅颜色的墙漆 中等颜色及浅颜色的乙烯涂料 浅颜色的织物
顶棚	70 ~ 90	白色及灰白色声学瓷砖 白色及灰白色石膏 其他浅颜色表面
办公区域	25 ~ 45	中等颜色及浅颜色的织物 中等颜色及浅颜色的薄板
其他办公家具／设备	20 ~ 50	中等颜色及浅颜色的表面

* 假定最后涂层为不光滑表面。
** 由于工作台的反射系数可达到 50%，设计者需要认真研究光线在工作台上的反射角度，以尽量减少反射光刺目。

就应有所计划，将它们结合在照明的设计中。在许多情况下，提供这些系统时同时提供单个房间控制和超迟控制装置是很重要的，从而保证使用这些场所的灵活性和适用性，并允许工作人员根据需要决定照明度的高低。

在拘留所和感化院建筑中，控制装置的位置和设计对于安全是至关重要的。只有精心选择的区域才能将照明控制开关置于狱犯可及的地方（例如位于直接监视下、中等及最低保安级别的住宿单元内的监狱照明开关）。一般的，照明控制的所有固定设备都由控制室或控制台负责维护。当控制器位于监牢内时，须采用安全型开关（带有钥匙控制或其他类型控制器）。

可通过亮度调节控制器调节照明度的变化，会产生其他作用。减弱白炽光源的亮度可延长灯的寿命，但是当灯光亮度变弱时，光波移向光谱橙－红色的一端。

而减弱荧光灯的亮度需要使用专用的镇流器，并且只有快速启动的荧光灯可用于调解亮度。对于采用荧光灯的设施，降低其照明度的另一方法为在设备内部提供独立的灯开关。如果使用了调光器，荧光灯亮度的调解范围有限，因为光照度很低时，荧光灯会产生闪烁或螺旋图案。同时照明度弱化时也

▲ 娱乐室。通过天窗和每层的水平窗的组合应用给娱乐室空间提供自然采光

会发生色移，尤其是位于冷却装置或通风设备中的光源。

采光

在过去的几十年中自然采光也是司法建筑的设计和布局中一个重要的因素。设计自然采光的关键在于针对建筑设施和特殊功能寻求视觉、自然光和安全这三者需求间的平衡，找到合适的解决方案。

今天，专家建议在建筑的可居住区应在自然光和视野的 30 英尺之内。尤其在住宿区、拘留所和感化院建筑设施的标准概括了狱犯所在区域对自然光的要求。

但是进入内部空间的直射阳光也应被认真控制。直射阳光会产生很高的照明度，并可能引起极大的亮度差别，从而带来不良视度、不适及疲劳感。间接的天窗采光则可避免这些不足。因此，间接的天窗采光适用于娱乐区、走廊、临时活动区，以及经过合适的遮蔽后用于目标区域。

天窗、窗户和纵向天窗可用于提供自然光。不考虑窗口，应在设计时就考虑采光的控制。控制采光有多种方法，包括使用漫反射玻璃材料，染色、纱窗和屏蔽物以及一般的定向。例如，高窗口允许光线向内部空间穿透得更深，并且光线从高出的入口射入，可经过外部的遮蔽设施、内部的水平光架以及纵深窗井进行传播并变得柔和。上部楼层可直接通过天窗采光，而下部楼层则通过前

四种通过控制自然光线射入窗户的变化方式。最小化东西窗来控制低太阳入射角，可以减小眩光。室外解决方式可能费用更昂贵，但却是重要的选择方式。使自然光线所照射的区域更安全（相互容易接触的监狱犯人房间）。

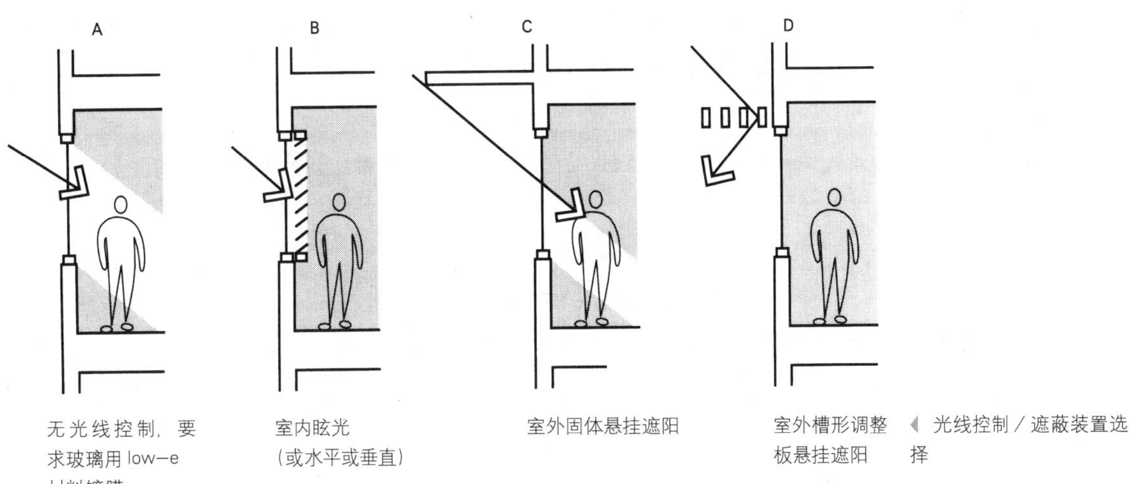

无光线控制，要求玻璃用 low-e 材料镀膜

室内眩光（或水平或垂直）

室外固体悬挂遮阳

室外槽形调整板悬挂遮阳

◀ 光线控制／遮蔽装置选择

庭天井或进光孔采光。

就一切情况而论，向北的窗口可产生更柔和均匀的光线，而其他朝向窗口及适当有效的采光控制可产生高质量的照明。

声学设计

在司法建筑设施内的很多场所，人们需要听到言谈的内容，尤其是关键的讨论和指示。对此类建筑，声音的可闻度要求很高，也很复杂。在一个法庭内，比如说，陪审团必须能够听到音频证据，而这些音频可能并不清晰；而律师席上的诉讼当事人须能进行私人谈话而不被陪审团听到。挑战是复合的，因为许多功能通常要被压缩在一个相对紧凑的区域内。

音响设计如放在流程最后考虑则为时已晚，在设计的初始阶段音响设计就应结合到规划中去。建筑和空间的设计应具有恰当的空间关系、体积和形状。

基本原则

人们能够听到各式各样的声音——声音的频率（音调）和强度（声级）都变化很大。但是并不是所有人都能具有同等良好的听力，并且人的听力会随年龄而变化。人耳能够从嘈杂复杂的背景中辨别出单个声音，但 80dBA[1] 以上时，人们几乎不可能感知领悟演讲的内容。

声源的类型多种多样。由“点”源产生的声波，如嗓音。从点源呈类似球状向外辐射，因此距离点源越远强度衰减越快。某点处声音的强度与该点到声源的距离的平方成反比；换句话说，距离加倍时声级变为原来的 1/4。

许多声源都是点源。其他的则被认为是“线源”。此类源的例子包括铁路火车和州际公路。一个线声源强度的衰减速度没有点声源那么快。当外墙装有窗户或天窗时，对于那些位于外墙的声音敏感区（法庭及其类似场所），与高速公路和铁路火车相关的声音是一个严重的挑战。

在建筑设计中特别重要的是“面”源（如欢呼的观众席或具有大辐射表面的单一区域内的多台 / 类型机械仪器）。由面源到邻近区域的距离产生的声音能量几乎不衰减。在这些区域、围墙、顶棚和地板隔震与隔声是必要的，可限制声音传播到相邻空间。

绝对的安静并不是一个优秀声学设计所追求的目标。相反，其目标是营造一个这样的环境，使其背景音处于较为规律的状态，既不大声喧闹也不具有破坏性；并设计一个这样的空间，人们能够听到应当听到的声音。但这样的空间还应提供合适的吸声和隔声，从而在需要的时候、需要的地方保护人们的隐私。

一般音量的范围（分贝）

令人痛苦的响声或震耳欲聋的声音（喷气式飞机起飞时的引擎声、重金属乐队、附近的雷鸣以及与此相类似的声音）可能在 110 ～ 140 分贝或声强更高。非常大的声音（人群噪声、大声的印刷或机械仪器、汽车喇叭以及与此相类似的声音）的强度。非常喧闹的噪声（带有反射表面的自助餐厅，从 2 英尺传来的食品包装产生的噼啪声，商业飞机机舱内的声音）其强度在 80 ～ 90 分贝。

在充满人的房间内（其背景噪声在 25 ～ 35 分贝），正常的演讲其声级通常落在 50 ～ 70 分贝。大多数办公室活动发出的声音在 45 ～ 55 分贝，但是背景噪声在 40 ～ 50 分贝，如果噪声连续就足以干扰到人们。

住宅内的轻音乐和安静的装置发出的声音声级可能在 30 ～ 40 分贝之间。夜间住宅内的背景声音的测量值可能在 25 ～ 30 分贝。

1 J. C. Webster《噪声与社会》一书中《噪声与交流》。D. M. Jones 和 A. J. Chapman 编辑（纽约：John Wily 和 Sons 公司，1984）。分贝等级是按照对数等级制定的，衡量人类听觉对声音密集度的接受能力的一种测量标准。通常用它来表示声音密集度的变化。响度只是人类听觉对外界环境的一种主观感觉，但是由于耳朵对各种频率声音的反应程度并非完全相同，所以，这种“加权”测量标准 (dBA) 便应运而生。它通过一个数值便能够反映出包含不用频率音波的噪声的等级。dBA 测量标准是基于 1000 赫兹音调的真实 dB 数值而建立的。利用的 dBA 测量标准，一个 200 赫兹的音调，如果其测量数值和 1000 赫兹音调相同，那么就认为它们有着同样的响度，尽管实际上，它们的声音密度相差甚远。

更加安静的声音，如耳语和微风中树叶的沙沙声，一般的其声级测量值在 10 ～ 20 分贝。

音响设计中的关键问题

司法建筑音响设计中需要强调的关键问题包括如下方面：

- 到声源的距离和隔声。会被声音打扰的功能应远离声源；
- 单个空间的设计——形状、高度、剖面、体积；
- 背景音和噪声声级。定义有害的、令人讨厌的声音为噪声。任何突兀的、间歇的或波动的声音都是令人讨厌的，特别是难以忽略说话的声音和音乐声。另一方面，规律的低声（由空气排气口产生的声音等）能够产生一个规律的背景声，可等同于消声设备从而屏蔽不受欢迎的声音；
- 声调对人们感受到的声音音量及其造成的破坏有所影响。高频声与其他声音相比更具有干扰性，因为人们的听力对于低频声的敏感性较弱；
- 材料的选择和材料的吸收性（参见 210 页“吸声”）；
- 声音在机械系统内的传播。声音在管道中的传播与气流流向无关。利用管道隔离噪声传播的结构须被设计，使用可弱化噪声的消声器和衬层。转角一定要光滑，可消除湍流。系统的设计须能消除不合适的串声现象（声音从一间房间通过空气管道传播到相邻房间）。类似的，水管系统的设计须包括管道和泵的隔声防振垫、衬垫和吊钩；
- 墙体、地面和顶棚的修建（参见 210 页“隔声”）。

一般的，司法建筑中的很多区域的设计应确保外部噪声（不论空气传播还是结构传播）不会干扰到听众。在较小的房间，如办公室和会议室，可通过如下方式实现：1）将噪声区（电梯、机械设备间及与此项类似的区域）位于远离重要区域（法庭等）；2）重要区域周围应修建合适的围墙、地板和顶棚用于减弱区域间声音的传播，可减弱 50dB 或更多。

司法建筑内所需的特殊区域和房间（法庭、陪审团聚会间和其他较大的培训 / 聚会空间等）内，音响设计的问题甚至变得更加重要，因为保证房间内所有出席者每时每刻都能清晰听到法官、律师和证人的发言是至关重要的。因此，房间内的总体声级应处于低水平，即环境噪声的声级应较低。

司法建筑内所有房间之间，应保护谈话的保密性（由于许多谈话内容具有保密性、律师－委托人谈话的保密性受宪法保护以及其他保护的要求）。在封闭或开放办公室区域内，谈话的保密性是基于稳定背景声音（噪声）和期望达到的讲话声级之间的信噪比。背景噪声通常由暖通空调系统（HVAC，heating，ventilation，air-conditioning system）（空气气流声音）、办公活动和电子声音系统共同造成。

在封闭的办公室，由于此类空间一般规模较小，室内声级应保持不变，但室内的吸声表面有助于降低声强等级。墙壁、顶棚和地板对于声音传播至关重要，并且房间之间声音的衰减（采用 dB 衡量噪声降低）应使办公室内声强降低 35dB 或更多以保护隐私性（对保密性特别要求的房间和会所应降低更多）。

在开放的办公室，吸声顶棚和地板对于控制声音至关重要。谈话水平的保密性由声源距离与顶棚、地板吸声有效性之间的比率决定。换言之，开放办公室中不同办公桌间的声音可被相互听到，而谈话的保密性取决于两个因素：连续稳定的背景噪声水平，墙壁、箱柜、顶棚和地板上吸声表面和吸声材料的使用。背景噪声必须均匀一致，这样就不会引人注意。

隔声

声音在顶棚、墙壁和地板间的传播在司法建筑的设计中是至关重要的。一般的，较重的同种建材可提供更好的隔声效果。同种建材的声音传播系数（STC）随材料重量的增加而增加；材料重量每增加一倍，STC 增加 5dB 以上。材料重量的首次增加可带来最大的实际改善。例如，一堵 4 英尺宽的固体混凝土墙的 STC 为 44；当宽度增为 8 英尺时，其 STC 变为 48。

材料的隔声效率取决于材料的硬度；理想的隔声结构应当重而柔软。但在实际中并不适于司法建筑，典型的高效隔声墙是用双层墙结构，并在层间留有宽间隙。因为声音从开口中穿过时几乎没有损失，很小的开口就可相当于发言者在两屋之间，所以须防止声音漏孔。墙壁越不透声，声音泄漏越严重（例如，100 平方英尺的隔离体上 1 平方英寸的孔所传播的声音与隔离体剩余部分传播的声音相当）。因此隔离体裂缝与连接处必须密封。在石膏板基极层的四围，对隔离体两侧都进行填隙堵缝，墙壁的 STC 性能可增加 20dB。门是 STC 墙壁性能的关键部位，其设计应包括门底衬垫或密封条，并且必要时门玻璃须设计为双层。

吸声

吸声在房间设计中应重点考虑。有效使用吸声材料，如吸声顶棚、窗帘和地毯等，可降低房间内的声级。如不加处理，由谈话、办公室仪器和其他声源产生的声能将在空间内重复反射。而经过处理，被反射的声音减少了，从而可听到的声音被减弱，但是直接的声音仍保持不变，并仍能被听到。

不同材料在吸声和性能方面变化很大。其厚度对多孔吸声材料影响很大。将多孔材料与筒式共振体或振动平板相结合可在一个较宽频律范围内提供几乎均一，或“平”的吸声效果。

吸声材料的效率也受其位置影响，特别是若将材料按照“棋盘格”模式铺设，而不是均匀分布时，位置的影响更大，这就是由暴露平板边缘的附加吸声而带来的“区域效应”。

司法建筑中回响控制尤其需要重视，因为发言的可理解性非常重要。一般来说，是房间体积越大（如法庭或休息室的空间），回响的时间越长。房间中总吸声量加倍，回响时间将缩短一半，并有助于营造声音从其实际（直接）源直接传播而来的感觉。

特别要求

法庭

法庭应远离高速公路，飞机航迹及嘈杂的仪器间。法庭不要与 HVAC 仪器、机械仪器、洗手间和其他嘈杂空间相邻或共用隔墙（避免结构产生的声音传播）。尽可能运用锁音（soundlock）门庭、走廊、储藏室或其他“缓冲”区将法庭与噪声隔离开。为使之有效，表面应采用吸声材料进行处理从而控制噪声的增加。

法庭所有的门都应坚固沉重，且当门关闭时，其四周均以密封垫密封。背景音应保持低水平（25 ~ 30dBA），并且不能喧宾夺主使对话或证据展示模糊或被屏蔽。回响时间应较短（<0.6s）以适应声音增强系统（综合语音 / 视频和 / 或四通道录音系统）的特殊要求。

一般的，法官席和证人席后采用声音反射材料（将声音反射到讼诉区），其他表面均采用吸声材料（陪审团后，观众席区域中

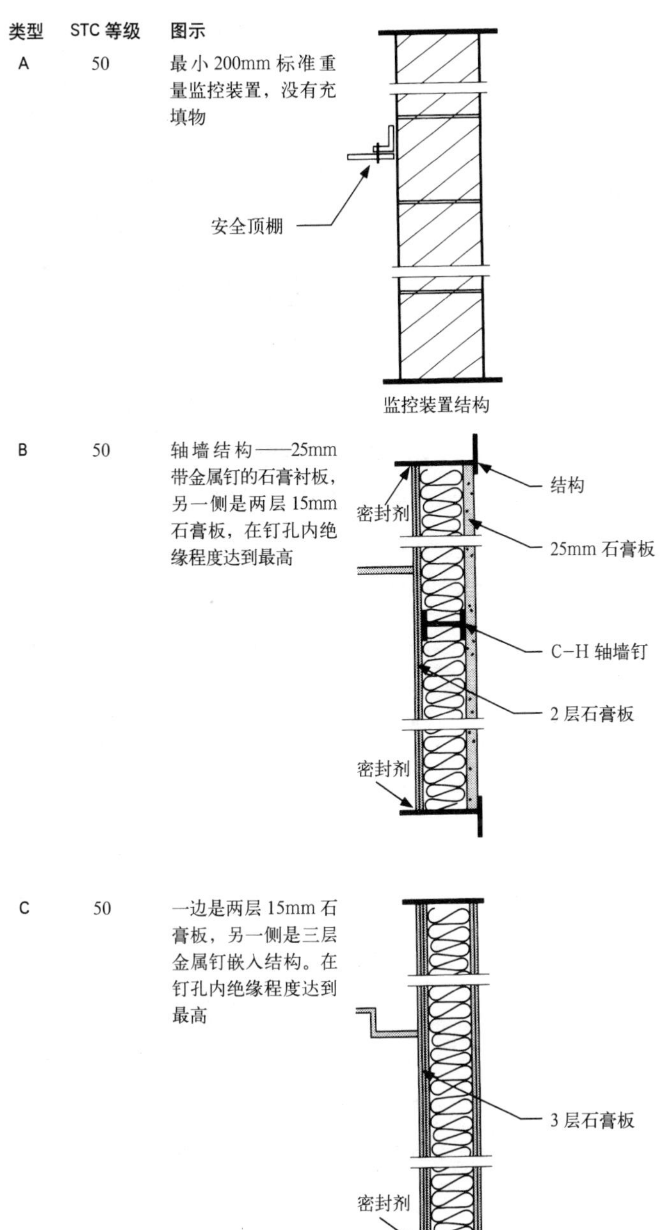

▲ 声学上分隔墙的例子。这个图表表示了在司法建筑中三种常用的隔墙类型

等）。吸引吊顶和地毯的使用应与观众席家具的选择相结合。

法官办公室

法官办公室内应配有高度吸声地毯、窗帘和家具，以减弱环境噪声。

大陪审团室

重要的是确保大陪审团的讨论、发言或商议不会被任何人串音听到。该房间应远离高速公路、飞机航迹及嘈杂的仪器间。大陪审团室不要与HVAC仪器、机械仪器、洗手间和其他嘈杂空间相邻或共用隔墙（避免结构产生的声音传播）。尽可能运用锁声（soundlock）门庭、走廊、储藏室或其他“缓冲”区将大陪审团室与噪声隔离开。为使之有效，表面应采用吸声材料进行处理从而控制噪声的增加。

大陪审团室所有的门都应坚固沉重，且当门关闭时，其四周均以密封垫密封。背景音应保持低水平（25 ~ 30dBA），并且不能喧宾夺主使对话或证据展示模糊或被屏蔽。回响时间应较短（<0.6s）以适应声音增强系统（综合语音 / 视频和 / 或四通道录音系统）的特殊要求。

一般的，法官席和证人席后采用声音反射材料（将声音反射到讼诉区），其他表面均采用吸声材料（陪审团后，观众席区域中等）。吸引吊顶和地毯的使用应与观众席家具的选择相结合。室内环境音的设计值应在30 ~ 35dBA。门不应开向人群聚集的场所。

陪审团商议区

与已经讨论过的大陪审团室相比，在这里重要的是确保陪审团的商议不会被任何人串音听到。声音控制的设计包括锁音前厅，高效隔声结构以及35dBA左右的背景音水平。门不应开向人群聚集的场所。

辅助性办公室（缓刑、公共辩护人，检举人）

高级职员、委任和当选的官员的私人办公室及传声设施应与审判法官办公室相似。房间应当配有高吸声地毯、窗帘和家具以减弱噪声。基于功能性、隐私性和保密性的要求，其他办公室和空间的设计应与企业办公区相类似，采用高性能音响。办公区也应采用地毯和高吸声顶棚材料，工作人员进行现场或电话交谈的隔间或工作站表面须采用吸声材料，从而使干扰最小化。

犯人关押和保安区

法庭内犯人关押和保安区（警察局,U.S.美国联邦司法区执政官区）通常带有高反射性和高回响表面，所以，为保证舒适性，设计中必须提供吸声结构。

拘留 / 感化的环境

拘留所和感化院的建筑中的声音控制设计对保持管理和控制的氛围至关重要，尤其在犯人关押区。回响控制和反射的声音在住宿区尤为重要，因为住宿单元的设计受到特殊需求的限制：（1）采用坚硬材料以保证持久性和耐用性；（2）从控制站可直视住宿单元，这通常需要直线空间和坚硬的玻璃隔板。

住宿单元和休息区内可接受的声级随时间和允许的活动而变化。狱犯就寝的区域内无论任何地方，其设计声级都应在 45dBA 以下。白天时，尤其用于被动活动的休息室内允许达到 70dBA。休息室的回响时间应限制在 0.6 ~ 0.8s 以提高发言的可理解性，促进交流。

在这些区域内，有害声音控制是整体声音控制的一个重要方面。电视机的音量必须

噪声标准，固定的背景噪声 *

空间类型	NC 曲线
法庭，听证会室，陪审团室，陪审团集合室	20 ~ 25——非常安静
大会议室 / 培训室，律师的办公室	25 ~ 30——安静 / 非常安静
私人办公室 / 会议空间	30 ~ 35——安静
普通办公区域	35 ~ 40——中等安静
公众区域，餐厅，接待区	35 ~ 40——中等安静
拘留 / 劳改　建筑的娱乐区	30 ~ 35——安静

* NC 曲线数字化图表是算术平均值，各自声音压力等级在 1000、2000 与 4000Hz（语音感知的临界频率）

推荐的声学传播等级

空间	部分或全体陪审团之间	近似的隔绝要求 * 安静	标准
法庭，听证会室，媒体室	所有区域	STC 55	STC 50
法官随员办公室，法官私人办公室，选举人办公室	所有区域	STC 55	STC 50
陪审团随员，外墙	所有区域	STC 55	STC 50
陪审团的审议室	回声固定门厅	STC 50	STC 45
大会议室	所有区域	STC 50	STC 45
私人办公室，委任官员，年长或代理监督职员	转让分隔与其他非关联部分空间或公共区域	STC 50	STC 45
	其他具有办事处或部门功能的私人办公室或公开办公室	STC 45	STC 40
机械设备室	所有区域	STC 55	STC 50
卫生间，特殊房间	所有区域	STC 55 或更高，结构绝缘应该引起重视	STC 50

* 噪声标准弧线的指定数值是参考频率分别为 1000Hz、2000Hz、4000Hz 的声音强度的数学平均值来制定的。

受到限制，由机械系统和其他声源引入的背景音应当控制在 35dBA 或更低。

为达到降低声级的目的，休息室通常设计有吸声顶棚和吸声墙板，以及具有高噪声降低系数的地毯。形状不规则的区域有助于达到合适的声级并控制反射。

在一些情况下，拘留所或感化院内不同组之间需要隔声，这就要求狱犯被关在建筑内的不同区域。由于直接观察的需要和防盗门结构的典型细节（1/2 ～ 1 英尺的门间距），难以获得充分的隔声。

墙体和机械系统设计得当，并建有锁音前厅时，就有可能将不同狱犯群安置在相邻单元。此外，不同监管方式（直接监管、间歇监管）有不同的隔离要求，甚至当此类住宿单元相对集中地修建在一起时也有不同的隔离要求。

进一步的信息请参看《感化院声学》、《教养所建筑问题解决指南》。

少年司法建筑

降低噪声在少年拘留所和感化院建筑中尤为重要，特别在住宿区、休息室和被动娱乐区。应通过在顶棚、墙壁使用吸声材料以及覆盖地毯控制休息室噪声。其他可列入考虑中的措施包括门框上的减声衬垫和金属门上的消声芯板。

机器间和仪器

机器间应设计为与邻接的空间（相邻、上方及下方空间）隔声。除了墙壁隔声，这些房间的设计还应防止结构产生的声音，因为振动可以在柱、梁和楼板板层传播。振动设备（空气调节单元、风扇、锅炉、变压器、冷却塔、泵、冷却器、压缩机及类似设备）应使用防振垫将其隔离。振动设备应远离从中心大跨度楼板到柱或承重（稳定）墙间的区域。

第 9 章

机械、电力和结构系统

本章介绍现代司法建筑里的机械、电力和结构系统的初步规划和设计的关键原则。

工程体系能花费一个改造的或者封闭式建筑的初期费用的 30% 甚至更多。中心建筑部分必须从功能上保证在建筑的所有范围内可以维持紧急运转，尤其是在现代司法建筑里必须一年 365 天，每天 24 小时满足功能需要。

中心建筑部分的合理规划必须考虑建筑的合理位置、安全性、稳定性、可靠性和可维护性，以及安全通道和为紧急的机械和电力设备服务不受干扰的能量，这些设备包括锅炉、冷却器、电力齿轮开关、泵以及一些其他的设备。除此之外，大部分的机械和电力区域，尤其是中心有效区域，应该设计成能够容纳主要构成部分的合理扩展。

关于设计司法建筑的工程体系，需要牢记的主要问题如下：

- 司法设施的有效需求不同于其他种类设施的需求。淋浴喷头和厕所的数量庞大，而且它们的使用类型往往有限制。安装的栅栏或其他的掩蔽物会影响空气的流通速度；
- 对于用来控制或排除藏匿潜在武器或违禁品等隐藏物的地方的建筑方法和安装技术需要给予特别的关注；
- 在一个项目的建筑和实施阶段，不同条例间的高水平的协调是必需的，用以保证特殊的需求能得到满足（系统、栅栏、格子窗、管道系统和固定设备的合适安装，通常还有特殊安全需要的构件）；
- 由于系统和安全的需求的综合，构成部分的场地协调和适时安装是至关重要的，这样可以保证进度，同时避免延期和抱怨。

标准

设计机械和电力系统时必须符合所有国家和地区条例、标准和方针的适用性需求，以下概括了主要的标准：

- 国家电力条例（NEC）；
- 国家消防协会（NFPA 70）；
- 美国社会供暖、冰箱和空调工程师联合会（ASHRAE）出版的各种手册；
- 职业安全及健康部门（OSHA）；
- 残疾美国人无障碍指南（ADAAG）；
- 州和当地的条例、法律和法令；
- 设备 / 操作标准。

目前关于供暖、通风和空调系统最好的信息来源主要是 1999 ASHRAE 手册——应用，2000ASHRAE 系统和设备手册以及 2001ASHRAE 手册——基本原则。ASHRAE 手册是被许多条例参考的指南。而且，它们提供了对主要问题、典型系统的总结以及系统设计步骤的介绍。在其他的标准中，ASHRAE 标准详细说明了司法建筑区域内部的机械通风。

机械和电力系统关于封闭的和改造建筑的需求的详细指南可以在美国修正协会（ACA）的标准中找到。该标准定义了水、动力、废物处置和通风的要求。在过去的十年中，已经采取了新的标准，详细说明了达到可接受的室内空气质量的通风要求。在此期间，已经设计建造了许多封闭式和改造式的司法建筑，这些建筑中带有为工作、公共和探访区域以及狱室区（不断增长的）尤其是空气和 / 或湿度水平可能会对监狱的管理带来问题的气候区设计的空调系统。

机械系统

机械系统的设计应该能够为司法建筑的所有区域提供基本的供暖、制冷和通风，包括许多需要一年 365 天，每天 24 小时维持指定环境情况的区域。该系统的设计必须能够为工作人员、来访人员和囚犯维持适当的舒适度。

设计标准

根据县、州以及联邦规则，夏季最小的室内设计温度通常约为 75°F。与此类似，冬季最大室内设计温度约为 72°F。在设备或者治疗敏感区域，夏季室内设计温度可以在 70 ~ 76°F 内浮动，而且相应的湿度（RH）为 40% ~ 60%；敏感区域的冬季室内设计温度也可以在 70 ~ 76°F 内浮动，相应的湿度（RH）为 30% ~ 60%。浮动范围可以在一定程度上变化，法庭建筑往往在温度和湿度目标上对范围有最多限制，部分是由于对温度和湿度控制需求的增长，这样有利于维持法庭、会议室和公共区域的建筑学加工和完美性。

用于维持湿度水平的供暖、通风以及空调（HVAC）系统的设计需要完全的合理，因为这些设备的操作和保养费用很高。湿度控制主要是为紧急操作的电脑和电力设备系统保证的。因为按照 HVAC 设备标准维持一个 60%的最高湿度水平(RH)相对比较容易，建筑学上的完美敏感度需要对低于 30% RH 的湿度水平进行最小化。

在设计机械系统时要特别考虑室内空气质量。近期已经有多个使用中的法庭建筑体验到了空气质量的问题。尽管造成这些问题的原因是多种多样的，通过遵照 ASHRAE62—2001 号标准中的标准指南——“可接受的室内空气质量的通风标准”进行新建筑和改造项目这两类设计，许多问题都可以得到解决。特别提出的是，机械系统的空气通风口和建筑或者流通排气口应该分开来，物质和系统应该经过挑选以降低挥发性有机物（VOCs）的比例，同时还应该提供改良的空气过滤系统。

另外，关于条例的要求，用于司法建筑设计中的设计标准还应该遵守相关的噪声水平、噪声传播、烟尘捕集和 / 或者排除和控制等的建筑标准。

机械系统的选择

机械系统的设计在一个国家的不同地区是一门存在很大差异的学科。成功的设计应该能够平衡典型和紧急情况下的舒适度需求和生命安全需求。无论如何，系统应该能够易于理解和维护，系统的选择应该考虑到有资格运行的可行性和服务人员。

总之，系统的设计应该能够恰当地实现它们被期待的用处，尤其是对于一个司法建筑的 24/7/365 和最高负荷需求。以下包括了在选择一个合适的系统时要考虑的标准：[1]

- 温度、湿度和气压需求；
- 功能需求；
- 冗余；
- 空间需求；
- 初期成本；
- 操作成本；
- 维护成本；
- 可靠性；
- 机动性；
- 生命周期分析。

HVAC 系统被有代表性地选择为生命周期成本分析、经常性的平衡设备的需求以及能量使用需求的基础。这个仅在司法建筑的设计时部分正确，因为这些建筑是被设计为长期使用而且多位于比较偏远的地区（非城市），在那里系统存在漏洞的后果将是非常严重的。

供暖和制冷的负荷限制了任何一个项目系统的选择。这些负荷应该按照空间的种类、它们的使用情况、工程的位置、太阳光照的方位以及行为、气候和使用时间可以预测的变化进行计算。以下是在最终的系统选择时需要考虑的一些因素：

- 区域的范围，每个区域内要求控制的程度以及对独立区域的空间需求；
- 制冷和湿度控制的需求，尤其当需要大量的室外空气进行流通或者来替换从建筑里排出的气体的时候；
- 供暖和制冷的有效分布需要。一些系统可能可以提供高效并且舒适的制冷，但是却不能很好的提供供暖；
- 设备和终端单元的大小以及外观（例如，扩散器，盘绕线圈的数量，发光面板）；
- 设备的可利用空间，这些空间位置，以及 / 或者水平或垂直导管和输送管的可利用空间；
- 在占地范围内的可接受的噪声水平。

除此之外，可能影响最终的系统选择的相关气候问题还包括对发生地震的考虑和该地的温度范围和湿度相关的一些问题。

---

1 American Society of Heating, Refrigerating, and Air-Conditioning Engineers, *2000 ASHRAE Handbook-Systems and Equipment* (Atlanta: Heating, Refrigerating, and Air-Conditioning Engineers, 2000), 1.1

司法建筑里的典型系统

中枢效用系统

为主要的司法建筑（大型监狱和类似的建筑）设计的动力设备和效用设备是特地用于支持这个公共建筑本身需求的。在某些情况下，动力设备或者效用服务的一部分可以与其他的使用者共享或者用于其他用途。在偏远地区，这些建筑可能拥有他们自己的污水处理厂或者可以依赖一个市政污水处理系统。饮用水的供应可以来自这个公共建筑或者来自一个附近的饮用水系统。

尽管为一个大的园区或者土地价值和结构可能产生特别需求的地方建造一个中枢效用系统是值得的，提供一个发电系统（热电联产或者其他）还是超出了建筑物机械系统标准的范围。只有当一个标准的供应商产生的动力无法被有效的送到此地，才可以考虑建设这些设备。

集中式设备和分布系统

在大园区和中型及大型的统一建筑里，中央装置设备（锅炉、冷却器、热交换器、冷却塔以及泵）被用作制冷和供暖的媒介用来生产和分布冷却水和热水。

作为一个规律，一个大的效用系统比小的分布式系统可以达到更大的操作效率。在一些建筑里，大型设备可以在一个单独的区域内安置。在其他的建筑中，冷却塔可能被安装在屋顶或者远离协同安装有锅炉、冷却器和泵的中央系统的偏僻区域。不管大型设备是安装在一个或两个区域内，加热的（热的）水和冷却水都是被抽送到独立的空气处理单元中。

司法建筑里的空气处理装置（AHUs）可以是集中式的也可以是分布式的。这些装置可以安装在建筑的内部或者屋顶（无论是标准的或者是特别定制的装置），这主要依赖于建筑的设计和对这些特殊装置的需求。系统的设计和分布主要取决于它们的类型；覆盖在地面上；是标准的，还是延长的，或者是 24 小时操作的；建筑计划的功能和时序安排的机动性；分布计划和建筑构造；以及其他的负荷需求上的差异。

被设计用来在司法建筑里提供适当的区域温度控制的机械系统可能兼容不同的风量系统，旁路多分区系统，恒定双管系统以及常量变温系统。在监狱和拘留室这些建筑里，通过使用能够在适当的户外条件存在时提供有效循环的干球或者焓传感器，许多系统有可能从“免费制冷”中获得好处。

用于增加通风和温度控制的支持和可靠性的特殊防备的设计对于司法建筑的一些区域来说很重要，尤其是那些与住宅、财产和人身受限人员的管理相关的区域。例如，在囚室和医务室内，通过特别的空气处理装置（AHUs）服务的区域应该进行限制，而且当该建筑在紧急状态下运转时，额外的提供通风和排气的鼓风装置可能会被要求提供最低的环境条件以及减少设备故障的影响。

总之，在有囚犯的地方，机械系统应该安装在安全的区域而且应该能够抵挡故意的破坏，不为违禁品提供藏匿之处，不为逃跑提供通道。温度调节装置和控制传感器不应该暴露在囚犯可以接近的地方。室外空气通风口应该被保护，而且应被安装在能够阻止意外或者蓄意造成的空气系统污染的地方。监狱区的所有的格子窗（进入、返回和排气）都应该满足或者超过为封闭和改造申请提供的美国国家标准学会（ANSI）或者美国社会的测试和原料（ASTM）的标准。

机械系统的适当安装对于安全性和可维护性都要求较高。尤其是在司法建筑的安全区域内，进门的地方和通道的设计应该在不造成安全隐患的情况下提供适当的通道。管道系统应该是隐蔽的，或者当暴露在外时用严格规范的材料建造。在安全区域内，管道系统里面和格子窗的后面都应该提供栅栏。

办公区域

办公类型的司法建筑（警察局、法庭、为位于安全范围之外的封闭或改造的建筑设立的行政大楼以及类似的建筑）经常使用不同版本的一种 VAV 系统，用于在整个建筑内分布和输送已经调整过温湿度的空气。

这些建筑的特殊区域，例如控制或交流的房间和中心、紧急操作中心和数据处理或长途通信区域，都可能使用内部拥有的空气处理和制冷设备来满足维持温度和湿度的严格要求。

住宅和监狱单元区

在封闭和改造建筑里的住宅和监狱单元区可能结合使用了 VAV 系统，或者依赖于建筑和系统的设计，可能特别地使用常量 HVAC 系统来维持适当的通风比例和减少系统的终端设备（这些设备都固定在 VAV 系统内部）。这些设备要求离它们服务的空间紧密的接近和要进行定期维护，而且由于建筑的设计、气候条件的区域性差异和其他的特征，可能难于保养和维修。

特殊的需求

囚犯的住处和处理区都是由独立的 HVAC 圈服务的，而这些 HVAC 圈通常是由独立的 AHUs 支持的。尽管排放空气的最小需求必须满足，在监狱区，尤其是在住处以及入口 / 处理区，空气的排放可能需要增强以减少不良气味的积聚。以下是典型的系统和需求，按区域分类：

- 监狱单元和储藏室——100% 户外的空气、常量、变温以及多速的风扇。供暖和制冷系统应该考虑床铺的位置和给一个熟睡囚犯供应品位置的影响，尤其是在非常冷或者热的天气和季节里。
- 住宅单元里的休息室和规划区——至少 35% 的户外空气，独立的区域，VAV 系统。
- 控制室——100% 化外空气、常量、返回

室外垂直通道

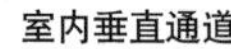

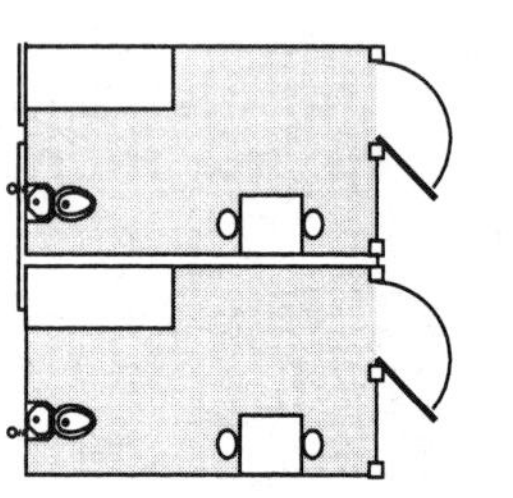

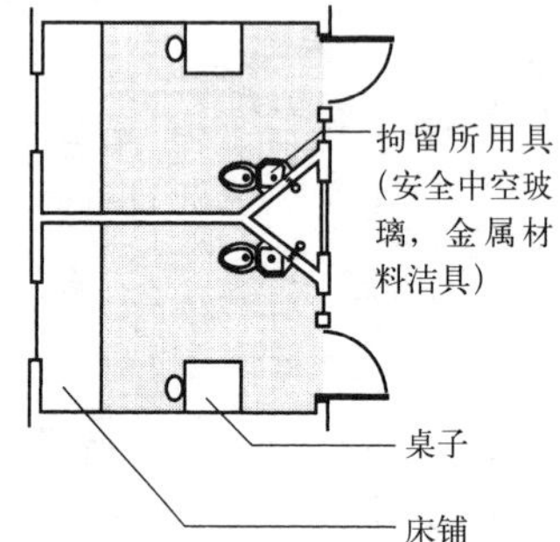

平面

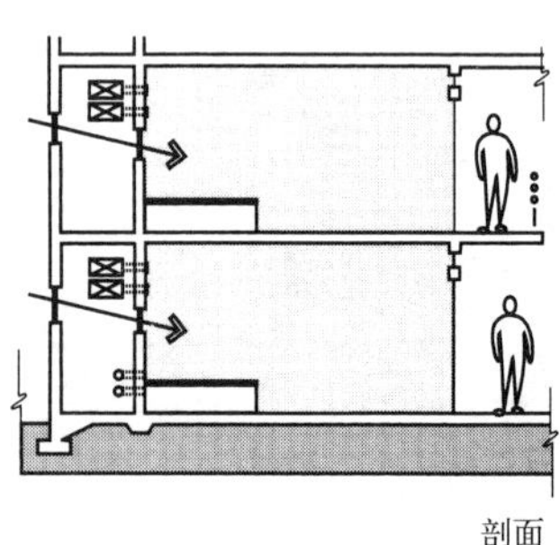

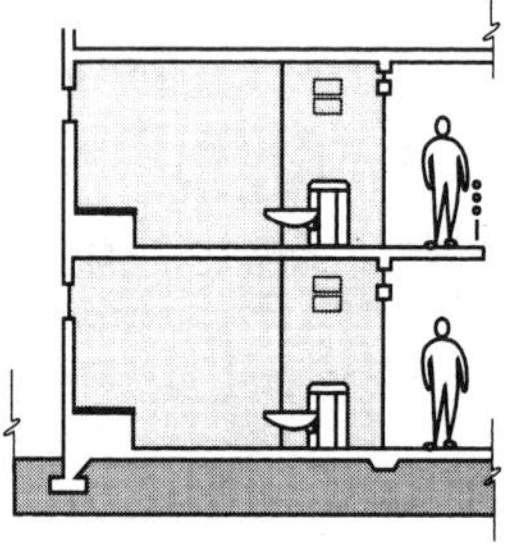

剖面

▲ 在居住单元内的可供选择的服务设施的位置。这些图表表明了在居住区域内，室内与室外的管道与机械服务设施

的空气通过厕所再流通进来以及被排放出户外。

- 厨房和用餐区——由专门的空气处理单元和排气扇服务。

在安全控制、住宅、入口 / 转移 / 释放以及封闭和改造建筑的医务区域，应该提供烟气过滤系统，同时提供风扇、HEPA 过滤器、活性炭吸附装置、分布式 duckwork 以及适当的自动闸门和控制设备。

有特殊用途的建筑

为有特殊用途的司法建筑（体格检查建筑、封闭或改造的卫生保健、弹道区和其他的实验室、24 小时操作和控制中心）服务而设计的机械系统，有特殊的和更严格的要求，可能增加或者替代了其他司法建筑的需求。在封闭和改造建筑的医务室应该设计成在一个安全的环境下能够提供高水平的排气以及传染病 / 疾病的控制，这就经常要求使用格子窗、天窗以及限制 / 约束空气流动的装置。安全防备不应该被忽略，尤其在要求中等或者极大安全的环境下，因为这些建筑中的每一块区域都应该仔细设计以阻止、侦查、禁止逃跑和藏匿违禁品以及限制囚犯伤害他们自己或他人的机会。

因此，可能会提供常量系统，包括带有选择区域控制或者单独房间控制的旁路多区和分区加热。在一些区域，带有终端加热和终端加湿的常量系统是一个不错的选择。

机械系统的控制

大部分的司法建筑，不管是单个的还是多重的建筑的园区，混合了建立在 4 ~ 20 转的控制信号上的可编程的电子逻辑控制器和可行的单机操作系统来提供有效的能量管理和设备控制系统。

电力系统

在一个司法建筑里提供电力服务是为了给所有的紧急系统提供正常的和紧急的动力，满足所有的正常和紧急服务的需求，以及安全系统、照明和所有的设备，包括整个建筑的方便插座。

司法建筑里的典型系统

一般来说，电力从当地的市政部门输出，通过一个地下的实时效用分配系统（用于减少超额服务的电压压力），以中等电压电位为建筑或者一栋司法综合楼的每个建筑提供服务。电力通过交换机和变压器给项目中的主要电力房间进行分配。

系统一般从安全范围外的一个中心区域进行设计。在有多个建筑地点的司法项目里，每个地点的电力分配通常是从服务点到建筑，通过地下的管道来提供，而且通过垫式变压器为建筑里的配电台提供电力服务。室内的电力分配装置通常安装在安全可靠的储藏室里，而且位于使建筑内的电力服务分配有效的地点。

大部分中等到大型的司法建筑都是供应 480/277V，三相，四线服务的电力。在老式建筑里，如果稍高一点的电压不能使用，280/120 的电力可能还在使用。提供 480V 电力的地方，电力都是用于建筑里的高负荷设备（冷却器、空调设备、电梯、泵和空气处理装置）。发动机控制中心位于机械室，为主配电台提供服务。

照明系统一般设计使用 277V 的单相电力，从主电力配电台输送到分散在整个建筑里的电力储藏室里的面板上。

便利插座、特殊装置以及特别挑选的照明设备的动力通常都来自 120/208V、三相、四线服务的电力供应的干式变压器、灯和用具面板。变压器都藏在分布式的电力储藏室里，为分布式的出口和电路提供 120V 的动力（用于办公室和工作站，一般使用或者便利出口以及专门的电路）。

专门区域和有高强度负荷需求的区域，包括食物准备区、洗衣房以及维修和洗衣中心，都应该有专门的电路板来服务。

在 222 页里的建筑剖面图展示了一个例子，显示了电力、机械和特殊系统的储藏室和空间应该怎样垂直和水平的分布在一个多层的司法建筑里，例如一个法院。看本章后面的截面图“区域和空间”，可以得到司法建筑里关于特殊空间和所有严格区域的技术需求的补充信息。

在大部分的情况下，建筑都会为每个普通的或者紧急的服务需求配一个定额服务入口的主配电台或者主分配面板。正常服务的测定在服务进入时操作。

备用电力（紧急情况）

建筑的责任可以提炼为生命的保障、离开建筑、通信、建筑的安全。其他的被认为能维持建筑的最小功能性的必要责任是来自紧急电力分配系统。分配系统是由一个或更多的自动转换闸门组成，这些又都依赖于普通的有效的动力资源和备用的应急发电机。当一个转换闸门觉察到有效动力的缺失，它可以自动地发信号给应急发电机，使其

▶ 建筑剖面图示。该图表明了典型的重要机械、电力及数字电信通信系统空间在多层司法建筑内的垂直排列方式

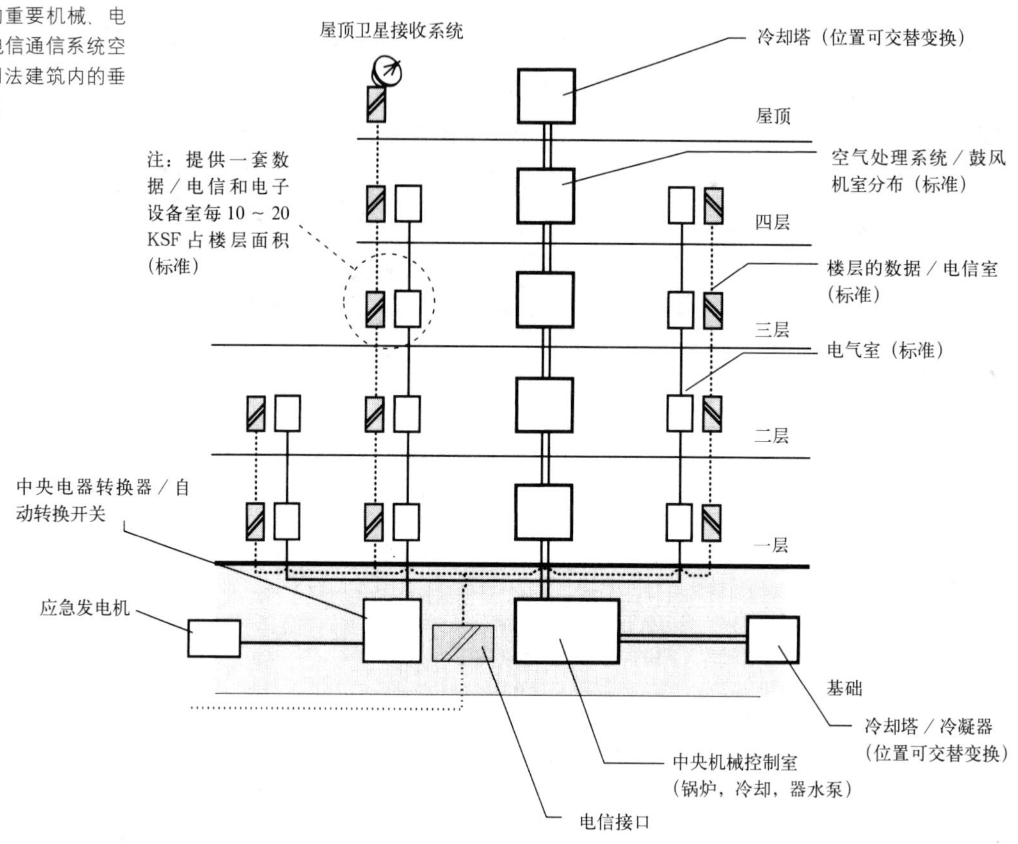

启动；当这里的动力可以被利用时，转换闸门将闸门转向应急发电机。

对于一个生命安全系统，在觉察到有效动力的缺失和转换到应急动力之间的时间延迟大概是 6 ~ 10 秒之间。对于大部分封闭和改造建筑里的紧急的电脑相关和安全相关的功能来说，持续的动力必须是可以得到的。对最紧急的工作，通常需要提供一个不间断的中央动力供应（UPS）。UPS 与备用动力系统相连，带有备用的电池以渡过短期的动力缺失。UPS 系统需要设计成能够在足够的时间内，支持控制中心、通信系统以及其他的紧急工作，直到发电机的动力产生了或者一个监管下的停工完成了。

应急发电机可能是柴油或者天然气作动力的（或者是混合的），而且一般情况下，燃料供应的现场储藏量要供应 12 ~ 24 个小时的定额负荷下的操作。

发电机要有一定的大小，能够支持安全控制和控制系统、定点照明、生命安全系统、烟气排除以及其他的由建筑条例要求的功能。在许多情况下，发电机的大小被设计成支持可能已减少操作的封闭和改造建筑里的功能需求，包括食物服务装置、医学服务区域、通风扇、受限制的制冷系统和一些规划区域里的照明。经常地要为一个二级或者后备发电机制定预防措施，尤其是在大的建筑里或者动力的稳定性还是问题的地方。

未被设计成需要 24/7/365 运行的建筑，它的应急动力需求可以被单独降低到生命安全需求。在这些情况下，典型的责任包括出口标记和为通道和出口道路设计的照明装置。在小一点的建筑里，通过就地电池储备的方法来为必需的出口照明提供紧急动力，可能更有经济效益。

无论是设计成最初的连接还是作为之后的一种延期，司法建筑里的应急系统的设计应该支持以下各点：

- 生命安全和安全照明（发电系统）；
- 室外安全照明（发电系统）；
- 火灾报警和探测系统（UPS 和发电系统）；
- 火灾泵（发电机）；
- 安全系统，包括门、闭路录像装置（CCVE）、通路控制和内部通信系统（UPS 和发电系统）；
- 通信系统（UPS 和发电系统）；
- 数据 / 电信区域，包括入口的建筑、主分配结构以及中等分配结构室（UPS 和发电系统）；
- 控制室和控制台（UPS 和发电机）；
- 特定的电梯（发电机）；
- 特定的供暖和制冷控制系统和设备，包括制定区域的空气处理设备（发电机，按照项目需要的规定）；
- 电梯照明、信号和控制（发电机，按照项目需要的规定）；
- 和医务区域相关的特定工作（患者隔离室、护士值班室、医务气体系统）；
- 污水泵（发电机）；
- 烟气控制系统，包括所有为排除、收集和过滤烟气的系统服务的移动空气设备（发电机，但是要根据每条适用的条例进行核查）；
- 储藏、居住、隔离和安全控制室的鼓风和排气风扇（发电机，但是要根据每条适用的条例进行核查）；
- 为在建筑里居住的囚犯和拘留者提供的特定的食物服务设备（发电机）；
- 厨房的冷藏和冷冻储藏（发电机）。

管道系统

司法建筑里的管道系统包括日常用水、卫生垃圾、通风孔、管道附件和设备以及雨水排水（包括外部和内部的雨水排水系统）。必须要满足严格的水质标准，而且每个项目都应该对建立在水的成分和供应上的过滤和水软化需求进行评定。如果需要，水软化装置应该安装在中央机械室或中央泵房。

供水系统

自来水可能通过市政水网系统或者通过水井或者水库系统（在偏远地区）输送到司法建筑里。如果建筑有自己的供水系统，必须准备一个水处理系统，由合格的操作员担任工作人员。

司法建筑的水网系统包括日常用自来水，防火/消防喷头系统，冲洗系统而且可能包括非饮用水系统。系统的设计应该要为建筑和附近的所有区域可靠地提供一定质量的满足严格水质标准的水。在大部分的封闭和改造建筑里应该有蓄水池，万一发生紧急状况，以便保证用水供应，一般至少保证三天。在保存紧急用水的地方，应该设计一个保证水质可供饮用的系统。

自来水通常用管道输送到一个中心地点或者有用装置的附近。在封闭或改造建筑里，接受和分配管道应该设计成支持可视和可测量的监视和控制。

污水处理

污水的处理必须遵守所有的政府条例、规定和规章。无论在哪里，只要有可能，污水处理就要与市政系统相连。在不可能实现的地方，一个独立的地面污水处理厂可能是必要的。一个处理厂的大小应该至少能够处理建筑里用水消费总量的 80%，处理厂里要有合格的操作员。

司法建筑里的典型管道系统

在大部分的司法建筑里，日常用的热水是由安装在机械室/泵房的蒸汽式热水器产生和储存的。为整个建筑里的工作人员提供的热水温度为 120 ～ 140℃，给犯人的用水设备提供的热水的温度可能限制在使用温度点——105℃。还是在给犯人提供比较低的使用温度点的地方，系统的设计应该能够维持水质以及限制团状物质或其他污染物发展的机会。在大型建筑里，可能要安装循环式的泵以保证在较低需求的时期，在所有的出口，都能提供即时的热水或可调温的水。

固定设备

在司法建筑里，在员工区、公众区、公共厕所、休息的房间和休息区，都必须有特制的或高档的商用陶瓷或玻璃瓷的管道设备。在提供维护和居住管理支撑的区域（事实上在所有司法建筑的公共的、私人的和限制进入的区域），都会提供特制的设备。

在许多中等型和最高安全的建筑对犯人有影响的区域里，囚犯的厕所、淋浴和单人房间都是采用不锈钢安全型的设备。安全型的水储藏室通常都配备的是低维护的计量阀。淋浴头一般由计量阀或者电子螺丝管进行控制，同时带有计时器以控制淋浴的时间长短。

近期，在小型和一些（主要是直接监督的）中等的和最高安全的建筑里对犯人有影响的区域，已经设计使用了特制的陶瓷或者玻璃瓷的管道设备了。设备选择的决定应该建立在安全和观测需求的基础上，同时考虑来自囚犯管理和监督人员的设计团体的指导方向。

管道系统的设计应该能够保证安全和维护的需要。在犯人居住 / 占据的区域，通常管道系统附属设备设计成可以通过外部的独立房间和里面带有一个专门的安全机械装置的区域来进行控制。许多建筑的厕所排水管需要持续的维护，因为囚犯总是试图堵塞厕所或排水管或者试图进行非法的交易。因此，厕所、地面排水沟和软管上部应该使用简单易于清洗的设备。管道装置一般包括输入和输出空气管道，而且需要进行仔细的调整以保证所有的装置都有适当的空气通过量。

火灾防护系统

火灾防护系统的设计需要遵循州和县的建筑条例和 NFPA 的要求（包括 NFPA10）。在大部分的司法建筑里（除了特殊要求下的联邦项目以外），在设计和建筑阶段，火灾防护系统的要求必须由州和县的适当火灾执行官进行核查。为烟气的排放、捕集和过滤系统服务的火灾泵和所有的空气动力设备都必须提供备用的（紧急的）动力。

大部分司法建筑里带有的火灾防护系统由探测设备、烟气和大火减缓设备、必需的竖管和自动喷淋系统。烟气排放和捕集系统必须遵守州和县的相关条例。大部分司法建筑里的空气处理单元必须包括带有操作指南的烟气自动净化循环装置。喷淋系统的实施（湿式还是干式系统）以及喷头的选择（标准式、隐蔽式、动前式、安全式）都应该配合建筑的类型和建筑的细节。对于安全控制和电脑设备区的特别设计的考虑是非常重要的。

与市政供水系统和 / 或者与内部的水储罐相连火灾泵通常安装在中央机械室 / 泵房，以便为喷头和竖管服务。尽管有些条例对竖管和喷头的位置做出了规定，规定标准、可抵抗破环的安全的喷头，在司法建筑的主要是囚犯的区域，是应该特别预备的。

区域和空间

典型区域

大部分司法建筑要求的机械和电力空间一共占总建筑面积的 6% ~ 10%。这种空间的分配包括对中央式和分布式设备室的规定。对垂直方向的空间需求通常会另外增加 1% ~ 2%的地面面积，这要依赖于系统设计的需求和该项目选择的特殊系统。

在建筑里的中央式分布可以将输送管、导管和沟渠的分布和大小减到最小，而且可以集中维护和操作。但是，由于系统种类的选择，并不是所有的电子和机械设备可以进行集中安装。例如，在一些系统里，空气处理单元更适合分布在各个房间里，靠近需要服务的区域。

大部分的大型设备室都应该在 12 ~ 18 英尺高（到达顶棚的高度）。

典型机械和电力区域包括中央控制设备区域、中央电力转换和开关设备室、紧急发电室或区域、连续式电力供应的设备室、中央机械室、分布式风扇室和分布式电力储柜。

中央控制设备

一个建筑的控制设备通常覆盖了主要的装置，但是空气处理装置、电力控制面板和转换装置以及分布式的数据 / 电信或火灾 / 安全设备可能需要额外的空间。设备和系统需求以及因此产生的空间需求在全美国（世界）有很大的变化，而且全部的空间需求必须建立在逐个项目的完成上才能逐渐显示出来。

控制设备通常安装在监狱的控制范围之外，经常靠近一个码头、车库或者仓库。在小一点的建筑和那些为低安全级别的囚犯服务的地方，中央设备可能被安装在控制范围之内，靠近维护区域。这种安排可以帮助减少人员供应。因为在许多监狱建筑里，一个全职的设备工程师必须一直值班以维护紧急控制系统的运行，如果工程师在控制范围之外将可能不是十分有效。

控制设备的位置应该进行选择以减少运行有效服务的需求长度。在城市建筑或者司法项目这样由一栋独立的建筑组成的地方，控制面积应该集中在建筑较低的地方，可以通过方便的通道到达大型设备、替换组件和服务。

尽管这样的集中式布置对于各地点的设计和服务性的交通车辆的入口来说是方便的，对于怎样设计一个控制区域——不相关的事故或灾祸不会对设备或装置产生安全或服务方面的问题——这是需要注意的。在位于密集的城区建筑里，机械的（空气）分配设备和通风口不应该安装在或者靠近中央控制设备或机械室等区域。中央电力室和拱顶应该这样安装在建筑里——一个交通灾祸或事故（故意的或非故意的）将不会影响服务性操作、发电机或者发电机的燃料供应。

冷却塔

这些地方的空间应该进行规划——在城市建筑，在屋顶上——为冷却塔。如果安装在地面上，空气或者水冷却塔或冷凝器应该安装在距离建筑和停车场至少 100 英尺以便减少噪声和保持空气和湿气能从建筑里流出。无论是屋顶还是地面上的设备，都应该安装一定程度的围栏（在侧面）以作防备。特殊津贴应该列在预算里，为与冷却塔安装相关的建筑费用，也为足够的空间和设备的适当围栏这些防备措施的费用。

中央机械室

一般来说，锅炉、冷却器、泵和自来水加热设备都应该安装在一个封闭有界的空间，通常在建筑的低处，来减少从地方的边界通往建筑的服务通道的相关费用，以及减少设备的振动和噪声的影响。这个（些）房间应该经过规划，以提供有效的空间，可以提供服务和主要部分替换需要的简单通道。

应该为中央锅炉、锅炉服务设备、化学处理装置、减压装置、空气压缩控制机和各种设备提供空间。冷藏设备区应该包括冷却器、冷却水和冷凝水泵、热交换器、空调装置、空气压缩控制机和其他的各种设备。ASHRAE 指南详细说明了冷却器应该安装在独立于其他设备的房间里。其他区域应该设计分布与火灾控制和民用热水系统相关的设备，包括热水加热器、泵、火灾泵、储水池和其他的设备。

在大多数情况和项目中，将会为空气处理单元（AHUs）要求特殊的空间，AHUs 为建筑的使用区域（包括在低处的区域）提供服务。系统设计经常为每个办公室、法庭、拘留空间或地面提供独立的房间。这些房间通常需要 400 平方英尺或更大的单位面积。注意：一个为整个建筑服务的，带有一个或两个风扇的独立的集中式 AHU 通常不被纳入法庭建筑里，因为存在提供有效的业余和局部的操作以及减少为建筑服务的单个失败点的可能性这些需求。

▲ 在建筑屋顶遮蔽层下的冷却塔。新法院大楼。Skska, Hennessy 集团: 机械，电力，管道设备工程师。摄影：Z. Jedrus

▲ 中央锅炉厂。新法院大楼，钢交叉支撑。对于设备布局与管道运输而言，建筑的结构（交叉支撑，粗大的梁等）使得相互协调非常重要，Skska Hennessy 集团：机械，电力，管道设备工程师。摄影：Z. Jedrus

▲ 中央冷却器厂。新法院大楼。Skska Hennessy 集团：机械，电力，管道设备工程师。摄影：Z. Jedrus

分布式鼓风机房

空气处理单元可能被安装在制定的房间或者其他的区域（顶棚以上或者其他的空间）。无论可能被安装在哪，AHUs 应该安装在那些可以很容易到达的服务区（过滤器更换、日常和主要事务服务，包括主要轴承和线圈的更换）的房间里。

事实上，鼓风机房可能被安装在建筑里的任何区域。在定位鼓风机房时，生命安全需求被满足是至关重要的；国家指南和州、县的条例提供了关于大火和烟气探测、管理和抑制的标准。无论鼓风机房被分配在哪里，它们都应该有较好的室外空气通风口和空气排放口，为设备的更换服务。鼓风机房包括的数量取决于系统的选择、建筑的总地面面积、系统需要服务的面积和一个有效系统的设计标准。对于司法建筑的初始规划，设计者们可以假设典型的 AHU 房间应该为 500 或在尺寸上更 NSF，以便为办公室或法庭使用区的 15000 ~ 20000 平方英尺的地面面积服务。

中央电力开关设备室

中央电力服务入口 / 转换 / 开关设备室可能从 200NSF——为一个小型建筑的小型电力服务室服务——变化到 1000NSF 或更大——为一个大的修正的综合体服务。这个区域通常分布在建筑的服务入口处，而且从实践上来讲，应该尽可能地安装在离引入的电力服务近的地方。这个区域不应该受洪水的影响。

紧急发电机房 / 区域

在动力受到破坏的事件中，一个紧急动力发电机应该自动开始运行，而且可以维持建筑里的生命安全和出口照明、火灾警报系统、监视警报、公共广播系统和其他的基本操作系统。在建筑的中央控制室应该提供状态监控。

设计师应该允许一个发电机室 / 区域有 600 ~ 1000 的 NSF 或更大，取决于发电机的大小、风扇 / 通风设备和储存 / 储备容器的需求。这个区域通常分布在建筑的服务 / 入口处，但是由于噪声消除和分隔的需要，也可能分布在一个独立的基座或者一个不同水平面上。通常，不应该将其安装在远离电力开关设备超过几百英尺的地方。

连续的动力供应系统（UPS）室

UPS 区域可能需要包括中央开关和电池设备，尤其当一个集中式建筑范围的 UPS 能够被提供时。尽管组合单元可能被安装在不同的地方，在司法建筑里，集中式建筑范围的系统是不常见的。在提供这样系统的地方，这些系统为建筑的大范围的区域服务，包括囚犯拘留区域（规定受限制的区域）、安全控制中心（建筑安全控制和囚犯安全控制）、数据 / 电信入口建筑；中央电脑室、地面通信储柜通常还有视频 – 音频系统的设备室。

▲ 紧急发电厂。新法院大楼，Skska Hennessy 集团：机械，电力，管道设备工程师。摄影：Z.Jedrus

电力储柜

为系统和服务地带的设计提供一个可设计的区域，在电子设备增多的建筑里尤其重要，因为只有当建筑的电信和动力系统为建筑的平行地带或区域服务时，电脑和电力系统的性能才能达到更好。这种方法允许独立的电力和电信储柜为适当大小的地面区域服务，这些区域带有相似的水平分布、垂直排布和跨建筑间的关系，没有当设备与不同的动力来源或转换机相连时产生的额外数据线干扰的问题。

在建筑的水平面积大于 10000 平方英尺的地方，在每一层都应该提供若干对储柜。这能够确保垂直中心上的剩余量，而且可以允许每层之间的跨层联系，已得到二级通路。尽管不同的建筑和设计可能将系统安装在地面之上或之下，保证未来持续的弹性和适应性的关键是提供到达这些间隙区域的简单通路。

电力和数据 / 电信储柜应该成对地归类在一起，而且设计成一对能够近似为 10000 平方英尺区域服务。法庭建筑里的典型的地面区域应该拥有从某些方面来说“成批”的空间，通过合理的位移、配线和服务距离（经常为 100' × 100'）进行详细说明，或者近似为 10000 平方英尺。

其他的问题和注意事项

能源效率

随着有效运作的住宅单元设计（广受欢迎的原则，有计划的提供直接或间接的管理）的发展，司法建筑单位囚犯的平方尺面积，从1950年代中期到1970年代中期发生了引人注目的增长。随着1973年石油禁运，在所有的政府建筑里，对减少能源成本和消费的关注开始增长。机械和电力系统方面集中了特殊的注意，包括加热、通风、空调、照明、家庭热水和全部的服务于建筑的大型设备（泵、发动机等等）等。

从1970年代中期起，司法建筑的机械系统的设计方面的特殊变化如下：

- 广泛采用和使用带有对温度、气流和在所有运行期间的系统进行直接数字控制和监控的建筑自动控制和管理系统（BAMS或者BMS），带有加强的调整能力，可以补偿当需求增长和当使用增长的类似时期时需求的变化；
- 增加了被服务的区域分区，也增加了将AHUs和分配系统的设计同区域的大小、太阳光定位（内部与正面相对的区域）和功能的需求——包括不同转速泵的使用、对延长的时间或24/7/365操作的需求和区域紧接着区域的控制的运用——进行协调；
- 减少了鼓风机的动力需求，主要通过使用多种类型的有多转速的鼓风机或风扇驱动以及用于HVAC装置上的高效发动机；
- 设计锅炉和冷却器的合适大小以更好的与供暖和制冷设计相协调，通过标准模具的设计来调节低负荷或局部负荷以及最高需求；
- 结合使用热回收系统，来从排放的热量中回收有价值的部分，用于进入的冷空气的量（或者回收排放的冷气的有价值部分用于进入的热空气），包括暖气热回收和节气阀，以及双重燃料高效燃烧系统；
- 在鼓风机启动阶段采用预热循环；
- 增加使用能源效率高的独立的家庭热水加热器，来允许在温暖或者热的天气里可以关闭大型锅炉；
- 考虑到健康和安全问题（军团病，一种大叶性肺炎，或者类似的病症）操作时使用相对较低温度的热水（一般为120度，相对140度）。

在过去几十年里，通过改进建筑的设计，提高了机械/电力系统的能源效率：

- 改良的照明系统和设计，包括使用高效的压舱物和灯，以及改进的控制式和/或分配式的照明器材；
- 在出口照明处使用节能设备以及在停车场和边界照明（适当的地方）处使用高亮度放电（HID）灯管（例如，高压的钠和金属卤化物）；
- 与日光灯和其他的自动传感器一起使用可编程控的照明控制系统；
- 在建筑中最大限度的使用日光；
- 着重窗户的更换（在现有的建筑里）；
- 将被动太阳设计原则同建筑学和场所的设计结合起来。

结构系统

任何建筑的结构系统的选择都必须建立在对许多不同因素的仔细分析的基础上。其中一些重要的因素有尽头区大小和形状、费用、物质的可用性、本地的实践性和建筑的速度。

尽头区尺寸是一个主要的因素。每个结构系统都有一个实际的跨度范围。在跨度的实际范围之上使用的结构系统将会使系统昂贵或者难以运转，因为要达到需要的强度和硬度可能是不可能的。在跨度的实际范围之下使用的结构系统将会使系统不用那么昂贵。尽头区的形状同样是一个重要的因素。对于使用双行的系统——在两个方向工作的系统，比如平板式和宽厚式，一个正方形的尽头区将会更利于传导；对于矩形的尽头区，通常来说使用单行系统或者主要在一个方向（例如单个托梁）工作的系统更加合适。

费用明显是一个重要因素。对任何建筑，都有多种多样的结构系统可以满足所有应用条例的需求以及所有者的所有额外要求。目标是找到一个系统，它能够以最低的费用来满足所有的要求。本地的实践性和物质的可用性都是会直接影响建筑费用的因素。

除上述的因素之外，每个建筑类型都有自己的一套需要被考虑的规定，因为它们会对结构系统的选择有主要的影响。接下来的段落将会描述这些要求，同时描述两种司法建筑（法庭和拘留建筑）里最常用的结构系统。

法庭

在法庭的设计过程中需要考虑的特殊情况中有长跨度、地面震动的控制、气流的设计和强行入口的需求。

尽头区大小

跨距的长度是必需的法庭宽度的函数。超过法庭宽度的典型跨距大概是 40 ~ 45 英尺。在其他方向的跨距不用这样长，而且随建筑里所有不同空间的设计可以变化，但是可以在 20 ~ 30 英尺的范围内。

长跨的要求使得一些混凝土系统无法实际应用。其中有平板和厚平板系统，对于它们，实际的最长跨距大概分别在 30 英尺和 40 英尺。另外，典型尽头区的矩形形状使得单行系统比双行系统更合适；因此，一个跨距扩大到 50 英尺的单向托梁系统通常比一个宽厚式系统更适合。当安全地采用了规定的设计负荷时，后张力的混凝土平板系统可以跨越这些距离。一个带有地愣横梁和支架的钢铁构架系统同样可以轻松的满足宽度的需求。

地面的振动是重要的，尤其在法庭里。在建筑里振动主要由机械设备以及在走廊、办公室和法庭里人的走动产生。结构的设计应该达到建筑里的振动水平不会被办公室和法庭里的人感觉到。混凝土系统通常可以产生可接受的振动水平，因为它们生来僵硬。钢铁构架结构，更具有柔韧性，当振动控制在结构设计时未被考虑到时，可能会产生让使用者感受到的振动水平。然而，当设计时被考虑到了，振动水平很容易得到控制。在这种情况下，钢铁横梁的大小和形状可能受振动要求的控制。

爆炸设计和强行入口的需求，在这本书里，仅对联邦法庭有强制限制。关于爆炸控制和强行入口的独立部分将在本章的后面提到。

混凝土和钢铁系统

对于法庭建筑混凝土和钢铁系统是可行的结构系统。尽管在作出选择时要考虑许多因素，当钢筋混凝土被使用时，一个单项托梁厚板可能是最合适的系统。在这种情况下，托梁由横跨在垂直方向上的圆柱和托梁之间的混凝土横梁支撑。理想状态下，横梁的深度会与托梁的深度吻合；如果是这样，使用的模板材料将会极大地被简化。

如果使用结构钢，分别隔开在 8 ～ 12 英尺的钢铁横梁由嵌入圆柱的钢铁支架支撑。典型的厚板建筑由带有混凝土顶盖的波纹状合成钢板组成。混凝土厚板作用于使钢铁横梁、支架和支撑重力负荷支架的混合作用。厚板和钢铁横梁之间的混合作用由到横梁和支架的顶端的焊接切割连接器来实现。混凝土厚板的厚度通常受应用建筑条例详细规定的火灾防范要求的限制。应该能够提供一个确定的厚度混凝土来达到特定的火灾防范水平，除非金属板是耐火的。通常使用轻量级的混凝土，因为当采用轻量级混凝土代替正常重量的混凝土的时候，为达到要求的火灾防范水平所需要的厚板的厚度减少了相当多。厚板重量的减少带来了必须由地面结构、圆柱和地基承担的负荷的减少。按照更早的规定，钢铁横梁的大小和间隔可能受振动控制要求限制。

拘留设施

拘留设施最常见的结构系统是带有预浇制混凝土地基的砖石承重墙的预浇制混凝土单元，以及带有非承重的加固砖石墙的现浇混凝土构造。

预浇制混凝土单元通常由两个单元的模块和一个有效的空隙网状形成。模块是五面的盒状物，有四面墙和一个顶棚。一个模块的顶棚同时是上面那个模块的底面。模块可以堆成近似的八面体，而且通过用深入嵌入的薄水泥浆形成的牵制力同上下的模块连接起来。与邻近模块的侧面联系通常是通过焊接板来实现的。所有的设备、管道附件、电灯器件、窗户和门都在商店里安装好。接着完整的单元再被运送到工地，被竖立起来。

这个系统主要的优势是质量、建筑的速度和减少的费用。完工的产品的质量得到了提高，因为大部分的建筑过程在商店里完成了，在那里明显有更好的质量控制。建筑可以非常快的完成，因为当现场工作和地基正在进行时，预浇制单元可以同时进行制作。对于更大的项目，为它们制作同样单元的数量更大，因此节省费用的潜力更加明显。在小一些的项目里，单元的数目较小而且有多种不同类型的单元，对此，不同的结构系统更为合适。单元组之间的白天活动空间的结构，跨度大约在 20 ~ 50 英尺的范围内，可以通过不同的方式来完成：预浇制双球座、预浇制空心厚板、现浇混凝土和带有金属板的钢铁托梁是其中最常见的。

砖石承重墙系统也很常见。因为安全的墙体是必要的，用这样的墙来支撑建筑的结构才是有意义的。因此，单元之间的加固砖石墙被用作了承重墙。地面系统通常由预浇制混凝土板的地基组成，空心还是实心取决于应用条例的要求。这种建筑的劣势在于它建造得比较慢。

带有非承重的加固砖石墙的现浇混凝土构造同样常见。在这种系统里，在单元之上的地面建筑通常是平板和单元组之间的白天活动空间；对于更长的跨度，是单向的托梁或者在某些情况下是对称式厚板。

钢铁的施工方式也被应用着，尽管对拘留设施而言远不如混凝土常见。预制的钢铁单元相对比较新鲜，目前还不是很常见。

在任何类型的建筑里都一样，结构系统的选择主要受在该地区、在建造的时期、本地可实践性和物质的可得性的影响。

爆炸设计和法庭的强行入口保护

美国的法庭建筑的设计和建造坚持美国通用设备管理（GSA）安全设计标准的规定。这些标准致力于减少在爆炸性恐怖分子威胁的事件中危险的发生。这些特殊规定的目的是提供更大的从街道边后退的可能，减少前进失败的可能性，减少飞行碎片冲击的危险，将居住者与直接的气流压力隔离开，维修紧急生命支撑建筑和在受害者营救中的帮助。尽管美国通用设备管理（GSA）安全设计标准的最初目的是尽量减少对居住者的伤害，被动的防护会减少灾难事件的可能性以及限制爆炸性威胁的危害性范围。然而，单独的物理安全并不能保证一个期望的保护水平；要求技术上和操作上安全的结合，来维护入口控制、包裹的甑别和包裹进入建筑。安全服务的适当平衡才能带来期望的保护水平。

现场情况

安全边界显示了潜在威胁的最近距离，如果以汽车炸弹的形式，这种危险可以达到目标建筑物。为了让安全边界变得有效，柱子、耕作者、硬化的街道建筑或者防护墙、对以最高实际行进速度的特殊车辆冲撞阻止的可能，都必须实行。远射距离，即从安全边界测量到建筑的最近点，与炸药填料的重量相关，对应于专门的 GSA 安全标准防护水平，建立了建筑的爆炸设计要求。

在对固定的外部汽车炸弹的要求的保护之外，还必须制定保护通往现场的汽车入口的规定。这些边界入口点必须具备可伸缩的水力柱和对以最高实际行进速度行进的移动车辆冲撞的阻止的可能。在这些场所，水压和固定柱的结合应该能够有效提供持续的反冲击屏障和阻止车辆从开放入口到达地点。

建筑正面

建筑的表面是其首要的对炸弹影响力的真正防卫；正面部分对此冲击作出怎样的反应会深刻地影响建筑物的行为及其保护居住者的能力。为了建立爆炸设计的标准，在建筑的四个方向，每个方向都绘制了压力和推力图，反映了在现场的安全边界发生的爆炸事件的爆裂情况。这些图定义了爆炸环境，在此环境中建筑的正面和结构系统必须经过设计。然而，GSA 安全标准对建筑外表面的最大爆炸设计负荷限定了最小值。

采用保护性玻璃窗、加固的正面、适当的设计和细节设计以提供由 GSA 安全标准专门规定的防护，将有效地减少建筑里的所有居民的危险。为了满足 GSA 安全标准，单跨的玻璃窗或者一个绝缘玻璃窗单元的内部应该由层压式制造。如果玻璃是用结构硅树脂密封剂粘合到窗框中的，正面将可以维持更大的变形，同时保留玻璃在窗框内。窗框必须充分地设计大小和设计细节，以支撑玻璃上的爆炸负荷，同时将这些负荷转移到支撑结构上。使用这些保护设计的特点会减少居民面对飞行碎片冲击的危险。面向直接的爆炸压力带来的伤害也会戏剧性的被减少。

在设计窗户系统时，通常需要更强的窗框以遵循保护设计的“玻璃先碎”的原则。在这种设计方法中，玻璃可以以一种安全的方式碎裂，但是窗框、框架和抛锚地点必须设计成能够从集中的力量中幸存。根据对玻璃抵抗力的统计，这名义上要求玻璃具有每千个中破裂 750 个的性能。

尽管板墙可能看起来是非常易碎的正面，在发展一个提高的板墙系统方面已经做出了很大的进步，可以为居民提供需要的保护。这样的板墙系统已经通过爆炸测试展示过了，显示出很强的弹性。当注意细节、进行合适的设计和建造时，板墙系统能提供针对短期爆炸负荷的相对低频率的反应。这种低频反应允许板墙系统通过变形，消除爆炸能量中的一个重要的部分。

然而，执行这个系统要求窗框部分和连接部分尽量详细设计以允许变形的发展。拉斯韦加斯联邦法庭的板墙系统在大型爆炸热量模拟器（LBTS）中，以 White Sands 导弹射程进行过爆炸性测试，结果发现超过了它们的设计要求。系统的弹性不仅对于建筑中人员的生存是有益的，而且提高了玻璃窗抵挡爆炸负荷的表面能力。

板墙结构必须设计成能抵挡集中的爆炸压力的影响。设计负荷可能通过对系统的动力分析来决定。除了在抵挡高频振动负荷的低频系统的动力收益之外，允许非弹性形变也将进一步减少板墙上的表面平衡静力负荷。平衡静力负荷受玻璃性能的限制，玻璃性能是以尺寸和厚度为变量的函数。对于结构组成部分的设计，采用玻璃先碎的保护设计体系。玻璃的每千个中破裂 750 个的性能应该用于决定其限制的性能。此外，为了保持玻璃窗墙面结构中，玻璃必须用硅树脂密封剂完全地安装在固定的位置。

结构保护

侧面系统

常规结构中的侧面支撑系统被设计成仅能抵抗风力（在适当的地方还有地震负荷）。然而，在抗爆炸结构的情况下，爆炸产生的基础剪切力可以轻易的超过结构组成部分的能力，设计这种能力用于抵抗常规的负荷状况。侧面结构爆炸产生的巨大剪切力的量级很大程度上取决于该结构被允许支撑的非弹性形变的量。因此，侧面变形的可接受的水平必须是能与风力和地震压力产生的基础剪切力相比较。最大的基础剪切力将决定侧面系统的设计。然而，为了让设计更有效，地面水泥板，作为水平振动膜片，必须能够将正面聚集的爆炸压力转移到侧面结构系统，再由其继续将负荷转移到地基中。

顺序倒塌

顺序倒塌被定义为一个元素到另一个元素的最初局部失效的蔓延，导致了结构的一个大的不均匀部分的倒塌。换句话说，顺序倒塌发生时，例如，一个独立圆柱的失效会导致一个建筑的大部分被毁灭。为了防止顺序倒塌的发生，可以设计结构的关键要素，以使结构的局部失效不会发生。

这种方法，被称为特殊局部阻力法，通过一个特殊的负荷重力来表示，而且，结果是这种结构相对专门的威胁，更容易受到炸弹的攻击。相反，可以将结构设计成将负荷在事件中重新分配，像关键元素，比如一个圆柱，被毁坏了。在这个情况下，邻近的圆柱、横梁和支架被设计成能支撑依然存在的负荷。

这种交变负荷路径法保证了在损坏的圆柱之上和 / 或附近的地面不会坠毁到毁坏的区域。幸存的地面可以支撑重大的破坏，注意这一点是很重要的。然而，上部的地面不会倒塌，而且营救人员将能够找到通道以及疏散这个区域。

为了防止顺序倒塌，传统的结构通过合并结构的冗余部分得到改进，通过使用地震细节设计增加了柔软性。

经过充分设计的结构将可以吸收大的排水量、重新分配负荷，而且，尽管被损坏了，仍然可以竖立。在受到轰炸的影响之后，所有的机构都会需要一些维修，而且在一些情况下要求完全的重建。尽管如此，保护设计的目的，在于确保居民的安全，防止额外的伤害和死亡的发生，同时允许生命安全人员为受害人服务。这种保护设计并不是为了挽救结构而进行的。

单独的使用地震细节设计，不能为专门的爆炸负荷提供防止顺序倒塌的保证。

地震细节设计，一般来说，可以增加连接变形的有效弹性的量，从而提高在超过其弹性能力的变形下的连接性能。然而，其他的结构方面，比如地面水泥板加固、跨的长度和圆柱的高度，在评估顺序倒塌风险的时候也是很重要的。例如，一个在内部引爆的炸药包可能毁坏爆炸上方或下方的地面水泥板，明显增加一个邻近的圆柱的自由长度。尽管这样的圆柱应该设计成两层的自由长度，他们的损坏可能导致不稳定，引起破坏的产生和顺序倒塌。对这种情景进行预计后，毁坏了的圆柱附近的圆柱，应该充分的设计大小和细节来抵抗额外的负荷和偏差而不被破坏。

结构元素

可能受爆炸负荷影响的紧急结构元素，包括横梁、圆柱和厚板，必须经过分析来决定它们抵抗爆炸负荷的能力。这种分析既是动力学的又是非弹性的，而且完全利用了原料的优点，在破坏之前预先产生变形的能力。为详细设计出这些连接，结构元素的设计和平衡静力的确定要求确定在每个元素位置的最坏情景，以及反复的大小设计和对爆炸影响的相应评估。这个过程必须应用在建筑的边界以及非控制区域内部的结构元素上，在非控制区域，恐怖分子的威胁可能被引入。

第 10 章

专业系统

本章介绍了综合和通信系统，还强调了支持这些系统的公共基础结构设计的重要性。本章着重于一些基本的规划要求、系统设计原则、与数据 / 通信相关的特殊问题和视频音频系统。

今天司法建筑是技术强化的环境。因为司法相关的代理和控制增加了他们对电脑的使用、设备的数量，而且使用设备的地方持续在增长。事实上，所有的司法建筑必须在每个职员或公共柜台工作处提供个人电脑、终端或控制设备。在许多司法建筑里，在除高峰期之外的所有时期，电脑的数量等于或超过了建筑里的职员人数。而且这只是一个开始。全美国性的司法建筑正被设计成无线系统。

今天的司法建筑必须十分的灵活，以处理实际工作和组织中的常规变化，同样还有设备中的变化。新的司法建筑的设计必须建立在处理信息而不是处理人或文件上。在这些建筑里，信息会进行电子化移动，文件会被作为一种显示的媒介而不是存储的媒介。

结果建筑本身会发生变化。当信息传给人，代替了人向信息移动，建筑里的物理位置变得不再重要，允许功能在地理上的分散。这对组织和法庭、警察局、拘留 / 改正中心及支撑它们办公室的全面的空间需求有重要的意义。

例如，这样的建筑可以更小。全国各地的规律显示文件的电子存储减少了纸质文件存储的空间需求，而且档案室的大小也缩减了。同样地，工作站必须作出改变。图像文件的使用提出了新的需求，因为许多地方必须设计成能容纳 21 英寸监控器，以提供全幅图像文件的查看。

视频会议的使用正在增长。许多建筑拥有视频会议的能力，而且免提的电信会议的使用在许多地方应该已经被适应了，从会议室和公共区域事实上延伸到所有的职员工作处。

职工工作区域在发展。电脑和外围设备继续缩小尺寸，而且设备日益轻便。对于在司法系统的不同的职业人员而言，这是一种真实的利益，包括检举人和律师，这些人携带轻便的电脑。今天，缓刑监督官、预审官和社会工作者使用膝上电脑。当离开办公室时，许多人携带掌上个人数字助理（PDA）和掌上电脑到不同的地方去做记录和准备报告。

这种趋势对内部和环境都有影响。免提电话的使用要求私密性，这增加了用于地毯、屏幕和墙面覆盖的材质和原料的重要性。开放式办公室的工作处之间正常的私密性可以通过使用对声音有高吸收力的顶棚、适度的高屏幕和充分的环境语音（不管是通过办公室里的普通的语音或是通过使用电子语音转

▶ 综合的／通信建筑系统。在当前的司法建筑中，十个或更多的建筑系统应该被合并或系统交流。

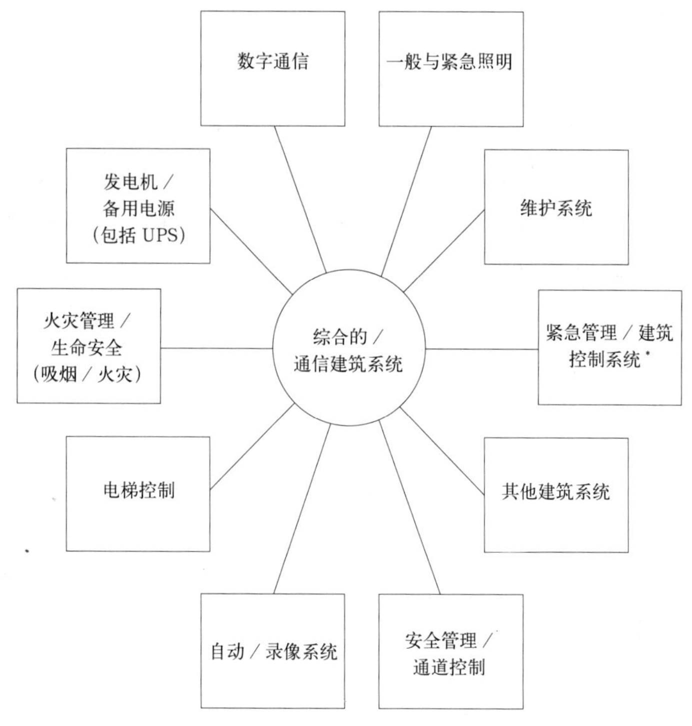

* 在每一组设备中，包括温度监视系统和控制系统

化系统）。在机密性是要素的时候，完全的私密性是很难达到的，而且它要求使用高的屏幕、高吸收的顶棚和地板以及使用电子语音转化。

建筑技术本身持续在发展。除了精密的安全和火灾／烟气探测系统之外，今天司法建筑为提高建筑的性能，以综合和通信建筑系统为特色。这些系统为建筑服务，而且，日益与实际的日常司法管理系统相结合，形成了一个新的、混合综合系统（比如，在系统“按照需求”变得活跃的地方，建立在信息输入到司法跟踪或案例管理系统之上）。

综合和连通系统

今天许多建筑系统和设备都与完整的微处理器控制设计在一起。微处理器被应用在当今的汽车上提高了其所有情况下的性能，与之非常相似，微处理器为建筑提供了更好的控制和监控系统。所有新的司法建筑应该规划和设计有建筑管理或控制系统，它们增强了建筑的操作和维护，提供了更多的用户控制，还在单独的工作处提供了系统响应。

系统可以完全的一体化，但是这不是一种要求。在许多权限下，条例和建筑实践趋向于分离一些系统（例如，安全和火灾系统），通过使用完全独立的设备、基础结构和控制。这种分离目的在于增强可靠性，以及在司法建筑里为其他系统的合并提供冗余。

无论是综合还是独立，系统之间都应该相互沟通以提高建筑的性能，以及为今天的操作和未来变化的要求提供更强的可靠性。通常，以下的系统之间应该沟通：

- 能量管理和建筑控制系统（EMS/BMS），包括温度控制系统（TMS）和封闭式系统的控制系统，包括冷却器、锅炉、电脑室的加热、通风和空调（HVAC）系统，厨房 / 洗衣设备和实验室设备
- 发电机或备用的动力系统，包括为持续的动力供应（UPS）提供的防备
- 紧急照明和普通照明控制系统
- 数据和通信系统［包括传统的 PBX 或者通过因特网协议（IP）系统的音频 / 视频］
- 火灾管理（生命安全）系统，包括烟气和大火探测和控制设备
- 安全管理和通道控制系统
- 维护管理系统
- 混合建筑系统
- 电梯控制系统

系统控制的位置

今天在司法建筑里，可以在多个地方为不同的系统提供控制。在拘留和改正建筑里，系统的中央控制面板和显示器同工作人员安全控制中心固定和安装在一起。当不同的情形和紧急事件发生时，这样的安装为决策提供了一个独立的反应点。大型警察局和法庭通常为拘留区域的控制提供安全控制中心，还有为机械和电力系统服务的独立的日常建筑控制中心。小型的建筑可能拥有一个独立的办公室或控制室，或者可能系统控制被安置在机械室里。

越来越多地，在办公室和工作区域提供系统的控制——放进空间里的用户的掌握中。连通的或统一的系统允许使用个人电脑（PC）或者触摸屏设备，来对房间照明、温度和数据 / 音频 / 视频系统进行单独的控制。

司法建筑的不同位置都能提供本地控制，通过独立的键盘或触摸屏来控制照明、温度、音量和音频－视频设备。例如，在法

▲ 温度控制面板，新法院大楼项目。用来控制自动温度控制系统（DDC）的地方控制面板。从位于总工程师办公室中的中央控制面板里用便携式电脑连接到每个控制面板。Skska hennessy 集团：机械，电力，管道设备工程师。摄影：Z.Jedrus

庭，这些系统允许使用者通过一次触摸来控制多个系统。法庭的照明和温度控制经常安装在法官的长椅上和/或法庭秘书的位置，还有窗户上的电动窗帘和对显示技术的综合控制。

这就将房间的控制放到了在房间里工作的人的掌握中。同时还允许这个房间在一天的不同时期有不同的功能。有了这些系统，使用特别的房间（例如，培训室、会议区、装配区、法庭、新闻发布室），进行时时刻刻在快速变化和改动的多种活动变得简单了，可以将进行审判的地方变成职员日常使用的地方，当法官不在场时供职员使用，甚至在业余时间或预定的时期用作培训室（包括远程学习能力）。

关注基础组织

为了提供这些性能，司法建筑的设计集中在下部的基础组织——视线之外的区域（墙的后面、顶棚的上面、地板的下面）。在这些区域，必须提供电缆、通路和支持建筑的数据/通信空间的综合系统，以及专业配线系统。

司法建筑应该设计有简单易懂的垂直和

▼ 垂直系统区域。一个标准的办公室或法庭层面区域的剖面，这个剖面阐明了首选垂直带状通道原因，这个通道包括水平分布的HVAC，管道，电力，自动录像系统及其他建筑系统

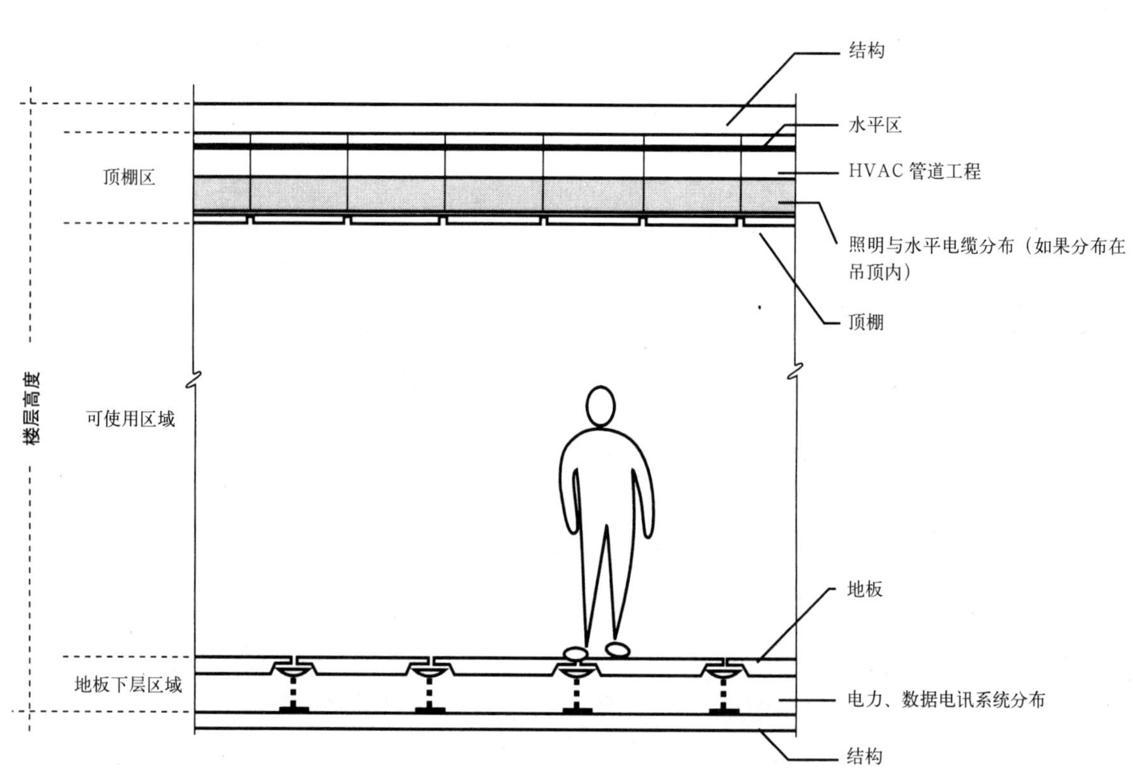

水平定位以及连接的通路和空间。这不仅对人们的活动（电梯、自动扶梯、走廊、楼梯、休息室等等）有用，而且还对工程系统（机械管道和通道以及电气和电子系统）有用。设计好的垂直和水平的通路和空间，在规划法院时是很重要的，而且是未来的弹性和适应性的关键。

系统和空间必须以一种清晰、简单的方式连接，以允许建筑随着时间变化而变化和改变。在现代的司法建筑里，所有的线路系统的完整运行——数据 / 通信系统的通路和空间、安全、火灾探测 / 警报和抑制控制等等——应该由审核过的工作人员设计成易于访问和改变。

系统应该设计成能够在破坏最小的地方扩展。建筑的基础组织（包括 HAVC、管道系统和电气电子系统）的主要固定元素的最初设计应该能够容纳居民的直接的和短期的需求，以及当时的主要变化，可能是在长期过程中（10 ~ 40 年甚至更长）累积的预计中的和运行中发生的变化。

无论司法建筑是被设计成单层还是多层的建筑，典型的地面应该由按照“块”状组成的空间构成，这些空间是由合理的步行、配线和服务距离（经常为 100' × 100'）确定的，或者近似为 10000 平方英尺（一个“地区”）。电气和数据 / 通信储柜应该集中在一起，设计成成对的，可以为大约 10000 平方英尺服务。这在电子化加强的建筑里尤为重要，因为当电脑和电气系统为同一区域服务的时候运行得更好。当设备与不同的变压器服务的出口相连时，网络的运行性能会下降。这种方法可以让独立的电气和无线电通信储柜为大小合理的地面区域服务，该区域有类似的水平分布、垂直排列和贯穿建筑的联系。这样就不会有在数据线上的额外干扰了，当设备与不同的动力源或变压器相连时就会产生这些问题。

在建筑的地面大小超过 10000 平方英尺的地方，应该在每层提供多对储柜。这在垂直中心上带来了冗余，同时考虑到每层的贯穿联系形成二级通路。尽管一些建筑和设计可能将系统安置在地面之上或之下，保持未来持续的弹性和适应性的关键是提供通往这些空隙区域的简易通道。

在司法建筑里，安全分区经常给通路和空间带来特殊的限制。在特殊需求时，查看第 11 章“安全系统”，可以得到额外的信息。

数据 / 无线电通信系统

基本的规划要求

建筑的规划和设计应该遵循以下执行：

- 美国国家标准协会（ANSI）/ 电子工业联合会（EIA）/ 无线电通信联合会（TIA）——568：“商业建筑的无线电通信布线标准”；
- ANSI/EIA/TIA——569：“商业建筑的无线电通信通路和空间标准”；
- ANSI/EIA/TIA——609：“建筑导线连接和接地标准”。

普通系统的区域和空间对数据和无线电通信系统的要求包括入口建筑、地面分配储柜、电脑室和/或文档服务室、屋顶访问点和水平及垂直通路。直接的垂直分布和适当的位置以及地面电器、无线电通信储柜的分布对于合适的建筑分区和服务分布是非常重要的。

通路和空间的整个系统应该在项目的规划和设计阶段就考虑到，而且，当提供的基础结构能够满足更长时间的设计（20年或更长），设计应该能够适应即时的和短期的需要。

水平通路

水平通路是为无线电通信电缆的安装提供的，从无线电通信储柜到单个或联合区域的独立的出口。大量的不同系统可以用于水平通路中，包括如下几种：

地下管道

地下管道系统是容纳电缆和电线的通路，这些线路为无线电通信和电气动力等服务。这些系统通常由矩形分区和嵌入混凝土地板内部的支线管道组成。管道可能以单管、双管或者三管等形式安装，而且可能混合在一起，以大小管联合的方式提供提高了的或者降低了的功能。入口点应该安置在允许方向变化和为拉电线提供通路的管道里。

嵌入的地下管道可能是单或双－水平面的系统。涌流－管道系统包括这些系统，它们的管道的上表面和入口单元的覆盖面同混凝土表面的顶部相平。多路管道系统有内势垒来给每种设备提供一个单独管路内的分离的部分。这些设计用于钢筋混凝土建筑系统，在这些系统要求至少有3英寸来进行掩埋。

通常，配送管道的蔓延的方向位于离建筑模数的中点5～6英尺的地方。在这些平行的配送管道建立之后，交叉的管道和入口单元由设备要求的强度和每个无线电通信储柜供应的区域决定。参考标准ANSI/EIA/TLA-569的“商业建筑的无线电通信通路和空间的标准”，可以得到更多的信息。

格形地板

格形地板是一种地下的系统，在这里结构构件作为模板来支撑混凝土水泥厚板，同时这些格子成为了配送通路。支流管道以恰当的角度安装到这些单元的方向，同时包含了混凝土的浇灌。钢筋混凝土的格形地板系统一般是有用的。一些钢铁系统的设计特别增强了对无线电通信系统发送能力的需求。参看ANSI/EIA/TLA-569的“商业建筑的无线电通信通路和空间的标准”，可以得到更多关于格形地板分布单元、设计要求、嵌入物、服务设备和安装要求的信息。

入口地面

入口地面由带有或没有横向支柱或支撑的基座支持的标准建筑面板组成。在一般的办公区域、电脑室和设备室使用这种地板，而且可燃的、非可燃的和合成面板都是可行的。它可以为地震和其他的特殊情况进行设计。

入口地面通常用于：

1. 在基座支撑之间带有横向支柱的支持系统；
2. 带有由不带机械紧固（通常对入口地面限制为 12 英寸或更少）的基座独自支撑的面板的独立系统；
3. 边角锁定系统，在这里，面板仅由基座支撑，但是在每个边角面板都在基座顶端进行了机械紧固来加强稳定性。

使用入口地面要求水泥板高度压低，使得其与完工的入口地板的高度相同。水泥板没有压低的地方，按照建筑条则和可实现的需求，必须提供通往入口地面区域的坡道。

参见 ANSI/EIA/TLA-569 的“商业建筑的无线电通信通路和空间的标准”，可以得到关于火灾要求、安装指南、线路管理和出口位置的更多信息。

入口地面系统在欧洲得到了广泛应用。它们常常用于司法设备（在控制区域、通信 /911 中心以及事实上在所有的司法项目里都有的电脑或档案服务室）的多种特殊区域。除此之外，在法庭它们的使用也并不陌生（尽管这些系统可能被限制在法庭的诉讼区域）。许多近期的司法项目已经设计和建造了入口地面系统，供应给办事员的办公室、陪审团集合区域和其他办公类的所在地。

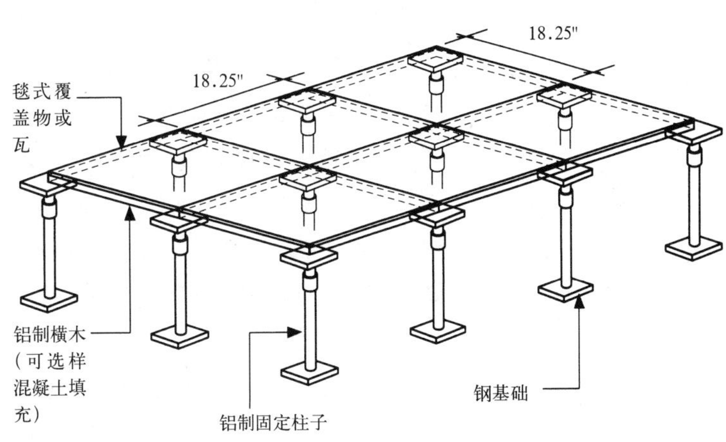

▲ 楼层系统通道关键部位的基础构件

其他的系统，包括格形盖板系统（Roberson 或 Walker 管道或者类似的），已经在司法建筑的法庭和其他空间得到了全国性的使用；它们为不同的情况提供了一个结实的地表面，同时在整个空间里，保证了动力、音频 – 视频系统和无线电通信 / 数据出口系统的不同位置的弹性。

司法建筑里的许多专门的房间要求特殊的解决方案（通知 / 登记处、911 或通信中心、大型的集会 / 培训 / 会议室、陪审团集合和多用途的房间、大陪审团区等等）。例如，在法庭的长椅附近和固定的加工厂的地面系统可能是活动的地板（混凝土填充的面板）系统。配线的选择应该逐个进行评估，决定应该建立在对建筑的寿命期的费用、安装控制、适应电缆改变的能力和入口点的基础上。

中枢配线

中枢配线提供了整个配线系统结构的无线电通信储柜、设备室和入口建筑之间的互相联络。这种配线由传送介质、中间的和主要的交叉连接以及机械终端组成。中枢配线可能包括了建筑之间的传送介质。在大部分新的司法建筑里，建筑的初级中枢由光导纤维电缆组成。在为中枢电缆设计路线和支撑结构时，必须要小心，避免可能存在高强的电磁干扰源的区域，比如电动机和变压器。

水平配线

水平配线是指数据 / 无线电通信配线系统从工作区域的出口延伸到储柜。这种配线包括工作区域的无线电通信出口、水平电缆的机械终端以及安装在无线电通信储柜中的交叉线路。

为水平配线提供的通路和空间应该设计成提供通行入口。设计这些通路和空间，对于控制会产生高强度的电磁干扰（EMI）的设备带来的影响也很重要，比如用于服务建筑的机械系统的电动机和变压器和用于典型的办公区域的大型打印机。

无线电通信储柜和特殊出口之间的水平配线应该设计的像“星象的布局”。这是指一个单独的出口的布线应该直接回到一个无线通信储柜的接线面板上。ANSI/EIA/TLA 标准也详细说明了在不同形态的同一电缆点之间的水平配线应该仅包括一个转换点。这是指，无论可能在哪里，在每个出口和接线面板之间都应该提供一个直接和持续（不被打断）的无线电通信线路。正是这种简单的终端点的组织提供了在建筑的不同位置可以使用“插入 – 娱乐”的弹性。

不管媒体的类型是什么，建筑里的水平配线——从无线电通信储柜到无线电通信出口——不应该延伸到长于 90m（近似于 300 英尺）。标准里设计这种规定是为了保证无保护的双绞线电缆的最大限度的运行。更长的布线可以用于中枢配线中，取决于媒体的选择。

今天，满足特殊的 ANSI/EIA/TLA 运行标准（CAT5E，CAT6 或 CAT7）的无保护的双绞线电缆（UTP）通常用在司法建筑里。在某些位置，为了某些目的，可能会使用光纤（玻璃或塑料的）。在所有的项目里，水平配线的电缆设备的最终决定应该在项目的原理和设计发展阶段经过检查并最终定案。无论使用什么电缆，所有的水平分布应该经过检查以保证电缆没有不适当的倾向或者在一个太紧的范围。

接地注意事项

接地系统通常是特殊信号或者它们保护的无线电通信配线系统的一个完整部分。除了帮助保护人员和设备远离危险的电压之外，接地系统可能减少来自无线电通信配线系统的 EMI 的影响。不正确的接地会产生感应电压，而且这些电压可以破坏其他的无线电通信线路。

关于接地的电气条例以及设备制造的说明和要求应该遵守。特殊的数据和无线电通信网络的接地要求可以超越国家或当地的规则或惯例，这一点很重要。通常，每个无线电通信储柜、设备室和入口建筑有一个适当的接地入口，而且这个接地对横向连接、接线面板架、电话和数据装置以及用于维护和测试的装置都是适用的。

为了满足这些标准，建筑应该遵守ANSI/EIA/TIA——609："建筑导线连接和接地标准"的要求。

区域和空间

规划人员

在司法建筑里应该为与刑事审判信息系统（CJIS）以及其他系统和项目联合的规划人员提供空间。在大型司法机构里，系统规划的办公室可能管辖 15 个或更多的职员以及必要的服务区域（打印机、复印机、会议 / 工作区域和文献 / 资源物资）。经常，这些团体几乎可以安置在建筑里的任何地方，但是应该提供一个安静的位置，带有自然光线和景观（有窗户，但是可控的灯）的可控通路。

网络和电脑服务职员

在大型建筑里，数据和无线电通信工作人员可能需要空间。这些职员更愿意位于离数据 / 无线电通信入口建筑 / 主要配线架室近的地方。然而，办公室和休息工作站没必要安置在电脑室里（在入口层）。为这些职员服务的区域应该包括一个新职员的工作室，比如用于适应新的个人电脑或服务器。在大型建筑里，工作室区域应该提供长椅和附近的设备储藏库，还有补给和应急区域。

数据 / 无线电通信的引入设备（EF）

引入设备包括由当地的服务供应商提供的设备（数据、无线电通信和有线电视——电缆、开关和相关的横向连接的设备等等）。引入设备应该与动力引入室安装在一起来提高无线电通信系统的整体性能。停止为公共开放的网络配线，以及覆盖建筑层面的电子系统和横向连接的交互的和建筑内部的电缆系统，都应该进行规划，利用电话和通用电缆要求的配线分配结构 / 后挡板、保护块和其他的设备。

主要的分配设计（MDF）室

每个建筑都应该为给网络设备和服务器服务的 MDF 房屋架提供一个地方。根据电气设计，在这样的区域里应该为整个不可中断的动力供应系统提供空间。在这些区域有用于空调系统的特殊装置，而且在设备室应该为网络管理提供工作站。在大型的安装里，可能会给卖主提供相关的房间（会议和办公室工作区、文献贮藏库以及设备 / 补给贮藏库）。

公共分机交换室（PBX）/ 接线员办公室

根据任一区域的服务需求，公共分机交换（PBX）系统或者画外音因特网协议（VOIP）系统将会需要空间。如果需要一个独立的PBX室，附近应该为一个设备贮藏室、设计、建立提供空间。司法建筑的设计日益选择带有VOIP的方案。在这些建筑里，PBX区域应该合并到MDF中，而且设计的设备区应该用于住宅VOIP服务器和相关的设备（为CISCO通话管理或3COM系统，或者相等的系统）。

这三种区域——EF、MDF和PBX室（如果提供）——应该设计成支持合理的位置的扩展，而且适应未来的设备和未来扩展的入口管道。装置应该以这种方式安装：能够为装置面板的后面提供有效的通路，在那里安装了电缆。通往文档服务器和无线电通信设备的通路也必须保证装置的安装、升级和维护。

这些区域应该处在地面上的水平位置，而且在建筑里安全的且有有限入口的区域里，但是要方便通往当地的电话公司，而且要处于不会遭受洪水的地方。它不应该处在靠近紧急发电机、囚犯突破口、码头或其他服务区域的地方，或者其他为无人监管的通路提供机会或为伤害提供潜能的地方。

这些地方应该肯定施加过压力以防止灰尘的渗透。应该维持周围72℃的空气温度和45%的相对湿度。要有控制室温和相对湿度的后备系统。这个后备系统应该与紧急动力系统相连。

这些地方应该安全、可靠、无尘而且由标准高度的防火墙保护，防火墙至少有2小时的等级，没有窗户，没有不适当的顶棚。顶棚应该是防水的。所有的区域应该有实用的声学顶棚和相对高的照明水平来支持维护和访问。

为数据/无线电通信系统（包括EF、MDF、PBX、地面无线电通信储柜和文档服务器/电脑室）设计的所有区域，应该安装有合适的灭火器设备和烟气探测器。可能可以提供为配线和电缆的简单通路提高的地面系统。应该同提高的地面系统一起提供光滑的瓷砖。

无线电通信储柜和区域

无线电通信储柜是为管理与数据/无线电通信配线系统相关的设备这个惟一的目的留出的空间。通常，无线电通信储柜为水平配线系统和中枢配线系统的一部分管理着机械终端。足够的空间、动力和接地对于用于互相连接这两个系统的被动的（交叉连接）和/或主动的设备（开关和线路）来说是必要的。数据/无线电通信储柜可能包括媒介或中枢配线系统的不同部分的主要交叉连接。在这种情况下，无线电通信室应该为用于连接中枢配线系统的两个或更多部分的被动和/或主动设备提供空间、动力和接地。

储柜应该好好安置以便可以在不干扰正常的办公情况下获得通路，而且尺寸应该能够允许一个工程师在里面工作。应该提供通往储柜的前面和后面的通路，以及额外的悬挂式的数据修复结构的空间。烟气探测器应该同时提供一个人工控制的保险，以避免由于技术员在房间里工作造成的不必要的警报。门不应该向内开，也不应该向外摆向逃跑路线。储柜应该有防水的顶棚，没有窗户。HVAC 管道和管道工程应该安在无线电通信冒口之外。

储柜应该垂直排列（利用普通的墙体），而且在地面之间互相连接。地面防渗套管应该在地面上密封，以防止水渗漏到地下，同时满足建筑条例和火灾条例。所有的套管应该装有踏板和衬管以防止电缆外壳的磨损。入口地面可能用于调节电缆从冒口的插入、与框架的连接以及通往次级分配系统。

垂直上升的区域应该安置在室内，以获得建筑的中枢的垂直上升和有线电视（CATV）的垂直电缆的下降的空间，或用于特殊的或来自法庭的媒介之外的必要的基础的额外电缆下降的空间。

尽管标准规定了给数据 / 无线电通信系统使用的区域要严格地设计，在一些位置，安全和火灾警报装置面板可能还是被安装在这些地方。

▼ 典型的电信室。参见 ANSI/EIA/TIA-569，"商业建筑标准，电信路径与空间"，附加的信息与要求

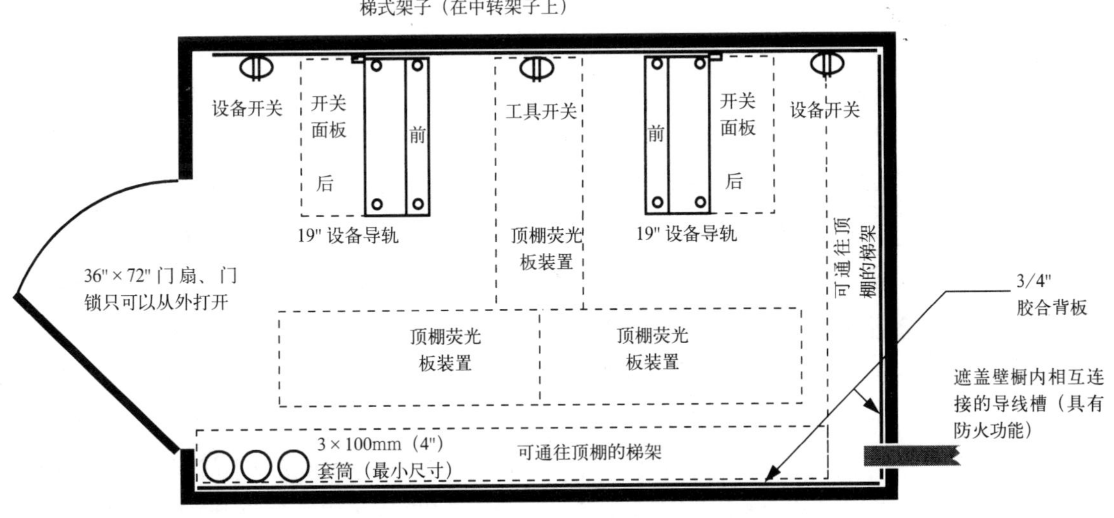

办公室设备布置

部门信息技术小组的区域

司法部门常常有指定的信息技术人员来维持培训、网络访问和其他的需要。总之，当不同的部门集中在一个独立的司法建筑里时，这个建筑的规划应该能够适应分布式的文档服务器（位于每个部门）。除了拥有这种能力，在建筑里将文档服务器房间 / 区域协同安置，还有很多优点（例如，共享 24 小时的空调和 UPS 系统，从入口建筑出发有更方便的通道，通往建筑的垂直中枢有均衡的通道，等等）。每个组（独立的办公工作处、工作台、设备安装区域、培训室和必需的储存空间，等等）的其他支持区域通常同它们各自的部门安排在一起。

典型的小组经常包括处理系统管理、安装个人电脑以及个人电脑的硬件设备的所有应用的人员。这些小组要求办公室和 / 或工作处带有相关的储存和安装平台。安装区域应该能够服务常规数量的设备 / 个人电脑安装的工作人员。如果可以使用一个培训室或共享的安装室，安装过程可以按照培训会议安排进度。在许多司法部门，每台机器的安装过程要花几个小时。这种区域应该能从装料区方便到达，有休息和卸载箱子的空间，同时附近有存货和零件的储存。工作台应该能够为拥有必需的电气和数据 / 无线电通信储柜的多种机器服务。

部门电脑 / 文档服务器设备室

大部分的司法部门都应该为中央电脑和文档服务器提供文档服务器区域。如果使用服务器（WEB 服务器、e-mail 服务器、其他的应用服务器），在该区域将需要一个服务器管理工作处。应该为零件、手册、软件、许可信息和类似的东西的存储体提供额外的空间。未来的服务器可能不是架式安装的就是独立式的。UPS 系统也是必需的。文档服务器室的配线、动力供应、HVAC 和声学设计应该满足单独的设备和系统规范。应该提供综合照明。湿度和温度应该根据设备制造的要求进行控制。

音频 – 视频系统

基础规划要求

根据部门的自然特点，它的位置以及同其他建筑的关系，还有它对建筑的内部需求，司法建筑的音频 – 视频系统的规划可以有很大的多样化。安全内部通信系统和调度系统将会在第 11 章“安全系统”进行讨论。

总之，随着以 Web 为基础和因特网协议（IP）为基础的系统发展，建筑里提供的传统的音频 – 视频系统曾经有过急剧的混乱。建筑正在日益被设计成支持即插即用的系统，同时建筑里的任何数据 / 无线电通信储柜都可以被用于音频 – 视频会议。由于采用了最新一代的建筑通信系统，电子交换机会对连接到通信端口设备的型号进行自动识别。在不需要专门设计的房间或者空间的情况下，系统可以在整个建筑范围内提供点到点以及多点的会话能力。

我门可以从两个方面对法律机构中的视听传播系统进行考虑：(1) 大范围的，整个建筑范围内的系统；(2) 在专门的房间，针对特殊功能和操作设计的个体系统。

整个建筑范围的视听传播系统

关键的建筑视听系统包括呼叫系统，有线 / 标准电视系统，以及视听会话系统（包括了用于传讯和探访的录像系统）。

呼叫系统

除了火警报警系统以及寻呼报警系统，机构中还安装了整个建筑范围内的呼叫系统。在很多场合，呼叫系统已经被电话系统所代替，实际上，所有管理人员都有能力对所有电话进行呼叫，或者自己选择电话进行独立的寻呼和通信。

有线 / 标准电视系统

有线电视以及标准电视系统法律机构中不可或缺的部件。拘留所和劳改所中，电视是一个缓解紧张气氛的好办法。可以从当地的电视台，或者有线电视电缆，甚至卫星接收机接收电视信号，收看节目。一般情况下，教育节目以及娱乐节目都可以被收看。

另外，很多国家级或者州一级的法律机关（各地有办公机构的联邦机构，州一级的执法部门，法院或者劳改机关）以及一些大型法律部门（郡警察局、大型执法 / 审判部门、劳改培训中心，以及相关其他部门）都会编排相应的节目，用于对人员进行教育培训，传达机构政策以及相应程序，以及分发各种形式的节目。

相应工作室以及摄影区域的设计需要根据不同工程的特殊需要来进行。标准空间配置应该包括听音室，制作区域，节目制作工作站（图像，视频工作站），相应设备区域，存贮供应区域，场景准备和搭建区域，参照区域等等。

视听会话

视听会话系统被用来实时地进行语音图像的传输，它可以用于点对点的传输或者多点之间的同时传输。可以利用它在法律机构内部或者指定位置的远端场所之间进行通信。一个视听会话系统的主要组成部分包括了视频摄像头、监控器、麦克风、话筒、类似电子白板的输入设备或者其他具有交互功能的设备，包括相关软件设备的通信广播网络，以及传真机。通信网络可以由铺设在大楼内部或者相邻大楼之间的光纤，同轴或者标准数据 / 电信铜电缆构成。或者也可以考虑使用数字通信装置，在大楼内外采用数字系统和信号线。

在所有法律机构中的视频会话系统的设计中，都需要针对具体情况，采用专门技术和类型合适的系统。视频系统可以被永久安装，也可以包含一些便携式或者可移动设备以备不时之需。对于所有新建的法律机构来说，视频会话系统应该被设计成符合个人电脑操作的要求，这点是相当重要的。

视听设备安装的一般指导方针着眼于足够的导管，充足电力供应，以及接口位置的灵活性。监控器的位置是至关重要的，同时，在设计中也需要对监控器的数量和尺寸进行细致的考虑，另外为了给所有通话的参与者提供高质量的视觉感受，监控器的屏幕也应该经过精心设计。无论设备是以哪种形式进行安装的，会议室或者培训室的视频信号都应该通过路由器、交换机、控制面板（或架子）被传送出来，直至被另一端接收。建筑内部以及建筑内外的通信都是以这种方式进行的。

为了尽量不引人注意，摄像机应该另外安装，同时还应该保证尽量高的图像质量。为了增加隐蔽性，摄像头应该不配置用来显示工作状态的指示灯。不同的卖家推荐使用不同形式的监控器，比如固定的摄像头或者可旋转摄像头，考虑采用哪种摄像头是选择系统和设备过程中的一个重要方面。除了布线以及电力供应，监视设备的安置还需要相关平台或者墙内的隐藏区域。对于暴露在外的相关设备需要一定的控制手段对其进行管理，同时应该提供有针对性的控制手段来对输入输出的信号与图像，可能使用的其他器材（比如 VCR，个人电脑，投影电视机等等）进行控制。

视频会话系统的特殊用途包括了普通视频会话（点对点或者多点会话）以及 / 或者远程教育应用（包括了组系统和个体系统）。远程学习系统（应用于工作人员培训室、点名、报告厅、囚犯 / 工作人员教室、审判室、听证室，以及其他大型的集会场所）可以包括音频放大器，带录音功能的摄像头，VCR 的使用，以及其他支持教学的相关显示设备（电子白板，基于电脑的讲座，文件摄影机以及数字显示器，交互式的软 / 硬件系统，等等）。

日前，越来越多的远程学习广播以及配套材料被提供给小组或个人使用，同时，丰富的材料和多样的形式被改编采用，以期很好地满足标准形式的或者交互教学系统的要求，更好地为法律机关及其工作人员服务。

视频问讯系统

在美国，视频问讯或首次出庭系统被用于各种各样的司法应用中已经有了好几十年的时间。现在的视频问讯系统有着很高的可靠性，而且能够提供多种可选择的方案，用于如何将囚犯从关押机构中提审或者押出进行第一次出庭（以及相反地，从审判机构押回劳改所或者拘留所）。

对视频问讯系统应用的要求和限制根据每个州的情况而各不相同。相应地，不同的州采用的具体系统也不尽相同。在一些司法部门，法官或者审判人员可以从审判室或者封闭房间听取相关诉讼。与此同时，处于监管之下的被告单独地出现在刑拘机构的小隔间（或者在一个中央区域或者在居住区域）。在这些情况下，在听取每个诉讼时，审判工作人员必须针对个人提供专门的问讯和指示。

在其他情况下，被告可能被带到一个中央区域，坐成一组，听取所有指示以及审判工作人员给出的相关说明。接下来，每一个被告被提供了一个单独面见法官的机会。这个过程需要将处于监控下的被告转移到一个被隔离小房间。但是如果采用了视频问讯系统，可以使用有着自动或手动变焦功能的摄像头，使得法官与每一个被告之间慎重的对话成为可能。

不管是否采用这种形式的系统，在所有情况下都必须保证被告辩护律师在场，无论是以在刑拘机构还是劳改机构与犯人在一起的形式，还是以法庭上视频观看的方式。另外，此系统也必须被设计成能够保护宪法规定的人身权利不受侵犯。系统使用的设备应该允许被告辩护律师随时中止录像录音，在无法被起诉方或者法官听到谈话内容的情况下，给予被告直接、私有、秘密的建议。由于需要原始签名文档以及法庭签署的相关材料，使得这个互动的过程实施起来很复杂。但是不管怎样，随着电子签名系统，传真设备以及其他相关设备越来越多地被使用，远程出庭已经在全国范围的法院系统中得到应用。

视频探访

视频探访系统最近已经在一些法律机构中得到应用，它被用来对公共来访者进入刑拘机构和劳改机构的安全周边内的行为进行限制。在通过身份审查的来访者探访指定囚犯的时候，这些系统能够在他们之间提供公开视频音频接触。这种系统的采用，减少了普通公众进入机构中主大厅 / 探访区域的次数。一旦被合适地安装，视频探访系统在另一方面也可以很容易地满足其他场所视频探访的需要（例如公派辩护律师或者其他律师事务所，或者权威执法部门的来访者，或者诸如庭外监管或者检查机关的法庭机构工作人员）。不管怎样，这种系统起到的只是一个补充作用，不能完全替代狱中访问。但是通过这种系统的使用，在转移囚犯的过程中，可以减少所需监管人员的数量，同时降低安全风险。

房间专用视听系统

房间专用视频、音频系统被设计用来支持特定的功能和活动。这些系统在法律机构的一些关键的房间和区域被配置，这些指定区域包括：

- 审判室；
- 陪审团集合区域；
- 大陪审团室；
- 点名 / 问讯室；
- 指定的会议室，特殊的视频会议室，培训室以及社区活动中心；
- 其他讲演厅，交流中心，陪审员议事厅以及其他主要区域。

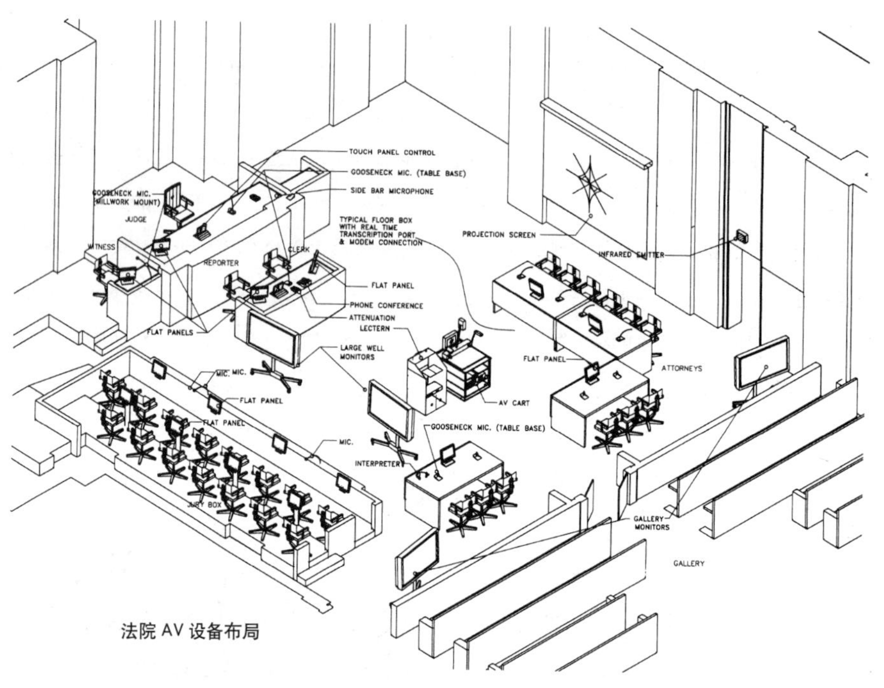

法院 AV 设备布局

▶ 轴测图。图中注明了标准的音频与视频技术，该技术由普通司法州政府及联邦法庭提供。由 Polysonics 公司提供图片

不同类型法庭的技术要求

	技术								
	音频 SR／录音	视频会议	证据陈述	展示	安全	照明	HVAV 控制	电动机控制	其他
联邦法院									
受理上诉	√	√	√	√	√	√	√	√	√
地区行政	√	√	√	√	√	√	√	√	√
地方法官	√	√	√	√	√	√	√	√	√
县／市									
罪犯	√	√	√	√	√	√	√	√	√
市民	√	√	√	√	√	√	√	√	√
家庭／未成年人	√	√	√	√	√	√	√	√	√
交通	√	√	√	√	√	√	√	√	√
其他	√	√	√	√	√	√	√	√	√

审判庭

最近，审判庭中专用的视听系统受到了很大程度上的关注。审判庭是法院相关活动的焦点，保证法律诉讼公平进行。审判庭被设计成能够满足一般形式诉讼案件审理的需要，或者也能够被设计成满足特殊形式案件审判需要的形式（具体审判庭设计方面的细节请查阅第 4 章的相关部分）。

采用了高科技手段的审判庭与没有装置视听系统的普通审判庭相比，在某些地方上有着很大的不同。在法庭陈述，证物展示，电脑辅助记录，以及其他形式的陈述过程中，通过使用附加设备以及满足特殊的视线要求，审判庭必须满足传统意义上审判庭的

配置要求，同时还必须满足所有审判参与者对清晰的视界的要求，应该避免出现距离过大或者视角过偏的情况，以期不至于对听审效果产生影响，有助于集中注意力，避免过度疲劳。

除了影响视线的潜在因素，传统审判庭与设计采用了新型技术手段的审判庭相比，在诉讼区域的尺度及其相关配置，审判庭的墙体建造等方面都存在着相当大的差异。举个例子，为了适应新技术设备的安装使用，需要对审判庭的墙体进行额外加深，以满足相关设备以及显示屏的安装深度需要。

为了更好地进行证物展示，审判庭应该设计成能够满足很好的视线要求。相关方面的设计要求足够的内部顶棚清洁。在审判庭的高度的设计中必须考虑相关声学影响，同时还需要考虑满足麦克风、摄像头、助听系统发射机、投影屏幕、固定的以及便携式监视器以及其他相关设备的安装要求。审判庭设计高度的增加对于分布结构，照明装置的发光特性，声效的分布系统，演讲者的表现以及相应所需音量水平都有着不可忽视的影响。

审判庭中的布线管理可以有很多种形式，可以在地板下进行布线，或者在墙体系统，地板系统等其他相关区域进行综合布线。在综合布线过程中，还可以在组合部件（法官的座位、证人看台，以及审判庭中其他类似部件）下进行布线。

电子展示系统。审判过程需要多种相关

▲ 地区行政法庭，马克·O·哈特菲尔德，US 法院，波特兰市，俄勒冈州。建筑师：BOORA 有限公司与 KPF 合作设计。法庭技术与图像处理：DOAR 信息有限公司

▲ 出示证据的法庭。一个辩护律师站在证据展示台正陈述证词。法庭技术与图像处理：DOAR 信息有限公司

系统的支持，现代审判庭的设计能够适应这些系统的使用需要。其中包括了一些为支持证据展示而设计的设备，如文件摄影机，个人计算机（动画，幻灯片放映），展品修复系统以及其他相关设备。

文件摄影机是垂直安装的摄像机，它可以对文档、照片、X射线片、指纹、DNA显影、幻灯片以及实际的三维物体进行实时拍摄投影，使得所有参加审判的人员以及观察员能够清楚的看见。使用这种技术，展示者可以自由地对证物的关键部分或者细节进行放缩或加亮显示，把显示的焦点集中在关键的或者所需的区域。文件摄影机有着自带的光源，它们在工作时会在审判庭中产生一个闪烁耀

▲ 证据展示台。从这个DEPS产品展示台图片可以看出，关键技术的提供，包括便携式电脑，VCR与DVD设备，无反射效果的放映机以及其他设备。摄影：DOAR信息有限公司

▶ 法庭。标准的设备配置，包括证据展示系统，辩护律师桌边的监控器，法官秘书，法庭书记员，全体法官位置，以及为陪审团和公众设置的录像系统。马克·O·哈特菲尔德，US法院，波特兰市，俄勒冈州。建筑师：BOORA有限公司与KPF合作设计。法庭技术与图像处理：DOAR信息有限公司

眼的“热点”或者高对比度点。应该在放置摄像机的地方采取相应的措施，来减少甚至消除高亮度光源带来的负面影响。

展示所用软件以及展示图片修复工作需要个人计算机的支持。为了达到这个目的，需要用连接线将文档摄像机与个人电脑或者视频开关及法院视觉显示系统连接起来。电脑动画以及电脑仿真的应用需要一个视觉显示系统，此系统可以通过录像带或者直接从电脑硬盘中播放电脑动画或者电脑仿真。在审判庭中对这些设备进行配置，需要把输入设备（VCR，VCD，或者个人计算机设备）与视频开关，法院的视觉显示系统连接起来。其他方面的要求包括：对于特殊功能的监控器以及审判参与者使用的监控器进行合理定位安装；减少由于固定光源产生的监视器闪耀；提供足够的以及合理布置的数据 / 通信以及电力电缆和相关插头接口。

法庭实时报告与记录。法庭实时报告是对采用表音符号速记机进行报告方法的一个加强，这种方法允许了一个经过训练并且熟练的速记通信员在庭审过程中做出一个未经编辑的记录版本，以供庭审参与者以及感兴趣的团体进行即时的回顾。这种技能需要对电脑辅助的记录操作达到十分熟练的程度。在这些系统中，法庭通信员的速记笔记被输入速记机，同时被安装在通信员计算机上的相应软件翻译成英语文稿。接下来，此英文文稿通过通信线路被传输出去，最终显示在监控器上或者被存储到审判庭中的计算机内（比如位于法官座位或者辩护律师桌面的电脑），同时也可以被传送到法庭之外的其他相关机构。这种技术可以被用来帮助审判过程中听力有障碍的参与者。

在每一个特定的审判庭中，选择以及实现法庭实时报告系统的关键在于通信界面（软件以及硬件）。必须保证系统之间的兼容性，同时用于显示的电脑监视器必须小心地被集成到审判庭中，还需要与其他系统所需的监视器相协调。对于所有的系统，数据 / 通信，射频输出，以及电力插头必须被适当地安置，出于备用的考虑，插头接口应该充足留有余量，所有的设计都要考虑到法庭通信员的典型位置。

计算机辅助法律检索（CALR）服务。计算机辅助法律检索服务提供了对传统法律的原始资料（traditional legal primary sources），报纸，定期刊物以及公共记录信息进行检索的途径。计算机辅助法律检索以及诉讼支持体系可以被用于法庭，也可以被辩护律师使用。诉讼支持体系可以为获得相关材料提供快速途径，并且在对大量案件相关材料进行管理和检索过程中特别有帮助。

在确定管道、嵌入地板、相关设备以及墙壁基座的安装之前，必须首先确定电脑的安置位置。为了支持外部调查，连接到外部电话线或者内部局域网的接口插座应该提供电力以及数据 / 通信传输。

HVAC，照明以及其他系统的结合体。审判庭中采用的先进技术极大地影响了照明的强度要求，固定形式，安置位置以及相应的照明控制。在一些审判庭中，控制系统应该为吊装的，配置了隐藏式马达的投影屏幕提供集成控制。如果审判庭中安装了窗户，那么这些窗户应该安装有相应的遮蔽设备（自动窗帘），以免对投影图像的对比度产生影响。一般情况下，需要两种级别的遮蔽设备（光线漫散射和完全遮光）。对于天窗以及配备有机动化系统的房间，控制系统应该与A/V控制系统集成在一起，控制装置应该位于办公人员的位置以及法官的座位旁。

助听／同声口译系统。一般情况下，遵照美国残疾人法案可行性指导（ADAAG）的要求，审判庭以及其他法律机构中的指定区域中都配置有助听系统。这些系统中的典型设备有置于墙内的红外线或者射频发射机，它们为戴在头上的收话器提供音频信号。

陪审团聚会厅

通常情况下，陪审团聚会厅需要的设备要能够满足陪审团成员聚会以及多功能/培训的需要。因此，这些房间应该配备有音频放大系统，视频会话系统，以及各种显示系统（TV，投影屏幕，投影仪）。

为了适应美国残疾人法案的规定，这些房间需要提供相应的助听以及口译系统设备。相应地一般应该提供A/V架(以及房间)，来满足这些设备的安装需要。（参阅随后“区域与场所”一节中的相关讨论）

大陪审团房间

大陪审团房间可以配置也可以不配置音频、视频陈述/显示系统。根据美国残疾人法案的相关规定，这些房间中必须提供相应的助听设备以及口译系统。为了安置这些设备，A/V架（以及房间）应该被提供。（参阅随后“区域与场所”一节中的相关讨论）

点名／听审室

点名室和听审室可以配置也可以不配置音频、视频陈述/显示系统。在一些大型机构，这些房间都配备了音频放大系统，同时还配置了各种显示设备（TV,投影屏幕,投影仪）。根据美国残疾人法案的相关规定，这些房间中必须提供相应的助听设备以及口译系统。为了安置这些设备，A/V架（以及房间）应该被提供。（参阅随后“区域与场所”一节中的相关讨论）

指定会议或培训室

用来进行电视培训以及会议的房间应该被设计成应用了高科技的教室，同时应该配备有合适的音频放大系统，视频会话系统以及各种显示设备（TV，投影屏幕，投影仪，包括吊装，顶棚嵌入，以及其他形式的嵌入系统）。另外，工作室中必须布置有电源接口，LAN网络接口，以及调制解调器接口，通常情况下，这些接口被集成到相应家具之上。在会议室，桌子下方应该安装有地板插座。讲演室中，应该配置有相应的数据/通信系统以及视听系统，相关的设备应该被安置在周围墙体上。这些房间应该配备有合适的照明以及HVAC控制，同时相关的设计还应该满足讲堂所必需的声学标准。另外，在房间的设计中，还需要对摄像头位置，合适的色调以及对比度进行相应的考虑。

区域与场所

视听设备室

在对法律机构中高科技场所（包括审判庭以及其他经过相关设计的场所）的设计中，所必需的相关设备包括一个或者多个用来安置音频以及视频设备的 A/V 架，通常情况下位于与这个特殊房间相邻的一个小型设备储藏室。如果有两个相距足够近的房间，它们都对 A/V 设备有很高的需求度，那么这两个房间可以共用一个设备间。

这些设备间的尺寸应该满足音频放大器，混音器以及相关其他设备，法庭档案服务器，视频设备，配线架等等的安置要求。这些场所的典型面积是 30 ~ 50 平方英尺，另外，这些场所还需要提供专门的接口，还需要足够的通风装置来保持周围的室温不致过高。

另外，还需要为便携式的或者可移动的设备预留相应空间，这些设备可以被两个或者两个以上的聚会区域或者审判庭共享使用（比如大型监视器，电子白板，VCR 以及相关其他设备）。

法庭录音中心

在法院机关中，录音操作是在一个中央位置进行的，应该在建筑内部指定一个房间作为法庭录音中心或者场所（配置了或者不配置相关工作人员的中央控制中心）。这个区域应该配置有工作室以及相应设备。

视频会话控制中心

如果机构的设计中包括了大型视频会话能力，那么一个视频会话控制中心是必不可少的。通过控制中心，相关管理人员可以方便地对建筑中视频会话通信过程进行管理，特别是对那些与外部连接的会话通信情况进行监管。控制中心所需的相关面积依赖于视频会话系统和视频问讯系统的选择，而且在项目的 A/V 系统设计阶段需要对其进行仔细考虑。

下面列出了每一个单独房间（审判庭）所需的典型技术，正如美国司法部在审判庭技术手册所列[1]：

A. 美国政府总务管理局（GSA）通常需要装备：

1. 法官的座位需要：

- 集成了控制面板、监视器屏幕、麦克风的工作平台；
- 位于法官两侧的可拉出的托盘，可以用于放置笔记本电脑或者键盘，托盘方便地集成了相关插口；
- 安置调制解调器的盒子；
- LAN（DCN）网络接口；

1 Administrative Office of the U.S. Courts, *Courtroom Technology Manual,* (Washington, D.C.: AOUSC, August 1999), 1.5-1.7。

- 实时记录数据接口盒；
- 电源插座；
- 为 CPU 以及文件放置合理安排相应的空间
- 地板上的覆盖板；
- 布线管理系统。

2. 办事员工作台需要：

- 集成了控制面板，监视器屏幕以及麦克风的工作平台；
- 可拉出的托盘；
- 两个不同电话接口；
- LAN（DCN）网络接口；
- 实时记录数据接口盒；
- 为 CPU 以及文件放置合理安排相应的空间；
- 地板上的覆盖板；
- 放置图像打印机的空间。

3. 通信员工作台需要：

- 放置录音设备以及笔记本电脑的空间；
- 实时记录数据接口盒；
- 电源插座；
- 地板上的覆盖板。

4. 证人席需要：

- 集成了监视器屏幕的工作平台；
- 用于放置带有可弯曲颈柄的麦克风的突出架；
- 电源插座；
- 地板上的覆盖板 / 插座箱。

5. 陪审团席需要：

- 麦克风接口盒；
- 不会遮挡视线的扶手栏杆，以便陪审团成员没有阻碍地看到便携式监视器屏幕；
- 集成了小型监视器的栏杆和柱子；
- 电源插座；
- 地板上的覆盖板；
- 布线管理系统。

6. 演讲台需要：

- 用于放置带有可弯曲颈柄的麦克风的突出架；
- 为了适应美国残疾人法案的相关规定，必须配备足够的相关设施；
- 布线管理系统。

7. 律师台需要：

- 置于桌面的为方便布线管理提供的齐边拉门和底座盒；
- 集成的监视器屏幕和麦克风；
- 可能的 CPU 空间（应该进行仔细考虑）；
- 电话线以及调制解调器。

B. 法庭通常情况下需要装备：

1. 一个 A/V 车载装备需要：

- 为便携式设计的滑轮；
- 放置文档摄像机和相关文件的平台；
- 放置 A/V 设备的空间；
- 布线管理系统。

2. 监视器架需要：

- 为便携式设计的滑轮；
- 设计高度满足合适视线需要；
- 满足设备要求的内部空间；
- 布线管理系统。

第 11 章

安全系统

安全性设计包括了一整套的综合系统方案（障碍、通道、通道硬件以及控制），设备（调控装置与通信装置），还有人员的配置。这本书前面的章节概述了安全性设计以及多种法律机构设计的基本原则。大多数的法律机构的安全设计目标是与地点和建筑的结构特点相一致的，并且它们应该与可操作性与建筑结构上的结构特点一起综合考虑。

在本章中，为了支持其他章节概述的一般概念上的设计思想，我们将重点对特殊的物理以及电子系统进行介绍。

为了最大程度上满足各种法律机构的安全性要求，专门的安全性设计包含了以下六大方面。

▲ 警戒塔，MSD #5，弗吉尼亚州，卢嫩堡。弗吉尼亚改造所。摄影：唐·艾勒，感谢 HSMM 有限公司提供图片

- 一般的物理和电子系统（门锁，警报器，天然的或者人工的障碍物以及其他一切与安全相关的设备）以及对它们的分别使用，包括了枪支审查，警报系统监控 / 中央控制，现场监控，夜间警戒以及紧急情况反应能力；
- 专门空间安排与设施，包括对建筑物中所有的公众、监管人员以及犯人活动区域，广场，停车场，服务运输区域，数据中心，法律图书馆，装配车间以及建筑物中关键的基础设施（公共设施，数据 / 通信区域以及其他类似设施）进行专门的设计；
- 居住者保护——对管理人员（包括审判人员）、犯人以及公众（包括受害者、目击者以及陪审团人员）的保护；
- 记录 / 信息 / 文档，包括复印件，微缩成像，用计算机处理的文件以及现钞，证物，书籍等等；
- 所有一般人员以及保安监管人员的个人事务，包括生活费用，家政管理以及服务人员对建筑的访问——基本资格认证，背景审查，任务分配，监管人员职务水平以及对其进行的必要训练；

▶ 为了保护监管人员及其他用户，场所／建筑以及建筑内组件的安全，在法律机构的设计中我们需要考虑的五个基本目标

防止实际／潜在的威胁

探测到安全突发事件

使允许职员或系统反应延迟

阻止与控制突发事件

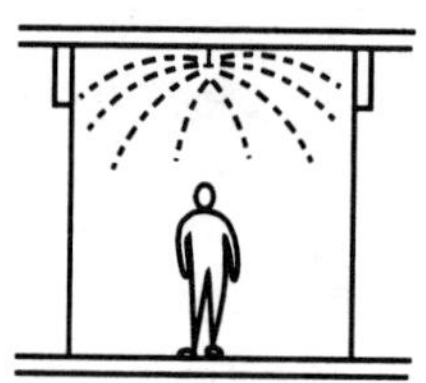

最小化或排除危险

- 政策和程序，例如对武器的管理，准入控制制度，安全系统管理结构，安全系统调节与安排，威胁评估责任，紧急情况反应预案，外部协调安排与反应预案。

一个好的安全系统设计依赖于管理人员，障碍以及保安系统之间的相互配合来满足用户的基本的安全性要求，其应该具备的基本功能如下：

- 对实际上的或者是潜在的安全威胁进行阻止——利用障碍阻止一个可能意外情况的发生；
- 阻止任何违背安全性要求的事件——如果发生意外，对管理人员发出警报，提供合适的推理和足够的信息来对事件性质进行鉴定；
- 拖延——如果发生紧急事件，尽可能拖延时间，为本楼的管理人员争取足够多的时间来对此事件作出反应；
- 在意外发生之后，尽力中断事件的发展并且对局势进行完全控制；
- 意外发生后，尽量减少或者消除意外带来的损失与负面影响。

无论一个建筑物的设计多么合理，系统多么完善，"在任何突发的安全事件中，人才是最重要的因素。如果没有训练有素的工作人员的合理应用，一切的安全装备、程序和设计都毫无意义。"[1]

1 James L. McMahon, *Court Security: A Manual of Guidelines and Procedures.* (Washington, D.C.: National Sheriff's Association, April, 1978),56。

“所有安全程序必须考虑到人类的判断能力和反应能力。大多数的安全性问题不能通过使用电子设备来得到解决。”[1]

适当程度的安全性设计要充分考虑到系统的成本与其能提供的安全性和保险性能之间的平衡。虽然雇用经过专门训练的人员可以在绝大多数情况下提供最理想的安全保障，但是另一方面，管理人员的雇用成本是相当可观的。

针对保障法律机构的安全性设计必须提供统一的，有效的，足够多的而且可操作的系统。保安系统的设计与使用必须综合安全相关操作，最初的与后继专门训练以及系统的维护保养。另外，有备份的安全性计划是保安系统设计中的重要方面。

为了在可接受的代价条件下达到高度的可靠性要求，最通常的做法就是在关键系统区域设计足够充分的行动备份预案。总体来说，多重探测器，特别是在一个特殊的规则下进行操作，可以比使用单个探测器提供更高的可靠性。

适当的安全控制与通信系统设计应该满足如下要求：

- 满足 24/7/365 的持续性操作要求，平均使用年限为 10 ～ 15 年；
- 在发挥专门功能时不会给使用者造成模棱两可或是混淆的情况；
- 安装永久性的调校设备，保证充分的通风和冷却，方便维护保养；
- 有着紧急供电系统和无中断的电力保障系统提供电力支持；
- 有着详细的系统设计，安装，操作，维护文档；
- 充分利用当地资源满足服务与支持要求。

标准

适用于法律机构安全系统的大多数标准提到了在系统使用的过程中重点是补充而非替换人员。两个重要的私人组织赞助并且对保安和安全设备的工业标准进行修改更新。Underwriters Laboratories 对很大范围内的产品进行是否符合安全标准的测试。Standard Guide for Selection of Operational Security Systems，ASTM 1465，1998. 是有关安全系统和安全电子设备方面信息的一个最好的来源。(American Society for Testing and Materials，West Conshohocken，Pennsylvania)。

计划概念

许多法律机构的安全性设计将重点放在利用人工的或是自然的障碍以及入口来阻止进入一些特定场所，相应的设备有栅栏、高墙、铁门、通道、篱笆以及警报器。

阻止进入的基本原则被直接应用在法律

1 Alan Abramson. “Electronic Security Systems,” Chapter11 in *Handbook of Building Security Planning and Design*, (New York: McGraw-Hill，1979)，11-1.

安全设计指南*							
组件/功能	A	B	C	D	E	F	注释
机构管理	✓			✓			
附属医疗服务	✓	✓	✓	✓		✓	还有其他附属业务理论程序
宗教程序	✓			✓			
附属图书馆	✓			✓		✓	
一般探访							
接触探访	✓		✓	✓	✓	✓	安全性要求最低
非接触探访	✓			✓		✓	
搜索区域	✓			✓		✓	
娱乐	✓			✓	✓		
职业指导	✓	✓	✓	✓		✓	
附属餐饮服务	✓	✓	✓	✓	✓		
小餐厅	✓		✓	✓		✓	
中心图书馆	✓			✓		✓	
中心厨房/干洗店	✓	✓	✓	✓		✓	
医疗中心		✓	✓	✓		✓	
接收与释放			✓	✓	✓	✓	
普通仓库						✓	
中央/综合控制						✓	
中央调控				✓		✓	
中心维护保养	✓	✓	✓	✓		✓	
访问者/管理人员						✓	
中央行政管理					✓	✓	
访问者中心/门房						✓	

分区 A：内部保安区域，普通区域。这种区域包括：房屋单元、单间以及绝大多数的功能区域，包括餐饮服务。

分区 B：包括暗含潜在安全威胁和风险的区域、包括建筑维护保养、职业培训、工业以及其他有着通向安全范围入口的区域（有从事违法活动的威胁）。通向这些区域的出口和入口都需要被监控，犯人在进入这些区域之前必须对其进行搜查。还包括中心医疗机构，心理治疗以及接收与释放犯人的区域。

分区 C：位于可控范围之内，包括中央和分布的控制中心以及中央调控。

分区 D：保安范围之内，受限制级别最高的区域。犯人和访问者被解除限制，但是必须在固定或是巡查的监管人员的肉眼或者是电子设备的监控之下。

分区 E：保安范围之外，包含行政功能，监管人员服务，监管人员个人和来访人员停车以及建筑入口。

分区 F：保安范围之外，此类空间包含了维修保养设施，中央种植区，还可能包括一些（典型的最小安全性要求）住房供给，规划或是服务区域。一些情况下，可能提供一些监管人员无法看得见听得到的区域。

重　要：我们需要注意到州与州之间以及不同的地点之间的需求与途径有着戏剧性的差异，我们需要基于特定工程的安全性需求给出设计方案。

* 与一些州的设计指导相类似，就如 ACA 所示，列出了州和当地规范条例中具体设计标准和指导。

机构的设计中，包括拘留所、劳改所、警察局等等。但是不存在一个真空。我们很清楚拘留所和劳改所的设计并不是简单的一个界限划分的问题。

在拘留所与劳改所中。安全区域内部的功能分区，负责特定职责的工作人员划分，建筑形式与安全特性都依赖于以下几点：

- 安全要求的级别（考虑到犯人的分类，种族隔离，逃跑，违法活动，对违法活动的监察，以及其他所有相关的考虑因素）；
- 设施的分布以及与其他设施之间的物理间隔；
- 监管人员能够实施观察和监管的范围；
- 特定区域中犯人的行动自由权限的大小；
- 某区域中的材料，设备能够被用来作为武器或用来制作武器的潜在危险。

分区设计包括了区域或部门之间的入口设计和出口设计。轮流地，这包括了对限制级别的考虑。入口可以被限制进入（锁上被控制——或者本地控制或者集中控制）亦或是开放的，门不会从里面锁上，允许对一个安全边界以外的区域自由进入。入口可以被限制进入，然而也可以延迟进入或者允许进入非常特殊的区域。(例如一个安全的封闭区域或是一个公共活动场所）。

左边的表格——仅仅是为了举例介绍——逐条列举了劳改所的一些典型的功能和组件，而且表述了潜在 / 典型的安全地带，特定分区之间的入口 / 出口限制。我们有必要注意到表格中的建议与策略或可能，也或许不能应用在你的项目中，我们应该针对自己每一个项目的不同特点与不同要求采取相应的策略，作出合适的设计。

在所有情况下，做出与安全性要求相关的最终决定之前，我们有必要对系统运作与人员配置，系统结构与障碍设置，安全设备的提供等方面有一个全面仔细的回顾。

在任何区域里，内部的流动通道必须经过严格的检查，符合左图列表中的各项标准和要求，以起到限制的作用。一般来讲，对于区域与区域之间起连接作用的建筑部分，它们的设计特点和建筑结构（材料和系统）应该满足更为严格的设计标准。

如果想得到安全设计指南中所列出的典型组件 / 功能的更多相关信息，请参阅第 3 章与第 5 章。

法院中的分区

类似的分区、入口、出口的概念可以被用在法庭设施的设计中。在法庭中，限制通行和自由活动的障碍被复杂化了，因为法庭是公共设施，而且我们的法律系统发扬法律的自由精神。出于这个原因，在为法庭设计的环境中，“硬化”安全策略以一种精心设计成的不易察觉的方式被应用。

在法院，最基本的安全边界一般来说包括建筑的内层与外层。安全边界（任何需要的门、窗户或者其他形式的渗透）应该被设计成能够限制和延迟未经许可的进入，而且如果有进入的企图，必须及时通知保安人员。

因为建筑的外围起着第一道防线的作用，需要对外围与墙壁或屋顶之间的所有隔离区域加以特别注意。外层的大门和楼板采用的是加重标准的钢板，而且配置了特殊的安全硬件。所有外部的可以通向未加警戒区域的窗户必须装上不透明的遮挡物或窗帘。坐落在建筑底层的窗户以及从建筑外部可以看见的窗户都应该加上安全警报器而且应该装上安全玻璃。

检修孔、下水道、消防通道、天窗、壁炉、暖气或是空调通风口以及管道，还有其他任何形式的建筑内外部的渗透应该设计成安全通路（密封而且全面用水泥加固）而且用安全固件加强固定以防止蓄意或无意的损坏。

可能被用作未经许可情况下的隐蔽的墙壁以及附近的树木应该被仔细查看而且应该在设计时最大程度减小这种可能性。墙壁的“可攀爬性”，可能会允许个人攀爬到建筑的表面，所以也应该加以仔细检查。在建筑附近的发电机和垃圾处理机，建筑表面的格架或者是水平栅格，以及类似的地方可能会使得建筑表面易于攀爬。

强制执法机构的分区

类似的分区，入口和出口设计概念会应用在执法机构的设计中。在警察机构（例如在法院），最基本的安全边界一般情况下包括了建筑的内层与外层。安全边界（任何需要的门，窗户或者其他形式的渗透）应该被设计成能够限制和延迟未经许可的进入，而且如果有进入的企图，必须及时通知保安人员。总体上，公共入口被严格限制与控制着。尽管监管人员被允许进入绝大部分区域，但是也有一些特殊区域是被限制进入的（例如罪犯财产保管室、证据保存室、保险库、军械库以及其他任何类似区域）。

建筑结构要求

接下来的段落简要地总结了拘留所和劳改所对于结构方面要求的关键简述。注意到这个讨论只是一个对这些系统和需求的一个初步介绍。适当而且专业的安排，设计、建筑、试运行、训练以及维护保养方面的需求，这些对于律政工程的成功是至关重要的。另外，项目代表以及对安全性能与人身安全负责的代理官员应该仔细考察专门系统的细节，并且对其进行详细的论证。

墙壁结构

安全边界的需求改变了。因此，作为安全边界一部分的墙壁建造过程中的建筑与工程体系也随之发生改变。某些形式的材料被证明可以经受住环境侵蚀（盐分或者其他腐蚀性成分）而且可以达到安全边界的安全性要求。

广泛地说，混凝土结构，无论是浇筑结

构、预制板，还是基于石块混凝土（CMUs）的形式，可以根据各自的特点，设计成满足不同需求的应用。典型地，在浇筑结构或者预制板系统中采用 4000 ～ 5000 磅 / 平方英尺作为最小满足压强，并且在墙壁的建筑中应用的强度适当增大。石块混凝土结构的墙壁可以被用在安全性要求最小、中等以及最大的区域，但是必须满足水平方向和垂直方向上特别程度加固的要求。墙壁中的加固条与结点必须连贯一体，而且必须与地板、顶棚连成一体。

钢条结构的墙壁在一些拘留所和劳改所仍然被使用着，它们是由特殊加固的钢材焊接在嵌入墙壁的钢铁框架上制成的。各种标准的焊接钢丝网在一些特定场合也有其应用（比如联邦法庭的临时关押区域），它们可以焊接到钢管上，钢管自身又被焊接到嵌入的钢铁框架中来支持墙壁结构。

在很多机构中，在可允许犯人进入的区域，犯人只被允许占用区域很短的一段时间或者必须在监管人员的监视之下开展一切活动。这些区域的墙壁结构可以采用非安全级别的墙壁结构（钢立柱的墙，甚至在很多情况下配置有抗冲击附加层）或者可以配合层间用钢丝网加固的安全石膏板一起使用。

安全顶棚

传统的安全顶棚是利用水泥或者建筑塑料构成的，与地板和墙壁协调一致，抵制类似级别的攻击。最近情况有了新发展，安全顶棚被设计成用来防止犯人通过破坏进入顶棚以上的区域（隐蔽在结构之下），从而藏匿武器或者其他违禁物品，甚至实施逃跑。在顶棚系统的设计中可以采用多种风格，但是最终能够采用最合适的系统，设计过程需要基于下面的因素：

- 对区域中犯人采用的不同保安等级；
- 顶棚下明确的高度；
- 犯人进入系统的潜在威胁；
- 管理人员对空间的监管和观察的可预见性。

另外，如果在未经任何许可的情况下，发生了犯人企图尝试达到高处空间的事件，无论何时何地，都应该及时采用顶棚系统来保证安全。而且政策和程序应该确保对所有犯人活动区域的顶棚进行经常性的检查。

配置金属板的安全顶棚是由宽度为 12 英寸的厚板构建的，它可以防止被移动或者被利用来隐藏违禁物品以及武器。背部覆盖着材料的穿孔厚板可以被用来改善声效，在限制隔离犯人的潜在危险性方面有很好的应用。应该提供配置着安全闸和铰链进入镶嵌板。在警戒级别比较低的场所，可以采用轻量的镶嵌板，但是需要一直有警卫密切看守，防止犯人登高的企图。

高度抗冲击的石膏板顶棚系统可以被用在警戒级别比较低的场所，在这些场所，想要到达高处空间是相当困难的，亦或是这些场所是在持续不断地严密监控之下。这些系统中，可以在干饰面内墙上直接粘贴声学瓦片。为了达到应有的安全级别，需要采用配置有安全铰链，安全闸锁的安全型嵌入门。

安全型空心金属门以及金属框架

在很多犯人保安监控程度为中等或者高等的设施中，需要大量的安全型空心金属门以及金属框架。在所有的情况下，安全型金属门和金属框架必须利用一套综合的加固方式以及特殊的加固方法被仔细地锚挂在邻接的墙壁上。安全型空心金属门以及金属框架应该采用加重标准的钢材并且在内部经过强化加固，这样的设计可以最大程度上抵御蓄意的攻击以及不恰当的使用造成的破坏。在某些设施中，木质门被采用，但是这些木质门是装配了安全型空心金属门框架的。空心金属门框架应该填满灌浆以减少振动并且需要注意，在将框架上的支撑点固定到墙壁体系上时要注意加固性能，提高安全性等级。

门操控

在很多情况下，安全空心金属门的开关都采用传统的电动机械传动的形式，因为这种方式的性价比很高。然而最近，压缩空气系统的应用使得对安全门的操控技术进入了一个新的发展阶段。代替了传统的电动机械传动方式，压缩空气系统被用来操控门的滑动，特别是在单人牢房的设计中，这种技术的应用保证了牢门可以顺畅地被打开关闭。

安全硬件

安全硬件以及操作者的选择是基于门的功能以及安全级别来进行的。不同的代码来满足特殊的需求，例如远程释放与火险指数。门与配套的硬件程序设计是所有法律机构的安全性设计中的一个重要步骤。这个过程需要对每一扇门的状态进行仔细检查，具体途径如下：

- 相应安全等级的要求；
- 有关门的电操控功能的要求（首要的和其次的）；
- 连锁要求；
- 钥匙形式要求。

合适的安全锁对于一个机构日常工作的开展以及紧急情况下的应对来说都是至关重要的。在无需远程控制的情况下，通常在犯人活动区域使用手动锁。但是在需要远程控制的情况下，应该使用电动机械的或者是电磁锁。出于火灾安全和应对紧急情况的考虑，作为后备，所有的门都应该可以手动开关。最近，压缩空气锁已经被研究出来，它可以通过在尼龙管道中传输的高压气体来推动机械运动。

电子保安系统

20 世纪 80 年代发展起来的微处理器极大程度上推动了保安系统的改革与发展。第一次，电脑被用来将保安系统的所有方面整合成一个整体，使得所有的组成部分之间可以保持相互通信并且协同工作。一系列单点被用来监视和控制消防情况，紧急情况调度以及关键的建筑系统。

如今，在美国各机构的综合控制电子系统的设计中，一般可以通过两种途径来完成：(1) 硬连线逻辑控制系统；(2) 可编程逻辑控制系统。硬连线逻辑系统是由历史上安装在墙上的继电器箱得名的。继电器箱中包含了电动机械或电晶体的继电器，时钟、二极管、电阻以及其他分立电子元器件。现代的硬连线逻辑系统有着标准组件并且配置起来很容易。这种形式的系统一定是根据操作面板的特定功能完全定制的。

硬连线逻辑系统的可靠性很高，但是安装所需的工作量很大（意味着相当可观的安装费用）并且维护修改系统的费用很高。这是因为很多连线是靠手工完成的，安装时的质量在很大程度上影响了系统的初始可靠性。硬连线逻辑系统中的控制接口功能相当复杂，除了完成初始安装的那部分人员，其他人员都会觉得对系统的理解与维护相当困难。因此，标准硬连线逻辑系统最好由最初的安装人员来提供技术支持，但问题是在相当长的维护保养期限内，系统生产商与安装人员可能会有变更。与一个火情警报系统的构建相类似，逻辑控制系统通常是一种私有的项目（由卖主或公司定制），这种系统需要经过多次的修正来实现功能转换、系统升级甚至系统扩展。

可编程的逻辑控制器（PLCS）的得名是因为它们的逻辑控制功能是通过对手持设备或者是计算机终端进行编程来实现的。一旦程序编制完成，PLC 控制器将程序存储在一个持续上电的存储器中，注意存储器不是由持续 120V 交流电提供电力的。只有在需要改变延时功能，添加新功能亦或是更改设施操作时，这些设备和系统被重新编程。

单个的可编程逻辑控制器可以通过联网与系统中的其他可编程逻辑控制器进行通话，这样可以对综合的或是分布式的系统进行更好的支持。单个可编程逻辑控制器的失效对整个设施没有影响，而且大部分的电子技术人员可以很容易地通过文档对相关程序进行了解掌握。系统配置与文档即使在已经丢失的情况下，还可以通过存储器中的程序来重新获得。基于可编程逻辑控制器的系统从实质上来说，一般私有性不是很强。设备之间通过一系列信号的输入输出进行的通信（类似逻辑系统），这些设备的组件都是可以很容易购买到的。

安全系统组件

所有安全系统包含了三种功能性组件：

1. 安全中心
2. 数据处理和分发系统
3. 远程传感器和监控点

安全中心中安置了很多设备，这些设备是管理人员与系统之间进行交互所必需的。要让所有的管理人员感觉到系统的设计是完美无缺的。另一个组件——中央控制电子扫描设备——是被永久安装在密室中，顶棚之上，墙内或者墙后甚至地板之下。

控制面板是系统中最显著的部分。控制面板与系统的功能是综合处理各种各样的控制与通信过程。比如大门控制，大门状态指示，内部通信选择切换，闭路电视系统的选择切换功能应该被整合在一起。很多机构提供了“综合系统”设计，它要求特定功能对应特定操作界面并且由专门的安全人员进行操作。

控制板功能可以显示在视频终端的屏幕上。如果决定采用传统的控制面板，那么这种控制面板应该采用蚀刻有操作术语和图解的黑色电镀铝材来制作。如果需要，这些面板可以被组合控制面板群，包括有开关、指示器、扩音器、电视监控器、报警器、门禁系统、麦克风以及步话机。

数据处理与分发系统（控制电子装置）随着系统形式（基于硬连线或是可编程逻辑控制的系统）的不同而各异。每一个系统使用不同标准的系统控制电子装置。安全中心与远端设备之间的功能性连接包括了很多硬件与软件的连接子系统。

系统结构

每一个机构的特殊需求决定了对系统的选择。法律机关的反应行动模式，许多甚至是大多数的法律机构的设计中包括了中央报警系统（不管是否符合标准程序，最初的报警信号被传到有守卫值班的控制中心，但是由为机构安全负责的法律执行官员控制）。

进入控制系统

进入控制系统被用来自动地对入口的访问加以限制，它可以对人员身份进行认证并且通知安全警报监视系统以防止合法人员的进入被拒绝。法律机构经常采用配有或者不配有密码键入系统的磁卡进入系统，机构中的合法工作人员都持有一张身份识别卡。标准情况下，进入控制系统都会记录所有的历史进入记录。当进入的要求被批准时，电控锁自动解锁，门被打开。

很多法律机构中，公共循环系统中所有通向私人循环系统或者囚犯循环系统的入口应该配备有远程控制电动锁，电磁锁甚至电击。所有这些入口，除了那些通向囚犯活动场所的入口，都应该采用身份认证卡进入系统（或者其他安全系统）来保证对所有进入人员进行合法性认证。考虑到最糟糕的情况，为了防止供电系统或是控制系统出现故障情况，所有的门都应该被设计成能够手动开启和关闭。应该为所有监控之下的安全入口设计“门开启时间过长”（DOTL）警报，在某个门被卡住无法开启或者是开启时间过长时，及时将这种情况通知控制中心。

大多数法律机构中供管理人员、犯人、服务人员使用或满足其他用途（法庭审判使用）的升降机应该被严格控制并且限制进入。通向受限区域的升降机应该处于严格控制下。安全升降机内部应该配备有监控摄像机以及一个紧急按钮（用来紧急制动）。

生物特征认证

在安全级别很高的区域，应该考虑使用扫描视网膜/指纹的生物特征识别认证系统。这些系统非常昂贵而且需要收集用于认证的个人信息。

违禁物品探测设备

在法院以及某些其他法律机构，可以在进入审查过程中使用金属探测器以及 X 射线扫描仪。在受控的公共入口，应该配置相应的安全审查设备。这样的设备应该包括磁强计，X 射线扫描仪，最起码也应该包括手持金属探测杖，临时存放受检者随身私人物品（不是被没收物品）的带锁安全柜，一个紧急情况警报器，一个电话，一个请求增援的袖珍无线电接收器。

这些设备是最被普通市民所熟悉的，而且这些系统经过设计占据了最显著的位置，用以给人们造成强烈的第一印象。关于检测用设备是应该处于显眼的位置还是相对隐蔽的位置，存在着很多不同的意见。有些设计试图将设备集中安装在墙壁周围，另外的设计允许将设备自由地安置在入口附近。

对人生安全法规的适应性

为了满足安全撤离时用户的人身安全，要求使用电动上锁设备确保消防楼梯安全出口处于囚犯安全警戒线之外。应该可以通过机构安全中心控制台对消防楼梯出口进行上锁和解锁操作（出于安全和紧急火警反应的考虑）。

除了犯人单间，如果火情触发了主要消防预警控制面板，通过电力传动或者断电，消防出口应该被立即解除锁定状态。为了遵从法规的权威性，如果需要，对关键安全出口的的解锁操作应该被延迟数秒执行。在开启囚犯房间的出口时，可以利用可重新设定的计时器，它可以很有效地通知监管人员何时逃生通道被开启以及何时牢房的门被开启。计时器可以被重新设定直到火警最终被证实。

警戒周边安全系统

大多数的法律机构的警戒周边安全系统应该满足一定的保安要求，如果在内部或者外围警戒线上有人企图出逃甚至出逃成功，

▼ 北卡罗来纳温顿劳改所监狱警戒边界（栅栏，护城河），HSMM 有限公司，工程师和产品建筑师；WCC，持有者与使用者为联邦监狱建筑局；亨赛尔·费尔普斯建筑公司设计建造。感谢 HSMM 有限公司提供图片

▲ MSD#5，弗吉尼亚州，卢嫩堡。弗吉尼亚劳改所。摄影：唐·艾勒，感谢HSMM有限公司提供照片

监管人员必须及时得到警报。这些警报可以触发区域探照灯，CCVE系统以及控制中心可听可见的特定位置信号，还可以通过无线电及时通知巡逻队。

虽然在法律机构的一些区域可以采用一些简单的系统，典型的安全警戒边界应该被设计成可以满足很高的安全性要求而且能够提供足够的系统可靠性。在很多系统中，如果在普通地带两个探测器被同时触发，监控室就会响起初始警报。

安全系统通常安装在警戒周边的围栏或者外部的建筑围墙附近。在拘留所和劳改所中，安全系统包括了红外线、电子扫描束、微波束、电子扫描、地音探测器、移动摄像头检测以及围栏振动探测系统。这些系统根据实际场所的设备尺寸以及周围物理情况进行立体部署，以期达到对所有需要监控区域的完全三维覆盖。

警戒周边安全系统中的主要监视点应该是被指定的控制中心。在控制中心中，工作人员可以利用CCVE监控器来直接对警戒区域进行严密监视，同时收集关键信息，以备在紧急情况下做出决定并且快速反应。

中级安全警报

在很多法律机构中都提供了中级安全警报系统，它可以被用来控制对一些安全的但是访问频率很低的区域出入（例如机械或者电子设备机房，电子设备区域，紧急安全出口等等），同时还可以用来控制对一些其他相关建筑的出入。安全警报系统的组成部分都有很高的可靠性并且位于控制中心。这些系统应该与出入口电子控制系统相连接，用以及时接收警报信息（通过网络或者直接相连的控制线路）。

控制面板

控制面板是管理人员和电子设备之间的桥梁，它通过将各种开关与指示器有机地综合在一起，使得管理人员可以方便快捷地进行管理操作。监控室可能会由于控制方式的不同而各异，但是都应该根据各种具体情况来进行针对性的设计，以满足对设备进行各种控制和操作的需要。典型的安全控制台以及报警系统包括了如下组成部分：

- 出入口控制以及监控状态报告
- 对安全升降机的远程升降控制
- 在延时出口以及其他关键区域采用 CCVE 监视以及监控录像
- 紧急情况警报以及辅助警报（法庭，装配车间，普通人员办公室，缓刑室以及法律机构中各种各样其他类似的场所）应该惟一并且优先进行处理
- 非法闯入检测报告，由软件控制的发出警报以及消除警报操作，用于提供高度安全性的按键密码锁
- 中级火警保护，人身安全系统报告
- 专用的安全对讲装置与无线电系统（无线电系统与发射天线）
- 法庭 / 陪审团 / 证人之间的通信与安全保护
- 对机构中电子进出控制系统的管理和报告
- 对审判人员的房间以及相配套设施的管理控制系统
- 对备用应急电力系统以及系统备用处理器状态的检测

闭路电视设备

在很多法律机构中，闭路电视设备（CCVE）经常被使用来监视停车场，建筑的警戒边界以及那些囚犯占据的活动场所。其他一些被证实确实需要额外增加安全性的场所或者集中保管钱财的地点也通常安装了闭路电视监视系统。一般来说，有两种类型的监控形式可供监控站点选择：(1) 对远端的区域进行持续不断的监视；(2) 对远端区域进行选择性的监控。

CCVE 系统中采用的摄像机一般还另外

◀ 控制中心，吉尔福德县少年管教中心，北卡罗来纳州。摄影：唐·艾勒，感谢 HSMM 有限公司提供图片

装配有附加镜头或者其他相关配件。典型地，在囚犯可能达到的区域内装配的摄像机应该配有延时等级的外壳；而在法庭，工作区域以及公共场所中的摄像机可以使用窄板设计的外壳。当前普遍使用的摄像机都是使用电晶体色彩单元的。彩色 CCVE 可以精确地对人进行识别，同时还能够在很大程度上减轻控制台操作人员的疲劳感。

摄像头位置

对法律机构中摄像头位置的管理没有一个固定的规则可循，通常情况下，对法律机构安全型负责的执法人员应该指导 CCVE 系统的设计。更一般地来说，利用 CCVE 系统，监管人员无需直接用肉眼对安全区域进行监视。在囚犯活动区域，摄像机通常被安装在受限的活动区域（升降机，楼梯，出入口，紧急出口等等）来对犯人行为进行鉴定。CCVE 系统也可以配合警报器一起安装，当发生紧急情况时，可以触发警报器，从而提供事件驱动的及时反应能力。

在很多情况下，CCVE 被用来对所有的受控出入口，囚房到外界的渗透以及囚犯的安全走廊进行监视，因为通常无法对这些地方进行直接观察。在很多机构中，所有外部出口都应该被监视，而且一旦有出入情况，特定区域的感应器应该被触发，指示有情况发生。在出入口解锁之后，应该用录影机 (VCRs) 对任何发生的事件进行记录。另外，CCVE 应该对大多数，如果情况允许，甚至对所有的位于受控出入口的电话对讲装置进行监控。

在有些关键区域，可以保证持续稳定的照明强度。数字录像可以在这些区域中被采用，用来进行监测（入侵监测）。另外，还可以采用运动录像监测系统，或者可以利用专门的运动目标监测装置来辅助摄像头进行信号的采集和发送。

门禁对讲系统

在法律机构中都应该安装有有线通信系统，其主控基站一般位于控制中心。在站点之间进行呼叫通信的过程中，无需手持的设备经常被使用，这使得操作变得简捷方便。在办公室或者类似行政区域之外，应该在墙上安装嵌入式的对讲装置，装置上面配置有便于操作的呼叫按钮。

在法院机构中，每一个审判工作人员房间的每一个入口处，都应该安装有安全门禁对讲系统。其相关控制器由法官、秘书员，以及法律办事员掌握。庭审过程中，审判庭附近的对讲装置应该可以被设置为静音。另外，在每个消防梯平台也应该配备有相应的对讲联络装置。

内部通信对讲系统中，应该集成一个公共地址查询系统。在进行紧急安全通知时，这个寻址系统是非常必要的。另一方面，为了避免同时应用多个功能相似的系统而造成不必要的开支，我们在选择使用火警通话系

统作为公共地址 / 查询系统的实现形式之前，必须要经过自习的调查研究。

个人紧急警报系统

作为法庭机构中其他安全系统的一个补充，个人 / 紧急警报系统可以得到应用。通常情况下，这些系统是由一系列被固定在某些特定关键位置的强制按钮组成的，这些特定关键位置包括了法官的座椅、审判室、财物交易场所、职员办公室的接待处、检查办公室、法庭图书馆以及其他相关区域。另外，紧急警报系统还可以配合保安区域中的门禁通话系统和监视系统一起使用，相互协调配合，以期发挥综合作用。

在紧急情况下发出相应警报之外，紧急警报系统还应该提供一种双按钮设备来提供求援呼叫服务[1]。在一些法院机构中，可以考虑应用一些便携式的紧急警报系统。这些系统使用多路信号——一路信号用来进行相互通信，同时另一路用来对警报发生地点进行精确定位。

入侵监测系统

为了在办公时间之外保护公有和私人财产，防止入室盗窃以及蓄意破坏情况的发生，安装入侵警报器是很有必要的。在一些需要处于安全监控之下的区域或者是那些不是一直有人值班的房间，应该安装上入侵检测系统（IDS）传感器。诸如警戒周边的出入口、保险门、物证存储室、保密文件室、密室、法律图书馆（如果位于安全区域之外）以及其他相关区域都应该安装有入侵警报传感器。

通常情况下，警报器一般被安装在位于建筑物首层的办公区域以及那些容易被用来进入的屋顶连接结构处。一旦有情况发生，入侵警报器就会被触动，同时警报会立即传送给建筑内的控制中心、远端监控室，以及另外一个全年无休每天持续 24 小时无间断监控的集中控制区域。可以进入的窗户，尤其是那些位于建筑底层的窗户，都应该被密封。

另外一些需要安装入侵传感器的场所包括消防楼梯，配电室，电话系统机房，机械设备室，建筑内部其他关键的维修间及其内部的开关阀门，以及其他任何有潜在入侵威胁的地方。如果条件允许，应该利用入侵传感器在探测到入侵情况发生的同时，对 CCVE 摄像头进行激活。

无线电 / 通信系统

在第 10 章“数据 / 无线电通信系统”一节中我们讨论了法庭机构内部不同区域之间的电话通信系统。特殊的情况包括了审判庭中安装的系统，在这种情况下，系统需要同时适应在外部 / 内部使用的需要。另一方面，

1 System recommendation pioneered by Justice Fred A.Geiger, Second Appellate Court, State of Illinois.

在引入一个呼叫时，电话系统不仅需要提供音频信号，更重要的是它需要提供视频信号。

包括整个建筑物范围内地址信息的寻址系统应该被用来配合紧急警报系统进行使用，以便在紧急情况下对所有指定单位进行通知。通知的内容包括任何紧急撤离计划，建筑的封锁，以及所有其他相关的紧急通知。

内部威胁

美国政府总务管理局（GSA）安全标准要求，在机构内部，针对内部威胁需要提供相应的保护措施。这里提到的“内部威胁”包括了可能安装于入口前厅，货物装卸台，邮件收发室，或者内部停车区域的爆炸装置。内部威胁造成危害的最主要的受害者，是那些位于安全检查台或者预检台相邻位置的人员。另外，内部威胁造成的损失还包括破坏建筑关键结构，甚至引起建筑坍塌，另外还包括了对于诸如配电房或机械设备室的建筑关键部件进行破坏。虽然与外部威胁相比，这些内部威胁采用的炸药当量以及相应的爆炸威力都显得微不足道。但是由于受到空间限制，爆炸产生的准静态气体带来的高压强能够对隔板和墙壁造成严重破坏。如果被限制在一个很小的空间里，而且不具有良好的通风条件，这些长期持续的气体压强造成的压力是最具有破坏性的。

在内部停车场，应该严格限制对停车区域的进入。只有相关审判人员、被指定的政府雇员具有进入的相应权限。所有的投递物，无论是审判室的包裹还是自动贩卖机的货物，都必须在货物装卸台进行接收，而且在进入建筑之前需要经过严格检查。允许未经检查的物品或者非政府雇员车辆在建筑地下区域做短暂停留的做法是违反法律机构安全操作要求的，这样的一个违规行为可能会导致建筑的物理安全设计在整体上遭到破坏。一场停车区域中发生的相当大小的爆炸可能会在相当大的范围内造成严重破坏，最严重的情况下甚至能够导致整个大楼的逐步坍塌。

门厅／前庭

门厅入口是建筑物中最脆弱（最易受到攻击）的场所，所有的非雇员都必须通过这里进入大楼。在进入之前，所有人都必须接受安全检查直到其合法身份得到确认。在基于安全的防范理念中，任何人在其合法身份得到确认之前都应该被怀疑携带有安全隐患。GSA 安全标准中说明，真实的威胁来自于包裹炸弹。一个包裹炸弹可以被轻易藏在一个大公文包或者一个帆布旅行袋中，在安全检查之前，犯罪分子可以将炸弹秘密放置在检查台前的任何位置。如果在预检大厅区域引入一个背包大小的炸药包，它会导致两种不同的危害。首先，大厅区域装有大量的玻璃，在爆炸发生时，被击碎的玻璃碎片会变成四处高速飞溅的致命武器。其次，临近的区域，尤其是大厅上方，会充满爆炸产生的高压气体，这也是周围人员的致命威胁。

如果在建筑内部或者外围的警戒周边发生了一场中等规模的爆炸，可以说，在任何情况下，前厅 / 前庭内所有安装的没有经过特殊处理的玻璃将会被击碎。出于这种考虑，为了在最大程度上减小这样的一场爆炸造成的二级玻璃碎片数量，建筑内部相关区域配置的玻璃应该经过特殊设计。在易受攻击的区域安装玻璃时，应该选用经过碾轧退火处理的玻璃，用建筑专用硅树脂将其与特殊加固的结构框架进行黏合。玻璃装配的强度应该达到外部玻璃安装的安全设计要求。

如果检查台前一个背包炸弹突然发生爆炸，在这种情况下，用来保护周边临近区域的特殊隔板和墙壁应该能够经受得住爆炸造成的冲击波的冲击，而不至于破裂。如果可能，应该合理设计出口通道，用以限制爆炸产生冲击波的直接压力进入有人的区域。

邮件收发室 / 货物装卸台

另外，包裹炸弹还可能以第三方投递邮件或者货物的形式通过邮件收发室和货物装卸台被引入机构内部。为了阻止包裹炸弹进入机构内部，在货物装卸台需要安装相应的扫描设备，以便对所有进入包裹进行扫描检查。常用的扫描设备如X射线扫描仪,磁力计等等。无论投递者被宣称是政府雇员，美国联邦邮政雇员还是某个外部组织，对所有的邮件进行检查都是非常必要的。另外，货物装卸台的隔板和墙壁应该被加固以抵御包裹炸弹的攻击。如果邮件收发室处于货物装卸台附近，它也应该被加固以抵御相同情况下的攻击。这些场所的墙壁必须由高度加强的实心 CMU 砌体或者现场浇筑强化水泥构件。

关键建筑部件

在法律机构内部，有着很多关键建筑部件，在紧急情况下，对大楼的正常运行情况有着直接影响。这些部件的运行情况，对于发生诸如恐怖爆炸之类的紧急情况时进行安全撤离和紧急救护是至关重要的。GSA 安全标准要求，在货物装卸台，接收处或者其他货运场所 50 英尺范围之内，不能安装关键建筑部件。在这些建筑部件中，包含了杂物间、杂物通道，以及维修间入口，包括电力、电话 / 数据、消防监测 / 警报系统、消防用水管道、冷气管道、暖气管道等等。当在没有足够的安全隔离距离的情况下，这些关键建筑部件周边的墙壁和隔板都必须被加固，以期将这些区域与那些有着潜在危险的区域更好地隔离开。虽然 GSA 安全标准没有要求对临近牢房出口的主配电房和机械设备室进行额外加固，但是为了满足这些区域的特殊安全性要求，在设计时必须要加以谨慎考虑。

内部停车场

在任何机构中，内部停车场都是一个非常脆弱（易受攻击）的地方。为了最大程度上减少这个内在威胁造成的危害，对于位于建筑物底层的停车库，只有指定政府雇员驾驶的车辆可以被允许进入停放。在任何时候，都不能在机构中提供对外开放的公共停车区域。由于一般情况下无法时时刻刻对每一个私人车辆提供专门的保护，这样使得恐怖分子可以轻而易举地将一个炸弹安置于一辆得到进入许可的车辆中。如果发生这种情况，一个审判人员或者政府雇员会在完全不知情的情况下将炸弹带入大楼。针对这些安全隐患，内部停车区域应该经过专门设计，以期能够抵御秘密安置的爆炸装置的攻击。为了达到这个要求，必须使用能够抵御相应安全威胁攻击的隔板和墙壁，将内部停车区域与机构中其他关键区域或者有人区域有效地进行隔离。此外，地下停车区域的建筑支撑柱必须被设计成能够抵御一定程度爆炸的攻击。必要时也可以在水泥柱上安装上金属外壳来提供保护，或者在较小的一个范围内紧贴安装螺旋加固。另外，对于钢筋支撑柱，也可以通过覆盖外浇筑水泥外套对其进行加固保护。

拘留区域控制系统／全体陪审团／组成部分

为拘留建筑服务的电子控制系统至少应该提供以下设施

- 仪表动力／灯测试
- 静音开关
- 连接撤销
- 可以用对讲机联系的交通大门
- 运动探测警报器
- 闭路录像设备（CCVE）系统
- 卷形门
- 局部对讲系统／分页系统
- 周边安全
- 紧急开关
- 恢复开关
- 普通居住单元
- 规律的居住单元
- 沐浴区域／门
- 紧急团体疏散（包括旋转门与推拉门）
- 控制室门
- 活动门（包括旋转门与推拉门）
- 参观售货亭门
- 参观区域对讲电话联系系统
- 洗手间门
- 具有报警功能的门（标准与暂停）
- 室内灯光控制
- 电缆电视（CATV）
- 附加的防烟或热警报
- 电子机械连接
- 出入的大门／交通门（带连锁）
- 周边灯光控制
- 电梯开闭控制
- 位置监控器
- 控制节点的重叠设置

其他／特殊安全系统

金库和保险箱

在机构内部采用的防火防盗的金库和保险箱是存放危险品、贵重物品以及重要证据所必需的。在警察局，对于重要证据保存区域，需要采用特殊设计的系统对其提供安全性保护。

在法院机关中，配备有单独的防盗保险箱是很有必要的。它能够被用来存放执法机构收集的罚款，以及工作人员办公用款。在每一个保密房间，如果它的墙壁有潜在的被损坏的可能性存在，那么在这些区域都应该安装上运动的摄像头以提供安全监控。

应急发电机

如果发生了电力中断的情况，应急发电机应该自动运行，提供关键照明、热力/浓烟警报器、紧急警报器、公共寻址系统以及机构中其他必须设备运转所需的电力。通常情况下，建筑内部的集中控制系统应该对应急发电机进行状态监控（报告可能发生的故障以及运行状态）。除了机构中的应急发电系统之外，不可中断的电力供应（UPS）以及备用电池也应该被用于安全系统中。如果想得到更多的相关信息，请参阅第 9 章，“机械、电力和结构系统”。

运动／方位跟踪系统

在犯人活动的区域，跟踪系统可以在整个机构内部，对犯人的活动进行跟踪。相应的技术手段包括了禁止或无线编码腕带系统。

区域和空间

建筑控制中心

如果一个法律机构的相关设计中没有包含囚犯关押区域，那么应该设有一个建筑控制中心，用于装置警报器报警面板、闭路电视监视器，以及其他相关保安设备。

这个区域是最主要的安全控制中心，在任何紧急情况下，它能够起到总部枢纽的作用。这个区域也可以在应用中作为报告中心，在紧急情况发生时，及时把相关情况报告给警察局或消防局。

建筑控制中心应该提供的特殊功能以及控制手段如下所列：

- 警报器报警；
- 安全 / 进入开关；
- 远程控制；
- 视频监视器；
- 视频控制；
- 音频输入；

▲ 控制中心，詹姆斯河未成年人劳改中心，弗吉尼亚州。摄影：唐·艾勒，感谢 HSMM 有限公司提供图片

▲ 控制中心，诺福克市未成年人劳改中心，弗吉尼亚州。摄影：唐·艾勒，感谢 HSMM 有限公司提供图片

- 音频监控器；
- 音频控制；
- 进入系统控制；
- 无线电通信控制。

集中控制

ACA地方成年拘留所标准（第二版）中要求："机构中需要设置有一个控制中心。"标准中对于集中控制相关的要求有着详细的说明，集中控制又称权威控制，相应区域必须24小时保持有人值班，必须进行严格限制任何以控制区域为目的的进入。控制中心应该对囚犯数目、关键部门控制、内部与外部安全网络之间的协调进行监控并且对其负责。ACA标准说明了，集中控制所必须具备的相应功能应该包括以下所列几条：

- 对所有的警戒周边系统进行监控；
- 对所有位于主要警戒周边出入口的进出人员进行控制，并且提供相应通信能力；
- 对于位于机构中各种安全区域之间的关键入口处的人员进行控制，并且提供相应的通信能力；
- 对建筑系统，安全/保险系统及其相关设备以及所有其他相似的系统设备进行监控；
- 对机构控制、监控转换以及身份认证情况进行处理；
- 无论是在固定的、静止的还是移动的情况下，能够为位于所有岗位的机构工作人员提供相应的通信能力。

在集中控制系统的设计中，应该包括一个有着安全前厅入口的独立安全地带。在需要位于控制中心的监控人员进行直接监视的地方，应该装配有透明度很高的安全玻璃。在标准情况下，如果发生意外（比如囚犯暴动），系统所选用的安全玻璃应该至少可以抵御45分钟甚至更长时间的攻击。在对控制室进行设计的过程中，应该充分考虑相关空间，以满足作为通道、排列按钮、存放行李，以及从事一些相关文书工作的要求。另外还需要确保暖气、通风以及空调设备安全可靠。控制中心所有电力支持、数据通信、无线通信过程都应该被保护或者进行加密。

从历史的角度看来，控制中心的形式通常是那种安装有玻璃的密封房间。这种封闭区域必须具有高度的安全性，其所处的位置一般来说应该有利于对某些方位进行直接观察，同时通过CCVE系统对其他区域进行监控。控制中心的设计标准中采用的墙壁、顶棚、地板、玻璃装配规格（攻击等级）都是基于"估计时间"作出的。这里的估计时间指的是，如果发生紧急情况，在救援到达之前，控制中心预期的能够抵御相应程度攻击的持续时间。在典型情况下，实际上所有区域之间都利用对讲系统进行通信，另外还配备有无线电系统作为辅助通信手段。

随着直接监管技术的改进，目前已经开发出开放形式的控制中心（在保证同等安全性的条件下能够提供比传统集中控制更加优化的功能）。甚至在一些情况下，固定的控制中心已经被无线远程通信及其控制设备所取代了。

即使在一些采用了直接监控技术手段的机构，无论如何，对最后的避难所——集中控制室——的设计都应该是基于紧急情况下系统反应能力预期值做出的。为了在实际应用中达到并且超过预计的防御效果，我们在设计中应该基于最坏的情况，对所采用系统和材料进行比较评估。为了在最大程度上保证工作人员安全以及全面的制度安全，针对每一个控制中心的具体需求情况应当采用与之相适应的安全级别，这种有针对性的考虑仍然是系统设计中的一个关键问题。

在一些小型机构或者几个机构的联合体中，可以通过这个区域的功能对建筑控制中心的部分甚至全部功能进行巩固加强。在大型机构以及那些不是所有时间都需要对犯人进行监管的机构（例如法庭），集中控制室可以作为控制中心对囚犯安全保障以及囚犯的出入进行调度管理，但同时建筑控制中心应该起到周边安全监控中心的作用。

如果在机构内部配置了集中控制，特别是在小型的或是中等规模的机构中，那么集中控制将起到管理人员监控点的作用，其中的监管人员可以对特殊的存储单元，住宅单元或者其他执行区域、公众或是囚犯活动区域进行监控。在某些机构中，集中控制被与执法派遣功能结合在一起，而且能够在公众接待中发挥监控以及援助作用。

再集中控制系统的设计中，对控制台

▲ 控制中心，博蒙特市未成年人劳改中心，弗吉尼亚州。摄影：唐·艾勒，感谢 HSMM 有限公司提供图片

▲ 控制中心，博蒙特市未成年人劳改中心，弗吉尼亚州。摄影：唐·艾勒，感谢 HSMM 有限公司提供图片

设计的好坏是非常关键的，它关系到控制室是否能够有效地发挥功能。在通常的设计过程中，可以根据具体的预置设计要求，采用定制的木质结构解决方案。在工作站的设计中应该充分考虑到人体工程学原理，同时尽量提供方便的维护保养服务途径，并且在操作人员位置的设计中充分考虑到操作人员的视角要求，以便相关值班工作人员直接进行监视。

二级控制中心

二级控制中心可以分布在刑具机构和劳改机构中的很多区域。这些控制中心可以在指定区域内（诸如医疗区域、住宅单元、教育与职业中心、探访区域），对各种活动进行控制和约束，同时对系统运行情况和应急设备进行监测。这些二级控制中心为集中控制系统的正常运行提供了很好的支持。总体上来说，在所有控制中心的设计中，都应该考虑为控制中心的管理人员提供最佳的视角，使得管理人员能够方便地对指定区域中的情况进行监视和控制。

安全设备房

用于放置安全电子设备的房间一般情况下应该位于囚犯以及公共活动区域之外，而且应该方便维护保养人员进入对其进行相关操作。不同的设备房应该被定位于不同层次的相同区域（也就是说某个设备房的楼上以及楼下也应该是设备房），这样的设计可以方便在垂直方向上实现通信设备之间的配置连接。

第12章

成本、资金以及工程管理

“一个法律机构的成本是多少？”“用来支付相关开销的资金来源是什么？”还有“项目将如何进行设计建造？”诸如此类的相关问题都是非常复杂的，而且这些问题的答案之间也是相互关联的。设计方案的决策者必须经过仔细的调查研究过程，在遇到专门问题时，需要向相关领域的专家进行咨询。在这个过程中没有任何捷径可走，更加不要奢望会有一蹴而就的方法。

为了说明问题的复杂性，我们可以假设一个模型。这是一个由各种不同形式的法律机构构成的模型，从警察局到大型法院，结合考虑不同级别的政府机构——联邦政府，州政府，郡政府，以至地方政府的不同情况——同时也结合考虑了整个国家成千上万不同的地理位置的差异以及这些地方的公共决策权威的不同情况。通过这个模型，很显而易见，我们可以看出不同的项目在设计开发过程中有着巨大的差异性，甚至每一个项目都有其特质。

在任何项目的开发建设过程中，使用一致的术语以及清晰的定义都是相当关键的。机关这个词在不同的人看来有不同的意思，这是由特定的限制和特殊的环境决定的。在有些人的理解中，机关包括附属建筑、分支办公室、供应大楼或者沿街的杂货店，另一方面，有些人也可能不这样认为。将要开发项目可以有很多种形式，可能是对现有空间的改革更新，也可能是一个附属建筑，一个独立的大楼，甚至所有这些都被包括在内。项目开发期间，原先物品应该被保留，租金，或者租借购买合同的租金也应该被交付。

项目成本

硬成本和软成本

在一般情况下，项目成本主要由两大部分组成——建筑成本和非建筑成本——也就是平常我们所说的“硬成本”和“软成本”。通常情况下，硬成本是那些包括在主要承包人的投标价格中的成本，具体有：指定场所相关器材，美化景观以及建筑表面涂料，建筑物（从底层到顶层，包括内部居住结构），另外还包括主要承包人以及转包商的一般管理费用和利润。

另一方面——非建筑成本——换句话说也就是软成本，包括了那些为了获得相应场地，建筑工程设计服务的开支，进行特殊咨询、学习、调查、测试、获得许可以及其他相关活动的开销，还有财政，提供公共服务等其他方面的支出。

除上述外，一个项目中的软成本部分还可以包括家具、固定装置、设备（FF&E）以及信息技术系统的相关开销。在一般情况下，这部分成本不包括在标准设计和建筑合同之内。

风险费用与费用调整

设计风险

在最初的硬成本预算中，应该包括对某些尚未，亦或是无法明确工作的补贴费用（也就是一般情况下我们说的“设计风险”）。这样，即便是万一在设计过程中发现一些额外设计需要，在财政方面也不至于陷入窘境。按照惯例，建筑设计师和业主在项目开始时进行沟通协商，对相关风险费用进行确定。一般情况下，风险费用占到总预算的10%～15%。设计风险费用应该在一定程度上反映出项目的规模，复杂程度以及不确定性水平。一个在原有设施基础上进行的小规模的革新项目通常需要分成很多阶段进行施工。与在具有良好土地条件的空地上建造一座标准化办公大楼的项目相比，这种小型工程应该具有更高的设计风险。

在设计过程中，针对不确定性工作的补贴费用会逐渐减少。在设计的最初阶段，设计风险一般是总预算的10%～15%。直到最后，建筑文档（CDs）100%被完成之时，相关设计风险会相应地降低到0。这是因为在建筑文档完成之时，也就意味着所有的工作都被详细地明确了，所以最初的设计风险也已经被恰当分配到预算当中去了。

建筑风险

在业主预算的软成本中应该包括建筑风险，以备建筑合同执行过程中的不时之需。传统情况下，这种风险是由业主确定的，如果是全新建筑项目，建筑风险占到整个项目预算的3%～5%，如果是翻修项目，那么相关的风险预算将会占到整个预算的5%～10%。在很大程度上，这是由业主的忧患意识水平决定的。

阶段风险

在分阶段进行施工的项目预算中应该包括阶段风险费用，用以支付临时隔离，多次人员召集，人员遣散所需费用。还需要支付劳动力在正常工作时间之外的加班费用以及在阶段性项目建设过程中引起的其他一切相关费用。

项目风险

在业主的软成本预算中还应该包括项目风险，在设计和建造过程中，由于业主的直接参与而对项目设计作出修改所造成的额外费用进行支付。这种风险是由业主确定的，很大程度上跟业主自身对于项目的构思设想与设计需求以及项目的可修改余地有关。与经常在建筑中被采用的常见建筑风格的机构相比，一个具有独一无二的自身首创建筑风格的建筑更可能需要进行项目风险预算。

费用调整

按照惯例，一般的联邦政府机构采用的是管理与预算办公室（OMB）制定的建筑成本浮动率。这个比率是在全美国范围内统一的，完全不考虑各种其他地区性的因素。相对于特定地区建筑市场的特殊情况，它能够更好地反映出时下全美国范围内建材价格波动水平的一般情况。但是无论如何，波动率应该能够反映出特定区域的不同情况。让人感到庆幸的是，美国联邦总务管理局（GSA）已经意识到这一点，并且从 1998 年开始，总务管理局已经在它的综合建筑成本调查指南（GCCRG）中包含了特定区域的波动因素。

在公共项目的招投标过程中，经常是在投标已经被预定采纳的日期，相关方面才对建筑成本方案进行调整。对于一些私人部门，在建筑的中期对成本进行调整的情况也是很常见的，这很好地说明了这一点：主要承包人与转包人实际是在它们提交投标书的时候确定投标价格的。在其他一些交易中，直到施工过程的中期才开始相应的工作。这些转包商在他们实际上开始履行合同的日期调整它们的报价。最典型的情况发生在建筑原材料市场。举个例子，一个中级联邦法院的建筑周期大约是 36 个月。项目合同应该规定，在建筑的预期交付使用日期之前，建筑中期也就是 18 个月时，对成本费用进行调整。

在制定项目预算的过程中，首先可以针对所有开支作出固定费用预算，决策者可以根据这个决定哪些是可以被提供的，哪些是必须完成的。换一种说法，可以从项目具体的需求情况入手进行项目预算的制定。在对项目的规模，质量要求以及可能的成本开支情况进行综合调查了解之后，再寻求必需的资金支持与官方认可，从而进行下一步的项目开发。

开支，期望与规模

一个项目的三要素——开支，期望（质量与进度方面）以及规模——必须密切配合，相互协调，以期最终成功地完成项目的开发过程。其中“开支”部分包括了项目中涉及到的所有的硬开支与软开支，还需要对运作开支与开发周期开支有着很清晰的认识。“质量”方面包括了对设计、材料、建筑方法以及细节设计上的要求。相应的进度表列出了完成设计、文档、建筑与进驻程序的具体实施时间。项目的“规模”指的是工程本身的具体尺寸以及计划性的目标。

如果其中的一个因素发生了改变，那么会对其他两个因素产生相应的影响。如果项目的规模被扩大了，这可能意味着质量可能会降低，除非可以对全部预算进行调整来满足规模增大造成的成本增加。

生命周期开支

在初始阶段的设计以及建筑方面开支之外，决策者更应该对完工后，整个目标工程在能够正常工作的使用年限内实际产生的使用价值进行估算。在设计使用年限为 50 ～ 100 年的公共机构中，如果选用高质量的或更加耐用的材料、配件以及设备，那么机构运行和维护保养的费用可以得到显著减少，这方面费用的减少在另一方面意味着机构使用价值的增加。另一方面，通过恰当周到的设计，人员方面的开支也可以被控制减少。例如在一个劳改机构的设计中，如果采用了某种减少警卫数量的方案，那么显然机构运行所需的人员开支将会减少，相应地每年将会在这方面节省下很大的一笔开支。如果长期坚持采取节约开支的措施，通常情况下最初的成本将会很快得到回收。在机构的设计中，采用具有额外弹性机制的设计策略，可能会导致初始成本的增加，但是以后我们可以发现这些额外开支可以很快被抵消，因为这种设计思路提供了更快、更容易、不易损坏的，而且更加经济的更新和维护保养途径，从而在很大程度上减少了工程投入使用之后的相关运行费用。

综合考虑初始的以及将来的开支，如果它们的总和能够满足生命周期开支的最优值，并且能够保证项目的质量在可接受的范围之内，那么我们可以得到最优的生命周期价值。

为了把初始成本预算压低到最低标准而盲目地采用错误的节流措施，这样会在建筑中引入问题，这些问题在工程投入使用后会慢慢暴露出来，而且其影响会持续相当长的时间，甚至无法被消除。过去有很多这方面的例子，因为在初始设计阶段为了节约成本而忽视了保证未来机构持续正常运行的一些必要开支，机构投入使用之后却不得不为此长期付出代价。

公共项目，由于其与公众利益以及纳税人的钱财直接相关而毫无疑问地受到行政方面的影响。如果预算决定是由那些目光短浅的人作出的（他们考虑的不是建筑的设计使用年限可以达到 50 ～ 100 年，而是根据他们自己的在任期限，只要求建筑满足相应使用年限就完全可以接受），那么这样的决定可以对项目的估价进行折衷。这无疑给项目团队增加了额外的负担，在官方审批期间，肯定需要在初始成本和未来成本之间进行平衡。显然的，折衷方案将会促使决策者灵活地选择或者拒绝采纳以获得最佳生命周期价值为目的的解决方案。

建筑部件的生命周期

虽然公共建筑的使用年限一般被设计为 50 ～ 100 年，很多建筑部件的预期生命周期相比之下会短很多。绝大多数的机械设备的使用年限是 25 ～ 30 年，比如地毯一般的使用年限是五年。但是，用于机构调整（对到达预期使用年限的重要部件进行预定的更换）的资金习惯上会被政府官员忽略。通过对机构长期运行产生开销的进行调查，发现每年必须保证有 2% ～ 4% 的项目重置资金需要被用来进行机构调整。每一个项目中都应该设计有机构调整基金计划，用以明确那些将被用于对达到使用年限的设备或者材料进行更换所产生的开支，同时提供面向相关需求的资金策略。

规模与开支

从法律机构开始施工到最终入住，需要花很长时间。一个大型法院的建筑项目需要7年甚至更长的时间。如果持续的时间很长，那么发生计划之外的意外事件的几率也将增大。在20世纪90年代，有很多正在开发过程中的项目都遭受到计划之外的打击，原因就是当时单方面预算削减法案的颁布，同时信息技术改变了项目的设计要求。特别是在安全和技术方面，使得一些项目在初始设计规模的基础上有扩大的趋势。在项目开发过程中，机构的功能可能被修改了，建筑时间表也可能被推延。一旦发生这些情况，项目开支增加将是不可避免的。要想降低一个项目的长期开发过程中出现令人惊讶的开支“蔓延”的几率，需要在项目开始的预设计阶段对所有可能的意外因素进行考虑，并且在设计过程的自始至终进行细致入微的管理控制。

主要开支生产者

意大利经济学家维尔弗雷德·帕累托（Wilfredo Pareto）已经通过观察发现，大约80%的开销是由20%的组成部分造成的。这个观察结果就是我们所熟知的“帕累托法则”。

从这个逻辑出发，我们只需要对相对来说少得多的开支生产者进行关注，从而对整个项目80%的开支加以影响。下面列出的清单详细说明了对项目开支有着显著影响的部分，从而在设计过程中应该注意对这些部分进行调节和管理。

- 针对特殊场地情况的考虑，例如很差的土地情况、岩石的存在、道路以及公共设施的重新布置，对现有建筑架构的拆毁，危险材料的清除，对环境噪声的降低，临近地铁或者其他地下结构，以及公共资源的可用性；
- 业主的特殊要求以及指示，例如针对类似俄克拉何马城爆炸案与911爆炸案采取的防护措施，对内部安全措施的相关加强，能效节约以及“绿色”建筑设计；
- 业主标准与指导方针；
- 法规要求与分区限制；
- 针对具体项目的特殊要求；
- 建筑结构；
- 功能的规划 / 合成；
- 效率（有用区域在总区域中占有的比重）；
- 系统及其采用材料的质量；
- 采购方案与合同文档；
- 市场情况；
- 进度安排；
- 专门的劳动需求或者购买要求，例如只能采购美国本土生产的产品而不是进口产品的要求。

在各种不同的项目中，这些不同的开支产生者起到的作用也不尽相同。比如说市场情况，在很大情况下受到地理位置以及时间因素的影响。在下面的章节中，我们将对一些特别重要的部分进行详细描述。

建筑效率

可用面积 / 占用面积 / 净面积与总的建筑面积（总平方英尺 GSF）之间的关系显示了建筑利用的效率，还包括了建筑的“核心”以及“后台工作区域”空间。我们发现一个很有趣的现象，在所有其他因素均等的情况下，有着更高效率的工程往往被发现有着基于 GSF 的更高的单位成本。

当一座大楼被很有效地进行了配置，被节省下来的空间通常是过多的循环空间。对于一个具体建筑而言，循环空间相对来说是不那么昂贵的。通过除去相对廉价的剩余空间，总成本可以得到降低，但是每 GSF 的单位成本升高了。（这是因为 GSF 单位成本满足一个函数关系，在这个函数关系中，GSF 充当分母的角色，当总成本不变的情况下，GSF 面积减小了，所以显而易见单位成本增加了）。对于工程开发团队来说，在向财政当局汇报开支数据时，对这个动态因素进行考虑显得非常重要。评价一个工程成功与否，不能仅仅以基于 GSF 的单位成本作为标准，工程的效率在某种程度上来说更加能够说明问题。

一个被广泛采用的用来计算面积的方法已经被提出，基于此可以很好地对建筑的效率进行确定（参阅本章后面的关于 ANSI/BOMA 指导方针的讨论）。在每一个工程里程碑，应该采用一个一致的协议来对建筑效率进行度量。在这里，我们如此强调控制建筑效率的重要性，这绝对不是夸大其词。在最近的一个司法机关的建筑中，在完成了建筑设计后，确定出该工程的效率为 61%。通常情况下，这种类型的工程效率指标为 67%。上述工程的效率比预计指标低了六个百分点，也就是说比原计划的建筑面积多用了 6%。这个工程在申请资金时报的投标价格为一千五百到两千万美元。几乎所有的超额部分都可以归因于低效的设计。相反地，几乎同期，另一个司法机构成功地达到了预计效率目标，在满足了基本设计使用要求以外，还提供了一个相当大的公共休闲区域。这都要归功于在建筑结构的设计中使用了一种紧凑的建筑模式——正方形结构——公共休闲区域位于正当中，在其周围很有效率地设计了二级循环系统。这个工程通过对其结构的精心设计“买来”一个很大的公共区域，同时又没有超出工程预计的设计效率限制。

在一些情况下，地点配置、计划性要求，以及其他相关因素综合起来发挥作用，会导致工程效率达不到预期的设计标准。小型的建筑，复杂的小型建筑群以及形状瘦长的高层建筑的效率一般来说都低于紧凑设计的中型建筑。对不同空间进行混合使用也是影响建筑效率的一个重要因素。通常，法院的利用效率要比联邦办公大楼来得低，因为法庭机构的设计中需要留有足够的公共流通区域，而且出于安全方面的考虑，在法庭审判区域与公共区域之间还需要留有合适的隔离空间。

对建筑效率进行有效的监控应该是设计过程中的一部分，而且相关操作应该从概念设计阶段开始一直贯穿整个设计过程。在概念设计阶段对每一种可能方案的建筑效率进行比较评估是至关重要的，只有这样，效率以及受其影响分支因素才能在设计过程中被详细考虑。

对于效率的评估没有一个单一的衡量标准。不用多说，美元每平方英尺对于衡量机构适用性或者空间品质是一个很合适的单位。

居住空间的混合

工程的成本不是仅仅由它的尺寸决定的，另外工程的等级和复杂性也是产生费用的决定性因素。大楼内部规划的混合区域越复杂，相应工程的设计和建造成本也就越高。

在设计过程中需要对建筑成本昂贵的场所（例如审判庭），建筑成本相对较低的场所（例如标准开发的办公场所）以及建筑成本低廉的场所（例如停车场）的相关数量 / 面积进行确定。在设计中可以考虑对不同空间进行混合利用，这样可以在整体上对工程基于 GSF 的单位成本进行很大程度上的压缩。建造于 20 世纪 90 年代初期的法院，典型地，都包含一个为来访人员准备的停车场。出于安全方面的考虑，在现阶段的新型法院机构中，一般只提供有一个很小的停车场，而且这个停车场只对相关审判工作人员和指定的政府办公人员开放。相应地，新型法院工程基于 GSF 的单位成本相比之下也显得比较高。其中的原因就是在新型法院的设计中，建筑成本相对低廉的停车场区域相比以前要小得多。出于这个原因，在计算基于 GSF 的单位成本时，需要同时考虑或者同时不考虑停车场用地。

正如在计算有用的以及总的建筑用地过程中遇到的情况一样，应该指定一个能够被普遍接受的协议来根据具体类型对建筑用地进行计算。除了考虑用户的具体需要，对不同空间的计算还应该根据不同类型的空间需要来进行。在不同的建筑情况下，用户会相应地要求采用不同形式的空间混合使用模式。来满足在不同建筑中的不同。让我们来看一个具体的例子，在一个美国司法部门或者一个警察局的建筑中，位于二楼的审判室通常会比位于八楼的审判室需要更大比例的拘留区域，因为它们都需要配置有警卫站岗的出口。在更加大型的建筑中，可以采用一种在规模上更加经济的做法，那就是可以通过合理配置一个警戒出口来满足更多数目审判室的需要。

在对审判机构的相关成本进行估算时，对基于单元的单位成本而不是基于 GSF 的单位成本进行监控是很有帮助的。对于法院来说，相关衡量标准有可能是单个审判庭的成本，或者单位房间的成本（特别是在共享使用审判庭的建筑中）。对于劳改机构，衡量标准可能是单个囚犯的成本或者单个床位的成本。

公共区域

这里所指的公共区域包括了主要公共门厅入口、公共升降机以及公共等待区域。这些场所产生的成本对于法院，以及其他允许市民随意进出的审判机构的成本有着很重要的影响。公共区域的数量、面积以及相应结构对成本有着直接影响。因为公共区域通常情况下不被归于“居住区域”，这些因素也同时影响了建筑的效率。一般情况下，小型建筑中公共区域占的比例比较大。这是因为在每一个建筑中，为了机构的正常运转，对于公共区域的最小要求是一定的。一旦公共区域达到了可以满足要求的最小值，那么由于规模上的经济性，工程开支可以得到节省，而且公共区域对于居住区域的比例相对减少，这对于合理规划、节约成本也是很有利的。

公共区域的尺寸和结构会随着新的安全性要求的提出而发生改变。举个典型的例子，由于磁力计在很多公共建筑出入口被应用，这在整体上改变了建筑出入口的组织顺序，而且同时增加了所占空间。应该确定公共区域的组成成分，明确其相关范围，以便于对相关区域进行管理。它应该被看作非居住区域的一个子集，而且应该对其基于平方英尺的单位成本进行确定。由于几乎所有的公共区域中都局部采用了两倍甚至更高的空间设计，在对其的度量中，基于立方英尺的单位成本是一个很有效的度量。如果要对两个尺寸和范围都类似的工程进行比较，使用公共区域在全部工程 GSF 中所占的比率作为指标是最有效的。

场地条件

场地条件对建筑成本有着显著的影响。如果场地很小，或者承载能力很低亦或是承载能力不均匀，那么在这种情况下，会迫使在设计中采用相对较高的楼层设计，相应地占地面积得到减小，或者占地面积呈现不规则的形状。对场地状况进行的相关改造包括了公用设施建设，风景建筑，土地平整等相关工作，为了对与此相关产生的成本进行监控，可以分别对这些项目进行分别估价，同时根据建筑的场地面积或者总面积进行分类。

城区场地面积与建筑面积的比率通常来讲要比郊外的要小。在城区对场地情况进行改造时，其基于 SF 的单位成本通常很高，这是因为城区需要平整的场地一般情况下都很坚硬（例如人行道，护墙，水泥结构），这样产生的费用要比在郊外进行相关施工的成本要高很多。但是不管怎样，郊区开发的场地一般来说要大很多，而且相应地需要对更大的面积土地进行改造。劳改机构对于场地有特殊的要求，包括了场地的形式，通道的数目，以及周界围墙的范围。

在一些实例中，公共设备以及公用车行道一般是位于劳改机构工程的周界之外的。在这些工程中，场地之外的设备开销以及车行道改造是需要考虑的很重要的事宜。

在对建设成本的预计中，场地的地质成分是最主要的未知数之一，而且越早对相应地质成分进行分析越有利于以后施工的开展，所以最好在获得土地使用权之前就对相应的地质构造有清楚的了解。一份详尽的地质勘测报告会详细说明土地预计的承重能力，周围岩石的存在情况，以及所有存在的或者相邻的结构情况。通过参考地址报告，有利于确定更加适合于建筑的具体场地方位，同时提出最合适的地基系统的形式。在设计过程中，应该根据具体的土地情况，确定场地中建筑的具体位置。具体的设计方案将在概念设计的最后阶段被确定，在此之前，应该对预备的设计方案、附属场地以及建筑成本之间的折衷进行充分的考虑。

土地情况越坏，带来相应的土地改造工作就越复杂，这样就会导致财政支出的增加。在建筑密集、情况复杂的城区，或者在存在障碍结构的陡峭的山坡上进行工程施工，会在很大程度上造成项目成本的增加。

结构

除了土地情况之外，法规要求、建筑抗震性要求、永久性建筑要求，以及安全方面的要求也会对建筑的结构产生很大的影响。大多数的工程项目中，会为一个建筑提供多种结构的备选解决方案。每一个解决方案都应该从成本方面进行评价。一般说来，外形奇特的大跨度方案比设计紧凑的小跨度方案耗资要小得多。

水泥结构的建筑之于钢结构建筑的相对成本随着具体施工地点的不同，具体工程项目的不同以及主要承包商的不同而有很大差异。一个有能力提供工程用水泥的主要承包商，相对于需要向另一个转包商采购水泥的竞争对手来说，更加有能力提供相对低的投标报价。劳改机构采用的建筑结构有着很大的选择余地，因为有很多不同形式的劳改机构，从住宅形式，校园建筑形式，一直到需要高度警戒的形式。

在对钢结构的工程项目成本进行监督控制的时候，相关人员可以以每 GSF 需用钢铁的磅数以及每吨钢铁的成本作为指标，来对相关成本进行估算。

让我们回想一下俄克拉何马州爆炸案

发生时的惨状，为了防止类似的恐怖袭击再次发生，所有联邦法庭都被要求设计成能够抵御更大强度的冲击而不致坍塌。最近发生的一些事件又一次说明，在相关设施中安装防爆玻璃是一个很重要的措施。防爆设计不仅仅需要对安装何种类型的玻璃进行考虑，实际上防爆设计还包括了对周界围墙的整体设计。五角大楼楔形的表面（911 袭击事件的事发地点之一）现在已经用装配有防爆冲压玻璃的钢铁“网格”进行了加固。据报道，其中的每扇窗户耗资 10000 美元。相比之下，类似的普通铝合金窗户的造价大约在 800 ~ 1000 美元之间。

外层封闭结构

工程中包裹建筑周边围墙的规模，“外壳”面积以及选择采用的涂层费用，决定了外部封闭结构的成本。建筑外层的总量是由建筑的结构（周边），建筑的高度，以及表面平整度决定的。通过计算每一层的周长与高度的乘积，我们可以得到相应的外层面积。接着，应用中需要再用这个量乘上一个修正值，这个修正值反映了各种外平面的不同情况。

对于外层结构的详细说明也考虑了窗户、门、壁柱等结构之前的平台，它们外层也需要进行修整。预制水泥转包商基于“完成面积”给出报价。这里包括了所有窗户周围所有结构——不仅仅是窗户安置的位置，还包括了整个伸出的平台。周长 × 高度 × 修正值 = 外层封闭结构的开发面积。这里选取的修正值有很大的取值范围，在外表面很光滑平整的情况下，修正值大概为 5%；如果建筑表面有着大量檐口，深陷的窗户以及其他相关特征，那么修正值可以达到 25%。

一个窄而高的建筑的外层将比一个紧凑建筑需要的外层面积大。理论上，能够达到最紧凑设计效果的建筑在几何形状上是圆柱体。但另一方面，因为建造弯曲的表面会增加施工的难度，同时造成项目成本的增加，所以通常情况下，最有效的建筑采用的几何结构都是立方体。层高越低，每层所需的外层面积越小。一个相当平坦的外层表面对应的修正值比较低，相比较而言，诸如中世纪的大教堂之类的表面有着装饰性雕刻以及飞拱的建筑所对应的修正值就相对高很多。

通过计算“外层比率”，可以对项目中相关建筑的外层面积进行推定。外层比率指的是项目中相关建筑的外层面积与工程总面积之比。外层比率越小，在工程总面积一定的情况下，建筑物外层面积就越小，而且建筑结构的效率也就越高。一个设计结构非常紧凑的仓库建筑的外层比率可能为 20%。一个市中心的办公大楼，出于高度限制采用了低层高的设计，它的外壳比率可能为 30% ~ 50%。一个联邦法院的外壳比率一般为 40% ~ 75%。

固体墙与玻璃墙

外部封闭的成本受其采用的形式以及选择材料影响。在相关分析中，采用固体墙与玻璃墙面积比率作为指标之一也很有用处。最近的一次 GSA 法院管理组的调查包括了四个已建成的法院。调查显示，固体墙与玻璃墙的比例有着很大的变化范围。相关的比率（固体墙 / 玻璃墙）从 49/51 到 81/19 不等。随着安全性要求变得愈加突出，安装防弹甚至防爆玻璃会使得公共建筑设计成本相应升高，同时，固体墙与玻璃墙的比例关系也将变得越来越重要。

通常情况下，压缩防爆玻璃的成本是普通玻璃的十倍，这促使工程设计中对玻璃使用面积的压缩。如何在满足机构公开的要求下同时满足机构的安全性要求，这对于公共机构的外部设计与成本预算来说是一个挑战。

垂直流通

机构中垂直流通系统的成本可以通过确定升降机比率（单位升降机的 GSF）或者单位成本（单个升降机入口的升降机成本）来进行控制。通过相应升降机比率的计算，对于在设计过程中确定升降机数量是否符合要求是很有帮助的。而通过单位升降机入口的成本计算，可以阐明系统的相关开销。在一些小型建筑以及那些有着多重流通体系的建筑中，升降机比率是比较高的。相比较而言，一般办公楼中的升降机比率显得较低。这是由于更大的建筑可以更好地从规模的经济性中受益。

出于维护保养的考虑，大多数的小型建筑中一般都需要安装两台升降机，虽然其中一些建筑中的办公人员数量很少，一台升降机足以应付所有人的使用要求。法院中有三套相互隔离的流通系统，分别是审判系统、公共系统以及囚犯系统，每一套系统中最少需要安装两台升降机以满足相关要求。法院中的升降机比率应该大约是每升降机 25000GSF。相反地，一个办公大楼的升降机比率却会高达每升降机 55000GSF。

影响每一个升降机停留点成本的因素有很多，例如升降机的形式、速度、容量、前部以及背部出口的数目、质量、特定功能，以及电梯间费用等。

用于五层或五层以下建筑的升降机一般都是水压动力升降机，那些用于五至十三层的升降机一般都是采用齿轮牵引，而对于那些十三层以上的建筑，应该考虑使用无齿轮升降机。我们需要根据每一个系统的容量及其速度作出具体的选择方案。如果用于六层以上的建筑，水压升降机就会显得比较慢而且不切合实际。如果用于十二层以下的建筑，无齿轮升降机发挥不出其速度上的优势，因为直到十二层以上，才能显示出其加速方面的优势。

这些系统的成本不等，最经济的是水

压升降机，最昂贵的是无齿轮升降机。每一个升降机的成本还受到其传送速度，传送承重能力，出口数量（前部，后部或者兼而有之）的影响。电梯间费用包括了内表面装修以及相关配件的装配，而且相关费用的高低与实际的用途有关。一个联邦法院内的公用电梯间所需要的费用大约在35000 ~ 45000美元不等，相比较而言，一个员工或者送货人使用的电梯中，其电梯间费用却低达5000 ~ 10000美元。

在对升降机系统进行设计之前，向相关方面的专家进行咨询是很有必要的。这样有助于根据特定建筑的使用需要，选择安装类型合适的升降机。可以通过在每次成本估算中对升降机比率以及单位停留点成本进行跟踪，来控制工程中的垂直流通系统成本。

机械设备

机械设备的成本包括了供暖装置、通风装置、空调系统、建筑管理系统、管道设备以及消防系统的开销。空调系统的开销，可以通过单位体积冷却所需GSF以及单位体积成本进行监控。管道设备开销，可以通过跟踪单位固定装置成本进行监控。用来对机械系统以及电子系统进行管理的控制系统的相关开销，可以通过跟踪监控点的数目以及监控点的单位成本进行控制。消防设备开销，可以通过单套消防装置的成本进行监控。

电力设备

习惯上，我们使用瓦特/GSF的比率作为度量标准，来对电力设备的成本进行监控。但是这个度量标准经常会引发歧义，因为除了能耗，还有其他很多因素都对电力设备的成本有着显著的影响。所以为了更加符合实际情况，最好是基于单位GSF的电力设备运转开销来对电力设备的成本进行比较。节约单位GSF的照明（以及相关的配线和控制）开支是很有用处的。在总的电力系统开销中，照明方面的开销大约占其中的四分之一强。另外，根据不同的情况，数据以及无线电通信设备的开支差异很大。

在大多数的建筑预算中包括了导线以及线槽，用以进行数据以及无线电通信。配线的成本以及相关必需设备的开销通常是业主软成本预算当中的一部分。我们很有必要去调查清楚，用于数据/通信工作的专用资金是如何在工程总体预算中体现出来的，而且应该在数据/通信工作与一般建筑工作之间进行必要的协调，以避免由于安装故障、延期或者其他伴随而来的意外情况造成的额外施工费用。

投标与建筑期限

在“前端”投标文档与建筑合同中确定的工程要求在整体上直接影响了工程成本。如果投标与合同的条款很清晰、公平，而且公正，那么主要承包商一般情况下会给出一个很有竞争力的投标价格。如果不是这种情况，或者工程项目已经进行了多次投标甚至相关资金尚未通过审核，那么参与合同竞标的团体可能会相应地提高他们的投标价格。在制定出标准、公正而且清晰的建筑合同的情况下，主要相关条件以及费用会更加顺利地得到落实。

测量方法：ANSI/BOMA 测量方针的影响

在 1996 年的 10 月 14 日，为了更好地对联邦政府的房地产实务与私营机构的房地产实务之间进行协调，美国国会发布书面要求，联邦机构有关机构在对空间进行度量和详细描述的过程中，必须采用私营机构的术语及其相关标准。在 1998 年 5 月，有关机构对公共建筑服务文件——PBS B-100.1——进行了修订，以适应美国国家标准学会 / 国际建筑业主及经理人协会（ANSI/BOMA）的指导方针。这个私营机构的方法学取代了联邦政府采用的旧方法。作出这项决定的意图是对相关概念的定义进行简化和标准化，这样有助于联邦政府相关机构与私营机构之间使用一致的术语来进行沟通，同时也使得相关费率之间的比较更加有意义。

联邦政府与私营机构使用术语的一致将最终在很多层次上简化房地产管理。然而，这种变迁带来的衍生效应也很显著。国际建筑业主及经理人协会（BOMA）方法学在请求获得空间以及管理方面的建议正在逐步得到实现。

联邦政府相关机构在其旧的测量方法中使用“占地面积”以及“毛面积”平方英尺对空间进行详细描述。新近采纳的测量方法学基于国际建筑业主及经理人协会（BOMA）建议的方案，在 ANSI/BOMA 出版物 Z65.1-1966“测量办公大楼房屋面积的标准方法”中对其进行了定义。为了更好地对空间进行详细描述，BOMA 的测量方法学提供了 18 种不同的方法。BOMA 测量方法学与旧方法学相比，其中最相似的术语可能是可用面积（相对于占地面积）以及总建筑面积（相对于毛面积）。

“可用面积”的概念在许多方面与“占地面积”不相一致。他测量了外墙的“主要表面”同时包括了走廊的偏差。另外，为满足部分住户对空间的特殊要求，在设计中引入了板层的贯通或者通过其他支撑结构的设计取消了原有板层。在测量过程中，这些“空缺”部分也应该被包括在内，就像板层还在原处一样。这种缺失板层或者“鬼层”（ghost floors）包括类似审判庭的两层空间，私用（法官专用或者囚犯押运专用的）电梯，位于建筑核心之外的楼层之间的连接楼梯，以及其他类似结构。最终，根据 ANSI/BOMA 标准，除了那些相关法律法规要求的以及消防逃生的相关区域，单人房间地面（以及建筑），流通走廊都算作是办公可利用面积的一部分。

总的来说，ANSI/BOMA 指导方针人为地扩大了总区域的范围，从而使得建筑效率得到了增加，同时减少了基于GSF的单位成本。这使得统计数字看上去好了很多，虽然从另一个角度看总的建筑成本没有发生变化，就像玩了一个文字游戏。

把ANSI/BOMA指导方针作为一个为大众普遍理解的方法学来进行广泛使用，这种做法是值得称道的。它正在逐步影响政府相关部门对于单位成本、效率，以及其他房地产相关度量标准的理解。另外，应该对这种影响进行更加深入的分析，从而有利于新的衡量标准得到公正的应用，而且有利于对相关方针进行更恰当的调整。在使用不同测量方法时，应该特别注意对面积报告中的差异进行阐明，从而避免发生不必要的误解。

作为一种设计工具的成本管理

作为一个工程项目团队的成员，他应该在设计过程中充分利用他们自身对于成本生产者的理解，在设计过程中给出最好的解决方案。成本管理不是某项工作的附属，它不应该被看作只是在设计完成之后，发生了项目成本超出可用资金的情况下才起作用的一种补救措施。相反地，成本管理应该引起足够的重视，它应该在设计过程中自始至终被综合考虑，作为一个设计理念工具贯穿设计与施工的全过程，与此同时给出有助于决策的相应信息。价值工程原则也应该在此过程中提供相关信息，帮助工程团队在设计过程中做出最佳方案。在一些情况下，采用上述措施可能会导致投资的增加，但是如果眼光放得长远一些，这些以增加初始成本为代价的做法换来的是机构使用年限的增加。我们不应该简单地将价值工程与削减成本混淆起来。真正意义上的价值管理能够通过精明、策略性地使用项目资金来对成本进行合理规划调整。

下面列出了以成本管理的最优化为目标的相关途径：

- 尽早在项目规划阶段提出一个包括“价值调整”价值管理计划
- 对可用的资金情况进行详细清晰的说明
- 对业主以及用户对于工程的期望进行详细阐述
- 对工程目标进行详细阐述
- 对计划要求进行阐述与评估
- 对进度进行管理
- 对要求以及订单的更改进行管理
- 对决策者和要求承担的义务进行授权

资金筹措

为设计建造新的法律机构筹措所需资金，是政府的职责之一。主要负责具体事宜的是政府行政部门，通常在运作的过程中，需要根据机构等级的不同进行分别考虑。如果是一个地方自治区或者郡一级某个独立机构的项目，其建筑设计所需的资金是作为一部分包含在一个相应的主要预算计划中的，这个相应的预算计划中包括了许多相似级别的机构建设。

联邦政府一级的工程通常情况下是通过财政拨款筹措所需资金的。如果是其他级别的政府机构，一旦做出着手开发一个需要进行长期借贷的主要行政大楼项目的承诺，那么政府中负责借贷的部门通常会通过发行债券的形式来进行资金筹措。设计建造机构的所需资金的来源就是一般义务债券以及有限义务债券。

债券

一般义务债券的发行过程，包括了规定的行政程序，这是因为几乎所有州都认为这些相应债券的发行计划应该通过投票来通过。政府在开始筹措资金时承诺，政府将在未来的一段时间内，从公共税收收入中拨取相应资金，来对债券及其相关利息进行返还。相反地，各种不同的有限义务债券减轻了政府利用税收收入兑现发行债券时返还承诺的负担，而且一般来说，有限义务债券的发行不需要通过投票。有限义务债券有两种特别值得注意的形式，出租－租贷以及出租－购买。

出租－租贷债券一般通过这样的形式筹措主要开支所需资金：首先需要与所有者进行协商，所有者承诺在一段很长的期限内支付足够的租金费用来收回本金和利息，同时消化正在进行的机构运作和维护保养开销。

相反地，出租－购买筹措主要开支所需资金的计划，是通过政府当局与私有资金提供者（或者公共资金提供者）之间的合作开始的。政府当局确定自身机构的需要，详细说明在新的建设项目中需要满足的要求。私营或其他开发商从而支付建筑所需资金，消化所有最初的主要资金开支。接下来，所有者通过租金的形式在一段很长的借贷期内偿还主要资金及其利息。在租约到期之时，机构的所有权就被完全转移到所有者手中。

新法律机构的建设过程（在一些实例中还包括机构的私有化运作和维护保养）中包含了公有－私有的合作，这是出租－购买的一大特点。在未来的几年内，这将会成为一种更加普遍的资金筹措途径。国外政府，特别是英国，私营部门已经扮演了更大的角色，政府机构已经从相关的工程项目的开发中吸取了很多相关经验。另外，加拿大政府也在这方面也进行了令人瞩目的尝试。

工程管理方法

工程管理方法包括了项目的主要参与者之间关于机构设计建设过程的合同以及对施工进行管理的规定。工程项目的主要参与者包括了业主，结构与工程设计的专业人员（A/E），以及承包商。另外，其他参与者也可以以各种形式参与进来，但是根据工程管理采用方法的不同，参与者之间的责任界限会相应地会发生变化。

管理方法是多种多样的，而且还处在不停的发展当中。就采用那种最合适的管理方法，参与者可能会持有各自不同的见解。某个参与者可能更加倾向于某种方法，同时某种方法可能实际上对于一种特殊形式的机构来说更加有效。在一个城区普通法院的开发项目中采用的方法与在一个远郊劳改所的开发项目中采用的方法很可能是截然不同的。

设计－招标－建造模式

通常情况下的设计建造过程通常是一个线性的，按部就班的顺序过程，在工程的开始阶段，要进行广泛地预设计分析，计划编制。接下来进入示意图，开发过程设计，以及建筑文档阶段，这一阶段主要进行工程制图以及工程详细规范的制定，用来进行招标。然后，选择一个承包商，完成建筑的建造以及建筑试运行。

这种传统方法有一个弱点，那就是业主、A/E，以及承包商之间必须基于一种相互之间高度信任的三角关系。如果在某个复杂工程中发生一个需要花很长时间才能解决的意外故障，或者其他不可预见很难解决的问题，在这种情况下，三方之间的互相信任会在压力之下面临严峻挑战。同时，采用这种方法，想要在施工过程中尽早对最终成本进行明确也很困难，通常需要等到工程后期才相对可行。

过去，设计－招标－建造模式作出了最低的标价能够满足工程所有需求的假设。但是在现阶段，为了对优良质量的建筑进行鼓励，改进的招标程序以及最有价值建筑控制方法的使用确保了只有那些具有相关资质的，有相应开发能力的开发商才能够有机会获得投标，而且确保开发商严格根据项目文档的要求进行高质量的施工。

传统方法的优点之一是它能够提高进行高质量施工的可能性。因为这种方法在设计过程中提供了足够的时间在计划阶段对关键问题进行分析，同时，由于机构的用户可以自始至终参与到项目的开发过程当中来，可以方便地及时给出相应的要求与建议。通常情况下，机构的所有者并不是机构的用户。如果采用了线性顺序的项目管理方法，用户更容易参与到项目的开发中来。另外，这使得在建筑过程中进行更细致的设计监督成为可能。建筑过程中的设计监督是需要重要考虑的事项，其中工艺和有细致纹理的清晰度是需要优先考虑的。在所有参与竞标的承包商都具有相当资质的情况下，使用设计－招标－建造模式的承包商会显得更加有竞争力。

建筑管理

建筑工业中，在二三十年前，由于利率水平达到两位数，生意成本变得极其昂贵。早在那时，就已经开始了以工程加速，设计建造过程流水线化为目的的努力。与其同期，室内人员数目被削减，很多机构的专门技术水平也呈降低趋势，同时，业主向项目经理转变，构成各种各样的关系，并且向他们承诺，可以为更加复杂的开支与时间安排提供合适的解决方案。

在大多数的建筑管理（CM）关系中，A/E 与业主之间仍然维持一个独立的关系，但是另一方面，经理在更大程度上需要参与到设计决策的制定过程中来，对于同时开展多个工作的多重合同，他有着许可的权威。与设计－投标－建造方法相关的按部就班的顺序设计过程在建筑管理中被简洁的方法所取代，在这种建筑方法中，许多事情可以并行地得到处理。

在一些计划中，在开发过程中，如果可以承诺固定的完成期限，同时保证施工的最大成本，并且开发商对此表示满意，那么在中途可以对初始 CM 合同的细节进行修改。由于在设计阶段的财政预算文档中列出了有保障的最高价格（GMP），使用这个方案可以提供一个早期的成本承诺。

设计－施工

从业主的角度看来，采用设计－施工的方案，可以提供一个更加完善的处于监督之下的开发过程。通过采用设计－施工这种工程交付手段，一个独立的全业务实体对项目开发的所有阶段负责，从初始预设计阶段开始，一直贯穿整个建筑过程直至建筑投入使用。这种全业务的设计－施工组织可以提供一个设计－施工－运行的方案，甚至还包括从私营机构进行资金筹集，作为全面的设计－施工－租售－购买整体方案的一部分。

对于一个业主来说，设计－施工方案其最吸引人的地方在于其过程的简单易行。但是在另一方面，这个方案有一个潜在的缺陷，那就是它牺牲了对于设计材料和设计方案质量的控制。与传统的设计－投标－建造方案不一样，在这个方案中，没有为业主利益进行考虑的独立设计提倡者存在。

基于标准的设计－施工

目前已经提出了很多对设计－建造方案的修正方案，其中至少包括了业主精炼出来的两种方法。第一种是基于标准的设计－施工方案，在选择设计－施工团队之前，需要完成相关特定标准的制定。被选定的施工队在施工过程中享有一定程度上的自由，但是一定要严格遵照预先制定标准中的相关条款。

剪刀撑

设计－施工方案的另一个变种被称为剪刀撑。有些专业设计人员，相对于对加强设计质量的考虑，他们更加关心交付方案可能被破坏的情况。剪刀撑方案对于这些人员更加有吸引力。剪刀撑方案通常情况下要求业主与A/E一起工作，对设计概念进行详细说明，相关的概念应该很好地反映出业主的需求。在此之后选择设计－施工团队，按照预期的概念，进行项目的开发实现。

上面提到了三种主流工程交付方法，它们中每一个的变种都是值得考虑的。随着新技术的不断应用，设计与建筑工业将变得更加成熟，从而工程交付方案也将得到持续发展。其中每一种方法都有其各自的优点和缺点，没有一个可以宣称在每个特定形式的法律机构工程中都能有最好的表现。在不同的情况下，应该根据具体需要，对于成本、资金筹措以及项目交付分别进行有针对性的考虑。

附录　司法机构建筑物的空间要求

执法机构的空间要求 *

办公区域	面积（平方英尺）	长度（英尺）*	注释
A. 管理部门（所有区域）			
1. 办公室（所有部门的办公室）	150 平方英尺	最小 10 英尺	需要有自然光线及一定的机密性
2. 小隔间或开放式办公室	64 平方英尺	最小 8 英尺	适应多种工作人员的共同工作；为持枪工作人员预留出长度至少为 4 英尺的工作地点
3. 公用办公室（例如场地工作人员的办公室或报告员的办公室）	48 平方英尺	最小 6 英尺	为持枪工作人员预留出长度至少为 4 英尺的工作地点
4. 培训室／集结点	25 平方英尺／座	最小 30 英尺	会议室／教室的设计要符合标准规格；为持枪工作人员预留出方便行动的空间；可以安装声频／视频监视装置
5. 会议室	30 平方英尺／座		安装声频／视频监视装置
B. 执行部门（巡视组、研究组、交通组等）			
1. 登记处	30 平方英尺／座	最小 12 英尺	集结点和教室的设计要符合标准规格；为持枪工作人员预留出方便行动的空间
2. 军械库；武器库	最小 100 平方英尺，一般为 150 平方英尺	最小 8 英尺	严格限制所有人员的出入；要保证贮藏的安全机密
3. 装备处；装备贮藏处	最小 100 平方英尺，一般为 150 平方英尺	最小 8 英尺	严格限制所有人员的出入；要保证贮藏的安全机密
4. 接待处	没有硬性规定	最小 10 英尺	要求各不相同；有的需要特别监控或直接监控；有的需要安装音频／视频监视装置等等
5. 排队处	40 平方英尺／位	队伍一边最小 8 英尺；带队一边最小 12 英尺	能够快速便利地抵达公共区域、各个办公地点以及关押犯人的区域；需要有特殊的隔声设施；需要设有强光、照明等特殊的设计要求
6. 储物柜	每个 10 平方英尺（可附加厕所／淋浴间等）	最小 8 英尺	高度、体积方便实用；隔声且要有一定的保护个人隐私的隔离设施；高级职员和一般职员的储物柜分开摆放
7. 厕所／淋浴间	标准规格	最小 4 英尺	要为持枪警备人员预留出足够的空间，以防紧急突发事件
8. 体能训练室	400 平方英尺	每个方向均为最小 15 英尺	训练室的结构和规格需要适合特定健身设备的摆放
C. 后勤服务部门（档案室，信息处，资产管理处，证物管理处，拘留所）			
1. 档案室	没有硬性规定	没有硬性规定	既能保存电子档案也能保存文字档案；楼板要有较大的承重能力
2. 信息中心	300 平方英尺 +120 平方英尺／位	最小 15 英尺	结构各有不同；需要有管理人员的监控；需要预留出至少 3 平方英尺的面积安放所需设备
3. 设备室	最小 100 平方英尺	最小 8 英尺	符合 ANSI/EIA/TIA 标准
4. 证物管理处	没有硬性规定	最小 10 英尺	需要设有穿透墙壁的窗口（方便将证物上交至处理中心）
5. 实验室；处理中心	没有硬性规定	最小 12 英尺	要符合实验室的标准尺寸要求、空间要求、设备要求以及一些特殊要求（如 HVAC 系统，化学药品的储藏，安全规定等要求）
6. 拘留所；处理中心	没有硬性规定	内部空间最小 8 英尺，外部空间最小 6 英尺	要符合国家级或州级的管理条例；要有高标准的安全措施，保障工作人员／服刑人员的安全，防范火灾，并设有监控设备
7. 房屋维修处	没有硬性规定	没有硬性规定	不能轻易受到外部的侵害

* 数字均为符合规定的最小尺度。

监禁机构的空间要求 *

办公区域	面积（平方英尺）	长度（英尺）*	注释 详见第 2 章
A. 管理部门（所有区域）			
B. 犯人接受处 / 转移处 / 释放处			
1. 犯人关押处（包括开放式监控等待区）	最小 80 平方英尺	最小 8 英尺	符合国家级或州级管理条例；要有高标准的安全措施，保障工作人员 / 服刑人员的安全，防范火灾，并设有监控设备
2. 普通犯人处理中心（包括拍照、取指纹、入狱财产公证、入狱录像等）	封闭空间最小 120 平方英尺；开放空间最小 80 平方英尺	最小 8 英尺	必须预留出足够的空间，以便工作人员对被关押犯人进行随时的观察和监控
3. 犯人转移事务办公室（包括军事突击口）	没有硬性规定	最小 6 英尺	如果为单向走道则宽度最小 6 英尺；如果为双向走到则宽度最小 8 英尺
4. 工作人员办公室 / 接见区（尤其以安全范围以内的办公室为主）	封闭区域最小 120 平方英尺；80 个开放式工作站	最小 8 英尺	保障工作人员的安全，要有后备机制、监督机制，设计无障碍通道等
5. 军事突击口	500 ~ 4000 平方英尺	最小 200 英尺	要适合 hdcp 交通工具；要为现存的交通工具或将来可能使用的交通工具预留出方便通行的空间（包括公共汽车等）
C. 常规工作区域（中心化或分散型）			
1. 多功能教室及特殊功能教室	25 ~ 30 平方英尺（或席位）	最小 30 英尺	教室 / 会议室均要符合相应的标准，另外要预留出一定的隔离空间以防突发事件的发生；考虑安装音频 / 视频设备
2. 直接接触式探监室（一般探监室 / 非官方探监室）	25 ~ 30 平方英尺	最小 15 英尺（必须保证良好的视野）	必须保证工作人员能对所有探视者和被探视者有直接的监督管理；如有特殊紧急情况要有迅速的反应
3. 直接接触式探监室（官方探监室）	70 ~ 80 平方英尺	最小 8 英尺	专门供律师做私密性的探视而用，严格限制无关人员的进出；要保证工作人员能够方便无碍地对整个探监室进行已有效的监控，并对突发的紧急情况采取必要的措施
4. 非直接接触式探监	40 平方英尺（或席位）	最小 5 英尺（包括残疾人探监室）	必须严格受到工作人员的监控管理，并且要保证探视人和被探视人之间的完全隔离
5. 听证室 / 多功能室	800 平方英尺	最小 20 英尺	明确房间的用途，根据不用的用途来做适当的调整和改变。正规听证室的设计要满足一般法庭的设计要求（详见第 4 章）
D. 控制室 / 中心控制室（或主要控制室）			
1. 主要控制室 / 中心控制室	最小 250 平方英尺；（附加的工作站每个最小 150 平方英尺	最小 15 英尺	必须严格保证控制室的安全与机密；保证充足的光线；符合人体环境改造学的要求；配备必需的器械；24 小时不间断地对控制室内部及外部进行监控；在发生紧急情况时能够快速做出反应

2．次要控制室（控制牢房及其他区域）	最小 120 平方英尺；有的可以达到 200 平方英尺；	最小 10 英尺	多任务型的工作站；为工作人员规划出 4 英尺的内部空间；也可以建成开放型工作站
3．设备室	最小 100 平方英尺	最小 8 英尺	保证安全；房间的设计规划要符合 ANSI/EIA/TIA 标准
E．医疗室／精神治疗室			
1．体检／治疗室	最小 150 平方英尺；可附加办公室或仓库	最小 10 英尺	必须严格保证安全与机密；保证充足的光线；符合人体环境改造学的要求；配备必需的器械
2．衣物清洗区，供应品存放区	最小 100 平方英尺	最小 8 英尺	需要达到 ACA 标准或者其他国家级标准；能够恰当处理某些构成生物危险的材料
3．供应品／装备存放区（包括受管制物品）	视具体情况而定	最小 8 英尺	必须严格保证安全和机密，详细记录财产清册，符合 ACA 标准或其他国家级标准，能够恰当处理某些构成生物危险的材料
F．牢房			
1．牢房／住宿区域	能容纳 35 人，如有需要还应配有桌椅、床位及其他用具	最小 7 英尺	严格保证安全与机密；能够采纳自然光线，符合人体环境改造学的要求；配备必要的安全及通信设施；符合 ACA 标准及其他国家级或州级标准；尤其要保证服刑人员和工作人员的人身安全；能够应对各种突发事件
2．休息室	符合标准	最小 10 英尺	符合 ACA 标准及其他国家级或州级标准；保证服刑人员及工作人员的人身安全；能够应对各种突发事件
3．淋浴室及相关区域	符合标准	最小 5 英尺（hdcp）	照明良好；坚固耐用且便于维修；保证安全
4．日常活动区域	符合标准；大多数情况下每个住宿区域不小于 400 ～ 600 平方英尺	最小 15 英尺	尽量减少服刑人员位置上的移动；需要设有多功能室（例如教室、宗教活动场所、轻量运动场所及探视场所等）
5．休闲娱乐区域	符合标准；通常为 7501000 或 1500 平方英尺	最小 25 英尺	设有单独“活动模块”，以便减少服刑人员位置上的移动
G．后勤服务部门			
1．食品供应，衣服清洗部门	没有硬性规定	最小 12 英尺	食品供应及衣服清洗部门必须符合联邦级、州级或当地政府设立的章程与规定；符合 ACA 标准及其他监禁机构、劳改机构制定的标准
2．工作人员办公区域	没有硬性规定	最小 10 英尺	各种卫生设施及休息室需要受到严格监控；能够应对各种突发事件
3．维修部门	没有硬性规定	没有硬性规定	严格保证安全；无关人员不得随意进入；坚固不易受到攻击

* 数字均为符合规定的最小尺度。

法院的空间要求*

办公区域	面积（平方英尺）	长度（英尺）*	注释
A. 宣告判决区			
1. 法庭	1500 ~ 2400 平方英尺	非陪审团区宽度为 28 ~ 32 英尺；陪审团区宽度至少为 36 英尺	符合国家级及州级标准。严格保证其安全机密性，严格限制无关人员的进出，设置一些隔离地带。诉讼区中的证人席、陪审团席、律师席以及所有相关区域及出入口，都要设置无障碍通道，方便残疾人使用。法庭中其他位置也要满足未来可能出现的改变
2. 内庭	没有硬性规定。法官的私人办公室一般为 250 ~ 500 平方英尺	最小 12 英尺	内庭及其他私人办公室里通常需要为秘书、办事员和法庭书记员安排办公地点，另外还要留出空间作调查、会议使用
3. 思考室 / 听证室	600 ~ 1200 平方英尺	最小 20 英尺	房内木制用具、光线、适应性等须符合相关规定。要有实用性；严格保证安全机密，设有单独的隔离房间，严格限制无关人员进出
4. 律师 / 委托人会议室	最小 100 平方英尺	最小 8 英尺	会议室的数目及所处位置要符合标准；一般每个法庭设立两个或两个以上会议室。另外要设计出额外的空间，供相关人员思考问题，或供原告在审判前作商讨等之用
5. 公众等待室	最小 100 平方英尺	最小 6 英尺	符合相关规定；能够使公众以合理的顺序排队等候（方便法庭处理案件）
6. 拘留室	80 平方英尺，一般每个法庭配有两个拘留室	最小 8 英尺	拘留室须是彼此隔离的房间，界限划分明确，无关人员不得随意进出，并且能够让被拘留人员方便直接地进入法庭。严格保证其安全与机密。须设有良好的隔声设施，符合联邦级、州级等相关标准
7. 陪审团审议室	每个陪审团（12 名成员）最小 300 平方英尺	最小 12 英尺	严格限制无关人员的进出，严格保证安全与机密，与其他区域彼此隔离。要有良好的隔声措施（包括设有锁声前厅），符合联邦级、州级等相关标准
B. 工作处理区			
1. 办公室（该机构中所有办公室）	最小 150 平方英尺	最小 10 英尺	能够采纳自然光线；保证安全
2. 小型办公室或开放型办公室	最小 64 平方英尺	最小 8 英尺	多任务型的办公室；内部至少留有 3.5 平方英尺的间隙
3. 公用办公室（可供实地工作人员使用或供相关人员作记录使用）	最小 48 平方英尺	最小 6 英尺	为持枪工作人员预留出 4 平方英尺的空间

4．会议室／培训室／集结处	至少 25 平方英尺／席位	最小 30 英尺	符合会议室／培训室的规定标准，安装 D/T 设备及 A/V 设备（方便远程学习，远程会议）
5．储藏室／装备室	没有硬性规定	全封闭房间最小 8 英尺	尤其注意证物、展品、记录、机密记录及其他各种特殊物品的储藏。注重实用性
C. 客户服务区			
1．前厅／安检处	前厅：最小 500 平方英尺； 安检处：最小 200 平方英尺； 另 150 平方英尺机动	最小 20 英尺（出入口）	需设有公共入口、前厅；对排队等待安检的人员作出合理的安排，保证安检过程顺利完善，对通过安检的人员进行有效疏散。整体需符合国家级、州级安检标准，严格保证出入口的安全，能够进行有效的监控
2．信息咨询处／公用电话亭	最小 80 平方英尺（在大型机构中需采用机场式布局）	最小 12 英尺	符合相关标准；为咨询者提供指导性信息、询路信息、法庭诉讼记录及其他相关信息；能够随设计变化适应多种用途的要求
3．公共事务办理处	最小 120 平方英尺（包括公用场地和工作人员办公场地）；无座位区为 40 平方英尺	宽度最小 5.5 英尺	符合国家级、州级标准；符合防止犯罪行为环境设计标准（CPTED）；可以采用自动排队处理系统及自动疏散处理系统；将座位等待区和站立等待区相结合
4．自助服务中心	没有硬性规定	没有硬性规定	空间设计要适应使用要求
D. 法院后勤部门			
1．陪审团集合处	演讲格局：15 平方英尺（大型陪审团每人 10 平方英尺）；另外附加等候区和办公区等	没有硬性规定；由陪审团人数而定	一般都应设有工作人员办公室、登记处、团体等候区、小型等候区、休息室、会议室、储藏室（储存各种设备、桌椅等）等办公区域，以便能适时地将陪审团集合处用作多功能办公厅
2．中央裁决区	没有硬性规定	最小 8 英尺	严格保证安全机密，保证良好视线，符合人体环境改造学的要求，安装必需的安全、通信装备。符合 ACA 及其他国家级、州级相关标准；保证工作人员和被拘留人员的人身安全；能够应对突发紧急情况
3．法院附属办公室	没有硬性规定，详见正文部分	办公室：最小 10 英尺；开放型办公室：最小 6 ~ 8 英尺	符合国家级、联邦级、州级及地方级的相关标准。来访者进入机构之前需进行严格检查，对于缓刑执行官、检察官等官员也要进行必要的安全检查。整体设计要注意安全机密，做好工作人员和公众、证人及其他人员之间的隔离措施
4．后勤服务部门	没有硬性规定	没有硬性规定	严格保证安全；限制无关人员的出入；不易受到外部攻击

* 数字均为符合规定的最小尺度。

劳改机构的空间要求*

办公区域	面积（平方英尺）	长度（英尺）*	注释
A. 管理部门（行政管理、实施管理等）			
办公室／培训部／储物间等	没有硬性规定	最小 10 英尺	（详见第 2 章）能够采纳自然光线，保证安全与机密。管理部门需设在安全界限内，而且要严格划分与被关押人员之间的界限
B. 控制中心			
1．主要控制室	最小 250 平方英尺；附加控制室最小 150 平方英尺	最小 15 英尺	主要控制室一般设在接待处附近，能够直接对各种人员进行监控（包括来访者和未到达岗位的工作人员）
2．次要控制室（住宿单元及其他区域控制室）	最小 120 平方英尺，不超过 200 平方英尺	最小 8 英尺	能够满足多任务型的需要，为工作人员留出 4 英尺的空间，可以建成开放式办公室
3．装备室	最小 100 平方英尺	最小 8 英尺	保证安全，房屋设计要符合 ANS、EIA 和 TIA 标准
C. 犯人居住区			
1．牢房／住宿区	25 ～ 30 平方英尺	最小 7 英尺	严格保证安全机密，保证良好的照明
2．休息室	符合相关规定	最小 10 英尺	符合 ACA 及其他国家级、州级标准；保证被关押人员和工作人员的人身安全；能够应对突发情况
3．淋浴室及其他区域	符合相关规定	最小 5 英尺	保证良好照明；坚固耐用且便于维修；保证安全
D. 探监区			
1．接触性探监（一般性探监／非官方探监）	最小 25 ～ 30 平方英尺	最小 15 英尺；保证工作人员的监视	保证工作人员能够对探监人员进行直接监视，能够监视关押人员的各种活动，能够应对突发的紧急情况
2．接触性探监（官方探监）	一般 70 ～ 80 平方英尺	最小 8 英尺	严格限制无关人员的出入；供律师作秘密探视使用；能够保证工作人员对探视进行直接监控；能够应对突发的紧急情况
3．非接触性探监	最小 40 平方英尺	最小 5 英尺	保证工作人员对探视活动的监视；严格限制探视人员进入机密区域
4．调查／安检区域	一般 100 平方英尺	最小 8 英尺	符合 ACA 及其他国家级、州级标准；保证关押人员和探视人员的安全
E. 学习、娱乐与生产活动			
1．学习区域及多功能区域	25 ～ 30 平方英尺（或相应数量的席位）	最小 30 英尺	符合标准会议室或教室的规模，预留出足够的空间以备突发事件的产生；安装音频／视频装备

2．生产活动区域	25～30平方英尺（或相应数量的席位）附加相应的生产空间	最小30英尺	生产活动的空间设计要有很强的实用性；要划分出相对隔离的空间，严格保证出入口的安全与机密，对进入内部的人员及物品都要预先进行安全检查。加强对内部人员的观察、检测和控制
3．宗教活动	15～20平方英尺（或相应数量的席位），附加活动所需广播地点	最小30英尺	广播活动及其他特殊活动的开展要注意对相关工作人员、志愿者、活动计划与发展者的严格要求。要以安全需要、对犯人的监督方式、对犯人的划分方式及整体安全状况为参考标准，决定活动对犯人的开放程度
4．图书馆／法律图书馆	25～30平方英尺（或相应数量的席位）；附加藏书空间和办公空间	没有硬性规定	要以安全需要、对犯人的监督方式、对犯人的划分方式及整体安全状况为参考标准，适当地采用集中活动与分散活动相结合的方式
5．休闲娱乐	监狱设计的重点；详见第5章图标	没有硬性规定	采用户外积极活动、室内积极活动、户外消极活动、室内消极活动相结合的方式。主要活动和场地的安排起决定性作用
F．主要医疗服务部门／精神医疗服务部门			
1．身体检查部／治疗部	最小150平方英尺；附加办公空间和设备间	最小10英尺	严格保证安全，保证良好视线，符合人体环境改造学的要求，配备相关设备。能够对内部进行监督控制，保证工作人员的安全，能够应对突发紧急情况（包括对行动不便病人的转移）
2．医务室	没有硬性规定	没有硬性规定	严格保证安全，保证良好视线，符合人体环境改造学的要求，配备安全设备及通信设备。符合ACA标准及其他国家级、州级标准；尤其保证犯人和工作人员的安全；能够应对突发事件
3．衣物清洁处，物品供应处	最小100英尺	最小8英尺	符合ACA标准及其他国家级、州级标准；能够处理某些危险的生化物品。能够供应并递送医疗保健品
4．供应品及装备存放处（包括某些管制物品）	没有硬性规定	最小8英尺	严格保证安全，对存货有详细的记录。符合ACA标准和其他国家级、州级标准；能够处理某些危险的生化物品
G．其他服务部门			
1．食品供应部	没有硬性规定	最小12英尺	食品供应服务和衣物清洗服务必须符合所有联邦级、州级和地方级标准和规定。另外，还要符合ACA标准及其他监禁部门、劳改部门的相关标准
2．工作区	没有硬性规定	最小10英尺	对卫生设施和休息室要进行监控；保证安全的同时能够应对突发情况
3．设备／库房／中心设施	没有硬性规定	没有硬性规定	严格保证安全；限制无关人员的进出；不易受到外部攻击

* 数字均为符合规定的最小尺度。

参考文献

PROFESSIOAL AND GOVERNMENTAL ORGANIZATIONS 专业组织及政府组织

American Institute of Architects (AIA) 美国建筑学会
1735 New York Avenue, NW
Washington, DC 20006-5292
202.626.7300

The Committee on Architecture for Justice, a professional interest area of the AIA, publishes annually the *Justice Facilities Review*, "the red book," a juried compilation of projects featuring all facility types.

American Correctional Association (ACA) 美国改造协会
4300 Forbes Road
Lanham, MD 20706-4322
1.800.222.5646

Publishes updated standards supplements to the following documents:
Standards for Adult Local Detention Facilities. 3rd edition, 1991.
Standards for Adult Correctional Institutions. 3rd edition, 1990.
Standards for Adult Juvenile Community Residential Facilities. 3rd edition, 1994.
Standards for Juvenile Detention Facilities. 3rd edition, 1991.
Standards for Juvenile Training Schools. 3rd edition, 1991.
Standards for Small Jail Facilities. 3rd edition, 1989.
Directory of Juvenile and Adult Correctional Departments, 1997.
National Jail and Adult Detention Directory, 1996–1998.

The ACA also publishes *Corrections Today,* seven times a year. It features articles on operational and facilities-related issues.

American Jail Association (AJA) 美国监狱协会
2053 Day Road, Suite 100
Hagerstown, MD 21740-9795
301.790.3930

Publishes bimonthly *American Jails,* featuring articles on current operational issues, facility designs, and technological advances for jail facilities.

National Sheriff's Association (NSA) 国家治安官协会
1450 Duke Street
Alexandria, VA 22314-3490
703.836.7827

Publishes bimonthly *Sheriff,* featuring articles on current issues.

International Association of Chiefs of Police (IACP) 国际警官协会
515 N. Washington Street
Alexandria, VA 22314
703.836.6767

Publishes monthly *Police Chief: The Professional Voice of Law Enforcement,* featuring articles on current issues, as well as the planning guidelines publication cited below.

National Center for Juvenile Justice (NCJJ) 国家未成年人司法中心
701 Forbes Avenue
Pittsburgh, PA 15219
412.227.6950

Publishes numerous reports and funded studies, as well as the courts design guidance publication cited below.

National Center for State Courts (NCSC) 国家州级法院中心
300 Newport Avenue
Williamsburg, VA 23187
757.253.2000

Publishes various documents and reports, including papers and proceedings from the Court Technology Conferences (CTC), convened every three years, as well as the state courts design guidelines publication cited below.

Federal Bureau of Prisons (FBOP) Office of Facilities Development and Operations 联邦监狱局（FBOP）机构发展与执行办公室
320 First Street, NW
Washington, DC 20534
202.514.5942

Makes available design and construction information to professionals upon request.

National Institute of Corrections Information Center (NIC) 国家改造信息中心学会
1860 Industrial Circle
Longmont, CO 80501
1.800.995.6429

Makes available a variety of publications dealing with operational and facilities design issues.

National Criminal Justice Reference Service (NCJRS) 国家犯罪司法参考服务
National Institute of Justice (NIJ) 国家司法学会
P.O. Box 6000
1600 Research Boulevard
Rockville, MD 20850
301.251.5063

An international clearinghouse for criminal justice-related information and the primary research agency for the Department of Justice. Access for professionals is available by appointment.

Office of Juvenile Justice and Delinquency Prevention (OJJDP) 未成年人司法及犯罪预防办公室
Office of Justice Programs, U.S. Department of Justice
810 Seventh Street, NW
Washington, DC 20531

Produces numerous reports and funded studies, including *Conditions of Confinement: Juvenile Detention and Corrections Facilities*, a research report prepared by ABT Associates, Inc., under a grant from OJJDP, 1994.

National Commission on Correctional Health Care (NCCHC) 国家改造者卫生保健委员会
2105 North Southport, Suite 200
Chicago, IL 60614
312.528.0818

Makes available *Standards for Health Services in Juvenile Detention and Confinement Facilities* (1999), *Standards for Health Services in Jails* (2003), and *Standards for Health Services in Prisons* (2003).

Criminal Justice Institute, Inc. 犯罪司法学会
Spring Hill West
South Salem, NY 10590
914.533.2000

Publishes annually a document containing extensive statistical information pertaining to adult and juvenile corrections.

LAW ENFORCEMENT FACILITIES DESIGN 执法机构设计

Law Enforcement Agency Accreditation Program. *Standards for Law Enforcement Agencies.* Alexandria, VA: Commission on Accreditation for Law Enforcement Agencies, 1994.

Rosenblatt, Daniel N. et al. *Police Facility Planning Guidelines: A Desk Reference for Law Enforcement Executives.* Alexandria, VA: The International Association of Chiefs of Police, 2002.

DETENTION AND CORRECTIONS DESIGN 拘留所及改造所设计

Kimme, Dennis A. et al. *Small Jail Design Guide: a Planning and Design Resource for Local Facilities of up to 50 Beds.* Washington, DC: U.S. Department of Justice, Office of Justice Programs, National Institute of Corrections, 1988.

Kimme and Associates, Inc. *Jail Design Guide: A Resource for Small and Medium-Sized Jails.* Washington, DC: U.S. Department of Justice, Office of Justice Programs, National Institute of Corrections, 1998.

Krasnow, Peter C. *Correctional Facilities Design and Detailing.* New York: McGraw-Hill, 1998.

Witke, Leonard R., ed. *Planning and Design Guide for Secure Adult and Juvenile Facilities.* Lanham, MD: American Correctional Association, 1999.

COURTS DESIGN 法院设计

The U.S. government has developed extensive design guidance material for federal courts, and approximately half of the states have prepared state court guidelines for themselves over the years. Some states have recently updated their standards and are now in the forefront of good planning and design practice. These include California, Colorado, Michigan, Utah and Virginia.

Judicial Conference of the U.S. *U.S. Courts Design Guide.* Washington, DC: Administrative Office of the U.S. Courts, 1997.

Public Buildings Service. *Standard Level Features and Finishes for U.S. Courts Facilities.* Washington, DC: U.S. General Services Administration, 1996.

————. *Facilities Standards for the Public Buildings Service* (PBS-P100). Washington, DC: U.S. General Services Administration, 2000.

————. *Green Courthouse Design Concepts.* Washington, DC: U.S. General Services Administration, 1997.

Hardenbergh, Don, Michael Griebel, Robert Tobin, and Chang-Ming Yeh. *The Courthouse: A Planning and Design Guide for Court Facilities.* Williamsburg, VA: National Center for State Courts, 1991, 1998.

Hurst, Hunter, et al. *Shaping a New Order in the Court: A Sourcebook for Juvenile and Family Court Design.* Pittsburgh, PA: National Center for Juvenile Justice, 1992.

Sobel, Walter, ed. *The American Courthouse: Planning and Design for the Judicial Process.* Chicago: The American Bar Association, 1973.

Sobel, Walter and Daiva Peterson, eds. *Twenty Years of Courthouse Design Revisited. Supplement to The American Courthouse.* Chicago: The American Bar Association, 1993.

Wong, F. Michael, ed. *Judicial Administration and Space Management. A Guide for Architects, Court Administrators, and Planners.* Gainesville, FL: University Press of Florida, 2000.

ACCESSIBILITY DESIGN RESOURCES 无障碍设计资源

Accessibility Guidelines for Buildings and Facilities; State and Local Government; Final Rule. Section 11 Judicial Facilities; Section 12 Detention and Correctional Facilities. Federal Register, Part II, 36 CFR Part 1191. January 1998.

ADAAG Manual: A Guide to the Americans with Disabilities Act Accessibility Guidelines. Washington, DC: U.S. Architectural and Transportation Barriers Compliance Board, 1998.

Uniform Federal Accessibility Standards (UFAS). Federal Register (FR 31528). August 1984.

American Bar Association / State Justice Institute. *Into the Jury Box: A Disability Accommodation Guide for State Courts.* Washington, DC: American Bar Association, 1994.

American Bar Association / National Judicial College. *Court-Related Needs of the Elderly and Persons with Disabilities: A Blueprint for the Future.* Washington, DC: American Bar Association, 1991.

Dooley, Jeanne, Naomi Karp, and Erica Wood. *Opening the Courthouse Door: An ADA Access Guide for State Courts.* Washington, DC: American Bar Association, 1992.

SECURITY DESIGN RESOURCES 安全设计资源

U. S. Marshals Service. *Requirements and Specifications for Special Purpose and Support Space Manual.* Washington, DC: U.S. Department of Justice, 1997.

Griebel, Michael A. and Todd S. Phillips. "Architectural Design for Security in Courthouse Facilities." *Annals of the American Academy of Political and Social Science* 576 (July 2001).

McMahon, James L. *Court Security: A Manual of Guidelines and Procedures.* Washington, DC: National Sheriff's Association, 1978.

Thomas, Michael F. *Courthouse Security Planning: Goals, Measures, and Evaluation Methodology.* Columbia, SC: Justice Planning Associates, Inc., 1991.

ADDITIONAL RESOURCES / GENERAL INFORMATION 其他资源 / 综合信息

Alfini, James J., and Glenn R. Winters, eds. *Courthouses and Courtrooms: Selected Readings.* Chicago: American Judicature Society, 1972.

Craig, Lois, et al. *The Federal Presence: Architecture, Politics, and Symbols in United States Government Buildings.* Cambridge: MIT Press, 1978.

Dell I'Sola, Michael. "Know Your Options. The Impact of Different Delivery Systems on the Management of Contracts." *The Construction Specifier,* September 2001, pp. 38–45.

Dell I'Sola, Michael and Brian Bowen. *Architect's Essentials of Cost Management.* New York: John Wiley & Sons, 2002.

Greenberg, Allan. *Courthouse Design: A Handbook for Judges and Court Administrators,* Chicago: American Bar Association, Commission on Standards of Judicial Administration, 1975.

Griebel, Michael, et al. "New Generation Smart Courthouses." From proceedings, Fifth National Court Technology Conference (CTC 5). Williamsburg, VA: National Center for State Courts, 1997.

Hardenbergh, Don, ed. *Retrospective of Courthouse Design, 1980–1991.* Williamsburg, VA: National Center for State Courts, 1992.

Hardenbergh, Don and Todd S. Phillips, eds. *Retrospective of Courthouse Design, 1991–2001.* Williamsburg, VA: National Center for State Courts, 2001.

Pare, Richard, ed. *Courthouse: A Photographic Document.* New York: Horizon Press, 1978.

Phillips, Todd S. "Courthouses: Designing Justice for All." Architectural Record, March 1999, pp. 105–164.

Phillips, Todd S., Lawrence Webster, and Charles Boxwell. "Technologies and Courthouse Design: Challenges for Today and Tomorrow." *The Court Manager* 12, no. 3 (Summer 1997): pp. 7–10.

CODES AND STANDARDS, SPONSORING ORGANIZATIONS 法规及标准、主办组织团体

American Society of Heating, Refrigerating and Air-Conditioning Engineers, Inc. (ASHRAE) 美国热力、制冷及空气调节工程师社团
1791 Tullie Circle, N.E.
Atlanta, GA 30329
404.636.8400

American Society for Standards Testing and Materials (ASTM) 美国标准检测及材料
100 Barr Harbor Drive
West Conshohocken, PA 19428-2959

Especially ASTM Committee F-33 on Detention and Correctional Facilities.

International Code Council 国际法规理事会
5203 Leesburg Pike, Suite 600
Falls Church, VA 22041
703.931.4533

National Fire Protection Association (NFPA) 国家火灾防范协会
One Batterymarch Park
P.O. Box 9146
Quincy, MA 02269-9959
1.800.344.3555

Life Safety Code Handbook (NFPA 101). 8th edition, 2000. Specific related detention and correctional facilities chapters.

National Electrical Code (NFPA 70), various editions.

National Institute of Building Sciences (NIBS) 国家建筑科学学会
1201 L Street, NW
Washington, D.C. 20005
202.289.7800

Publishes *Construction Criteria Base (CCB)*, an exhaustive compilation of building codes and standards. Also hosts on its website, www.nibs.org, the Whole Building Design Guide (WBDG), a gateway for building professionals to information on integrated, "whole building" design techniques and technologies. It is especially useful for information pertaining to federal courts.

Underwriters Laboratories, Inc. (UL) 保险商实验室有限公司
333 Pfingsten Road Northbrook, IL 60062-2096

Other Sponsers 其他主办团体

ACI	American Concrete Institute
AISI	American Iron and Steel Institute
ANSI	American National Standards Institute
ASCE	American Society of Civil Engineers
BOCA	Building Officials and Code Administrators International
CABO	Council of American Building Officials
HMMA	Hollow Metal Manufacturers Association
NAHB	National Association of Home Builders
NCMA	National Concrete Masonry Association
NCSBCS	National Conference of States on Building Codes and Standards
NIST	National Institute of Standards and Technology
PCA	Portland Cement Association
SBCCI	Southern Building Code Congress International
Voice of Safety	VOSI
WFCA	Western Fire Chiefs

英汉词汇对照

Abramson, Alan 艾伦 · 艾布拉姆森

Absorption 吸收 , of sound 声音 acoustics 声学

Academic programs 学术项目 见 education programs

Access and accessibility 通道与可达性

Access control systems 入口控制系统 , security systems 安全系统

Access floor 入口地面 , data/telecommunication 数据 / 无线电通信

Accreditation 鉴定 Law enforcement facilities 执法机构

Acoustics 声学

Additional parties 辅助当事人 , Juvenile courts 青少年法庭

Adjudication operations 判决实施

Administration areas 行政部门区域

Administrative segregation 便于管理的种族隔离 , Adult detention facilities 成人拘留所 , special housing 罪犯专用住宅

Admissions processing 任务处理

Adult correction facilities 成人改造所

Adult detention facilities 成人拘留所

air-handling units (AHUs) 空气处理装置

Alcatraz 阿尔卡特拉斯岛

Alcohol testing areas 酒精测试区

American Bar Association (ABA) 美国律师协会

American Correctional Association (ACA) 美国劳改协会

American Jail Association 美国监狱协会

American National Standards Institute (ANSI) 美国国家标准协会

American Society for Testing and Materials (ASTM) 美国测试原料协会

American Society of Heating, Refrigerating, and Air-Conditioning Engineers (ASHRAE) 美国暖通、制冷、空气环境工程协会

Americans with Disabilities Act of 1990 美国残疾人法案

Architectural Photography, Inc 建筑摄影有限公司

Architectural Woodwork Institute (AWI) 美国木工艺协会

arraignment courts 传讯法庭 , Law enforcement facilities 执法机构

arraignment systems 传讯系统 , audio-video systems 音频视频系统

arrest writing area 拘留笔录区

ASAI Architecture ASAI 建筑

ASSASSI production ASSASSI 作品

Assisted-listening systems 助听系统

Atria 前庭

Attacks 攻击

Attorney area 律师区

audio-video systems 音 频视频系统

Ayers/saint/gross architects 艾尔斯 / 圣 / 格罗斯建筑

Ayers associates archeitects 艾尔斯联合建筑

Backbone wiring 网络线路 data/telecommunication systems 数据 / 无线电通信系统

Barne, Richard 理查德 · 巴恩斯

bay size (span) 开间尺寸 (跨度)

Beaumont Juvenile correction center (Virginia) 博蒙特青少年劳改中心 (弗吉尼亚州)

bid teams 投标组

biochemical threats, 生物化学的危险 see terrorism

biometric identification 生物鉴定

Birger, Rick 里克 · 比格尔

correctional facilities 劳改所

county detention facilities 县拘留所, Law enforcement facilities 执法机构

courthouse facilities 法院建筑

court reporting and transcription 法庭汇报与记录

crime analysis unit 犯罪分析设备

crime prevention through environmental design (CPTED) 预防犯罪行为的意识，应贯穿整个环境设计中

criminal investigation room 犯罪调查室

criteria-based design-build approach 以设计建造方法为基础的标准

Crossroads Detention Center 克罗斯罗德兹拘留中心 (Brooklyn, New York 布鲁克林，纽约)

customer service areas 客户服务区

Daniel P. Moynihan U.S Courthouse 丹尼尔·P·莫伊尼汉美国法院

Danto, Bruce 布鲁斯·丹东

data/telecommunication systems 数据/无线电通信系统

daylighting 日间照明

dayrooms 娱乐室

decentralized operations, 分散操作, centralized operations compared 相对集中操作

decibel levels 分贝级别

decision making 决策

defense attorneys 辩方律师

Dell' Isola, Michael D. 迈克尔·D·戴尔·艾舍拉

design-bid-build approach 建筑设计投标方法

design contingency 设计偶然性

design resources 设计资源

detention facilities 拘留所

detoxification center 解除放射性污染中心

Dickerson Detention Facility 迪克森拘留中心 (Hamtramck Michigan 汉姆瑞姆克，密歇根州)

Digital Evidence Presentation System (DEPS) 数字证据显示系统

direct supervision 直接管理 见 supervision methods

disabled inmates 伤残同室者

disasters 灾难

disciplinary segregation 有规律的种族隔离

distributed room fans 分布式房间爱好者, mechanical systems 机械系统

divorced court 处理离婚案件的法院

DMJM architects DMJM 建筑师团体

DOAR communications.inc DOAR 通信有限公司

door open too long (DOTL) alarms 通道开敞过长警报

double-occupant cell 双人居住单元

drug-abuse resistance education (DOTL) 抵制滥用毒品的教育

drug testing 毒品检测

drug treatment programs 毒品治疗计划

duress (personal alarm) systems 监禁(个人警报)系统

education systems 教育系统，见 juvenile training schools

Edward W.Brooke Courthouse (Suffolk County, Boston Massachusetts) 爱德华·W·布鲁克法院(萨福克县，波士顿，马萨诸塞州)

Eiler, Don 唐·艾勒

electrical systems 电气系统

electromagnetic interference 电磁干扰

electronic security systems 电子保密系统

Electronics Industry Association (EIA) 电子工业协会

electronic surveillance 电子监督

electronic transcription services 电子录音服务

Halls, Franz 弗兰茨 · 霍尔斯

Harold J. Donohue Federal Building and U.S. Courthouse (Worcester, Massachusetts) 哈罗德 ·J· 多诺霍联邦建筑与美国法院（伍斯特市，马萨诸塞州）

HODR company HODR 公司

hearing impairment 听力损伤

hearing rooms 听讼室

Heinrich, George 乔治 · 海因里希

Hensel Phelps Construction Company 海塞尔 · 费尔普斯建筑公司

HEPA systems HEPA 系统

Herrington, Lois 洛伊斯 · 亨瑞顿

Historic courthouses 具有历史意义的法院

HLM Design HLM 设计

HNK Architectural Photography, Inc HNK 建筑摄影有限公司

holding areas 法庭裁决区

Hook, William 威廉 · 胡克

horizontal pathways 水平路径

horizontal wiring 水平线路

Housing areas 居住区

HSSM, Inc HSSM 有限公司

Hursley, Timothy 蒂莫西 · 赫斯雷

Hurst, Hunter 亨特 · 赫斯特

HVAC systems 采暖通风与空调系统

identification processing area 鉴定处理区

identification room 鉴定室

Illumination Engineering Society 照明工程团体 (IES)

Imperial Colors Labs, Inc 皇家彩色洗印厂有限公司

in-custody holding areas 被拘留法庭裁决区

indirect supervision 间接监督

industry training 工业培训

information resources 信息资源

information technology 信息技术

infrastructure 基础下部组织 , integrated and communicating systems 综合通信系统

inmate programs area 安排同室者住宿区域

inmate programs areas 囚犯训导区

inmate services areas 囚犯服务区

integrated and communicating systems 集成通信系统

intercom system 内部通信系统

interface zone 交互区

interior threats, security systems 室内安防系统

intermittent supervision 间歇性监控

International Association of Chiefs of Police 国际刑警组织

intrusion detection systems 入侵探测系统

investigations room 调查室

Jackson Correctional Facility 杰克逊劳改所 (Black River Falls 黑河瀑布 , Wisconsin 威斯康星州)

James River Juvenile Detention Center 詹姆斯河青少年拘留中心 (Virginia 弗吉尼亚州)

Jeter Cook Jepson Architects, Inc. 杰特 · 库克 · 杰普森建筑设计公司

judge’s bench 法官席

jury rooms 审判室

justice facilities 司法建筑

justice system 执法系统

juvenile and family justice facilities 青少年和家庭司法建筑

juvenile areas 青少年区

juvenile court system 青少年法庭系统

juvenile detention facilities 青少年拘留所

juvenile training schools 青少年培训学校

National Commission on Correctional Health Care 国家康护矫正委员会
National Crime Information Center (NCIC) 国家违法犯罪信息中心
National Electrical Code (NEC) 国家用电规范
National Fire Protection Association (NFPA) 国家防火协会
National Sheriffs Association 国家治安官协会
New courthouse project 新法庭项目
New Queens Civil Court 新皇后区市民法庭
non-jury courtrooms 无陪审员法庭
norfolk Juvenile Detention Center (Virginia) 诺福克青年拘留中心（弗吉尼亚）
normative design 标准化设计
Occupational Safety and Health Administration (OSHA) 职业安全健康行政管理处
Ocean City Public Safety Building and Court (Ocean City, Maryland) 大洋城公共安全建筑法庭 (Ocean City, Maryland)
Office for Homeland Security 家乡安防办公室
Oklahoma City Federal Building bombing 俄克拉荷马市联邦建筑爆破
operational and organizational concepts 经营和组织概念
operations areas 经营区
paging systems 分页系统
Pareto, Wilfredo 威尔弗雷德 · 佩瑞多
Parker, Bo 伯 · 帕克
Parking facilities 停车设施 adult detention facilities 成人拘留所
parole offices 假释办公室
perimeter security 建筑周围安防
Perkins Eastman 伊斯门 · 珀金斯
personal alarm (duress) systems 个人警报（监禁）系统，security systems 安防系统
phasing contingency 阶段性意外事故
Phillips, Todd 托德斯 · 菲利普斯
plumbing systems 管路系统
pneumatic locks 气锁
podular housing 波德勒居住区
precast concrete systems 预制混凝土系统
press area 新闻媒体区
prisoner circulation 囚犯流动区
prisoner holding areas 囚犯控制区
prisoner programs areas 囚犯规划区
prisoner services area 囚犯服务区
prisoner zone 囚犯区
privacy Act 私密行为
private circulation 私密流动
private sector 私人区间
probation offices 鉴定室
programmable logic controllers (PLCS) 规划性逻辑控制器
project contingency 工程意外事故成本
project delivery methods 工程移交方法
property room 物业室
prosecutors 原告
prose litigants 原诉讼人
protective custody 保护性监护
proximity 相似性
public branch exchange (PBX)room 公共分支交换室
public circulation 公共流动区
public defender's office 公共辩护人办公室
public information area 公共信息区
public lobby 公共过廊
public space 公共区域
public zone 公共分区

Telecommunications Industry Association (TIA) 无线电产业协会
telephone handset amplifiers 电话听筒放大器
television systems 电视系统
temperature monitoring systems (TMS) 温度监控系统
terrorism 恐怖主义
testing areas 试验区
test telephones 电话测试
traffic enforcement 交通运行
training areas 训教区
transcription 手抄本
transfer area 转移区
treatment programs 处理方案
Underwriters 保险商
uninterruptible power supply (UPS) 非间断性电力供应
unique design concerns 特殊设计关注点
U.S. Courthouse 法院
U.S. Court Design Guide 法院设计指引
U.S. General Service Administration (GSA) U.S. 整体服务管理处
U.S. Marshals Service 美国联邦司法区执政服务
utility rooms 器械室
variable air volume (VAV) systems 气体变量系统
vaults 拱顶
vehicle sally port 车辆突破口
Venture Architects 风险建筑师
vertical transportation 垂直运输
victim services 受害人服务
videoconferencing 视频会议
Virgina Department of Corrections 初次教养部
vision impairment 视觉损伤
visitation areas 探访区
visitation areas (cont.) 探访区
visitor information area 探访者信息区
vocational programs 职业规划
voice and Video Over Internet Protocol (V& VOIP) system 因特网协议音视频系统
volatile organic compounds 挥发性有机化合物
walled sites 围墙场地
warrants unit 批准单元
wastewater treatment 污水处理
Webster, J.C J · C · 韦伯斯特
West Valley Juvenile Hall 韦斯特 · 瓦利未成年人娱乐中心
Wheeler, Nick 尼克 · 惠勒
Witke, Leonard 莱昂纳多 · 维特克
witness service 证人服务
Wold Architects 沃尔德建筑设计
Women's Eastern Reception 女性东方招待会
Work release inmates 工作释放囚犯
X-ray scanners X 光扫描
Zoning laws 分区法

司法建筑基本设计资料
20 个关键问题快速索引

1 立项（前期策划）

哪些方面是项目的基本要求？（空间类型和面积），有何特殊的区别或司法建筑特有重点？

3，4，7，11-21，23-29，37-41，43，46-50，54-55，57，77，79-85，87-98，119-21，123-22，126-29，133-36，149-52，156-56，160，162，164-70，186-87，190-91，194-96

2 项目进程和管理

哪些是设计和建造过程的关键部分？项目团队里包括哪些成员？

6，7，150，294-92

3 特殊设计要点

哪些是司法建筑必然遇到的而且有决定性的特殊设计要点？有何特殊的流线要求？

29-31，58，60，66-67，72，84，138-139，174，178，234，259-64，276

4 场地设计／车位设计／景观设计

哪些需要考虑的因素决定了建筑外部通道和停车设计及景观？

9-10，31-32，34，61-63，66-67，72，74-76，98-100，102，110-09，139，141-43，147-46，165，171，174-77，181，183，186，190-91，194，257-57

5 法规／ADA

哪些建筑的规范与规则是可以有实际应用的，其中哪些是主要可以应用的？

（例如：出口，电力，管道设备，ADA，地震，石棉，反恐怖主义以及其他危险）

31，49，72，82-84，98，128，139，174，177，221-21，225，233-32，259-73，289

6 能源／环境挑战

哪些有利于能量保存和环境可持续发展的技术需要被考虑到？

230-29，290

7 结构系统

哪些类型的结构系统是适用的？

231-34，264-64，28

8 机械系统

对于供暖、通风、空调与管道设备（HAVC）而言，哪些是合适的系统？垂直运输？消防与烟雾保护？哪些因素影响最基本的选择？

83，211，214-19，224-26，230，291

9 电子／通信

对于电子服务和声音数据通信而言，哪些是合适的系统？哪些因素影响最基本的选择？

41，90，136，196，215，221-22，226，228-28，238-48，252-56，266-73，288

10 特殊设备

哪些特殊的设备是需要的，它们的空间要求是什么？安全是否是影响因素之一？

55，129-28，159，165，170-71，237-38，268，291

11 材料

哪些材料的使用需要特殊的考虑或被严禁使用？

36，72，74，110，112，143-145，174-75，181，184，290

12 声学控制

哪些是影响设计的特殊声学因素？

75，112，145-146，207-12

13 照明设计

哪些关于特殊照明（白昼与人造）的考虑会影响到设计？

57，93，102，145-47，199-207

14 室内因素

哪些特殊考虑影响设计？（比例，色彩，质地，磨光，陈设，特殊部位）

34，36，74-75，111-11，144，175，183-84，265-66

15 通道指示

何种特殊因素决定标识系统？

94，112，159

16 保护／现代化

当修复这种类型的司法建筑时，哪些需要进行特殊考虑(如历史的真实性，基础设施改进)？

113-13，117-16

17 国际挑战

对于一个国际性的项目，特殊的考虑影响市场、设计、表达、文件生产、场所存在？

139-39

18 操作与维持

设计是如何决定并影响已建成的司法建筑的运作与维持？

41，63，76，161，245-47，251，275-76，277-78

19 关键价值因素

哪些是整个建筑造价的基本决定因素？

280-89

20 财政，费用，可能性

对于司法建筑财政状况而言，哪些是典型处理方法？

294

译后记

校完最后一页译文，心里感觉轻松了不少——几年的努力终于有了成果，但心里同时也有些忐忑，担心译文的质量，因为这本书毕竟是笔者翻译的第一本书。期间，经历了不少困难，尤其是工作后事务繁忙，只能利用业余时间翻译。不过最后终于坚持下来，我想这对自己也是一个超越吧。

这本书的出版，首先感谢我的导师王贵祥先生，是先生提供给我这样一个译书机会。翻译一直是我喜欢做的工作之一，平时苦于机会不多，同时也有些担心自己的翻译水平是否能够达到出版的要求，因此一直没有独立译书的经历。这次机会出现在眼前，虽经短暂犹豫，但思考之后，最终还是接过这个任务，因为我想，无论如何，这对自己也是一个挑战与考验。在翻译的过程中，深感翻译工作需要具备综合素质：要求外语与中文具佳，还要具有深厚的建筑专业知识，的确是个艰巨的工作。然而坚持下来，对个人的素质的锻炼与提高也是不言而喻的。

这本书的出版，得到许多人的支持与帮助。感谢张竞杰、丁涛对本书翻译做出的大量工作。也非常感谢董苏华、杜洁两位编辑，她们对本书的出版做出了许多努力，也感谢她们对我工作的宽容与支持。

虽然笔者在翻译过程中尽心尽力，但由于学识尚浅，翻译功力也显欠缺，书中一定存在不少翻译疏漏与错误，还望各位专家、读者批评指正。

2008.9

于清华园